2024年版

全国一级造价工程师职业资格考试

真题详解与应试导航

建设工程造价管理

JIANSHE GONGCHENG ZAOJIA GUANLI

李　瑾　夏立明　编

中国计划出版社

·北　京·

图书在版编目（CIP）数据

建设工程造价管理 / 李瑾，夏立明编. -- 3版. -- 北京 : 中国计划出版社，2024.5
2024年版全国一级造价工程师职业资格考试真题详解与应试导航
ISBN 978-7-5182-1644-4

Ⅰ. ①建… Ⅱ. ①李… ②夏… Ⅲ. ①建筑造价管理－资格考试－题解 Ⅳ. ①TU723.3-44

中国国家版本馆CIP数据核字(2024)第025555号

责任编辑：沈　建　　封面设计：韩可斌

中国计划出版社出版发行
网址：www.jhpress.com
地址：北京市西城区木樨地北里甲11号国宏大厦C座4层
邮政编码：100038　电话：（010）63906433（发行部）
三河富华印刷包装有限公司印刷

787mm×1092mm　1/16　18印张　433千字
2024年5月第3版　2024年5月第1次印刷

定价：62.00元

前　言

《2024年版全国一级造价工程师职业资格考试真题详解与应试导航》（以下简称《导航》）是2024年作者团队与中国计划出版社合作出版的考试辅助用书，《导航》与《2024年版全国一级造价工程师职业资格考试应试指南》（以下简称《指南》）形成姊妹篇，各有其帮助考生应试复习的特点，《指南》特别强调系统全面贯彻教材的内容，而《导航》则强调突出考试重点。

如何突出考试重点？这是所有考生非常关心的问题。对于该问题，作者团队多年来采用线上线下不同方式深入考生、培训教师中调研，并与中国计划出版社编辑们进行了多次深入交流沟通，形成了《导航》独特的编写体例逻辑框架。作者团队对最近十余年考试真题进行了多次训练，发现考试真题能够寻找出强烈的应试复习规律。《导航》编写体例逻辑框架以历年考试真题作为切入点，选择近五年的考试真题，经过真题解析、考点统计、知识点凝练、考分统计和考点点评等环节训练出不同科目近五年统计学意义的考点；按照考点对教材内容进行梳理、压缩，以突出重点，精准锁定常考必考内容；站在考生的角度，其应试复习的价值，在于可以简洁地、有的放矢地复习具体知识点，大大节省复习时间，提升复习效率；尤其是作为中国计划出版社同期出版的《指南》的姊妹篇，两套书同时使用其价值更加突出，既强调了系统全面的需求，又满足了考生突出考试重点的需要。《导航》主要结构与特点包括以下五个方面：

一、真题解析

以2019—2023年的考试真题为切入点，给出每道题的正确答案，解析答题思路，提炼总结考点。

二、考点统计

结合历年真题提炼的考点，按照教材的顺序进行梳理，统计出近五年的每个考点出现的考核频次，以统计表的形式呈现。表格的形式和内容在宏观上能表达出零星知识点体系及其内在联系。

三、知识点凝练

《导航》严格按照教材各知识点出现的顺序，对各知识点进行凝练，主要将较为零散的考点归纳总结，以文字结合图表的形式呈现，使考生能一目了然。本部分为全书的核心部分，总结出历年考试的变化情况，使考生能够重点掌握考点内容及考试规律，深入了解出题特点和命题趋势。考生可以结合教材，对本部分内容进行重点复习。

四、本章考分统计

以表格的形式将本章考点每年的考分进行统计。给出各个章节统计学意义考分分布，帮助考生在应试复习过程对教材内容进行取舍。

五、本章考点点评

以“点评”的方式对各章知识点需要掌握的程度进行分析总结，以供考生在复习时进行参考。

前三部分以教材每小节为单位进行统计，第四、五部分以每章为单位进行统计和点评。

各科目具体参编人员如下：

建设工程造价管理：李瑾、夏立明

建设工程计价：石振香、柯洪、王卫波

建设工程技术与计量（土木建筑工程）：赵啸天、吴静、赵飞燕

建设工程技术与计量（安装工程）：郝龙、赵斌、程宏佳

建设工程造价案例分析：赵飞燕、王亦虹、胡秀芳

在与中国计划出版社合作的过程中，我们深深地感受到编辑们严谨的工作态度和孜孜以求的专业精神，在此向中国计划出版社的编辑们表示衷心感谢！《导航》编写过程中，参考了大量专家、学者编写的相关文献资料，查阅了大量权威网站的有关内容，同时听取和吸收了工程造价专业等相关学科专家的宝贵意见和建议，亦在此表示诚挚的感谢!

尽管我们力求完美，但由于全国一级造价工程师职业资格考试涉及面广、专业性强、知识点多，加上水平有限，难免存在疏漏和不足之处，敬请广大读者提出宝贵的意见和建议，以便今后加以改进。

编　者

2024 年 3 月

兑换增值服务说明

为了提供更优质、更高效的知识服务，我社为购买正版造价工程师考试用书的读者提供网上视频增值服务，由专业老师对考试的相关内容进行讲解，帮助读者掌握理解，提高应试水平。网上增值服务使用方法如下：

1. 计算机用户

访问 weike.jhpress.com → 注册用户并登录 → 进入个人中心点击“兑换增值服务” → 输入封面二维码涂层下的 20 位数字，验证兑换 → 在个人中心“我的增值服务包”享受增值服务

2. 移动端用户

扫描上面微课程二维码 → 关注“计划社微课程”服务号 → 点击菜单“我的服务”—“兑换增值服务” → 扫描或输入封面二维码涂层下的 20 位数字，验证兑换 → 在个人中心“我的增值服务包”享受增值服务

注：增值服务从兑换之日起 12 个月内有效，提供形式为在线观看。如果输入卡号或扫码后无法通过验证，请及时与我社联系。

3. 联系我们

客服微信：

客服电话：400 670 6390（工作日 9：00—17：00）

网上增值服务如有不完善之处，敬请广大读者提出宝贵意见和建议！

目　　录

导　言

一、本书的结构与特点

考试真题的主要价值之一是训练考点，本书以历年考试真题作为切入点，编写的逻辑框架是通过对近五年真题解析、考点统计、知识点凝练、考分统计和考点点评等环节，提炼出本课程近五年统计学意义的考点；按照考点对教材内容进行梳理、压缩，以重点突出，精准锁定常考必考内容；使考生可以有的放矢地复习具体知识点，大大节省考生的复习时间，提升复习效率；尤其是作为中国计划出版社同期出版的《全国一级造价工程师职业资格考试应试指南》的姊妹篇，两套书同时使用其价值更加突出。本书适用于 2024 年参加全国一级造价工程师职业资格考试的考生。

本书主要结构与特点是：

（1）真题解析——给出真题答案，详细解析真题的各个备选项，理解命题思路。

（2）考点统计——洞悉命题规律及趋势。

（3）知识点凝练——梳理考点结构框架，进而突出考试内容。

（4）本章考分统计——了解章节考试分值，把握重点复习的章节。

（5）本章考点点评——厘清学习思路，把握重难点。

应试复习需要掌握一些方法技巧，作为全国一级造价工程师职业资格考试复习的指导书，通过上述逻辑的贯彻，期望对考生的复习和备考能够起到“导航”的作用。

二、考试分析

预计 2024 年的考试试卷无论是在考题结构、考题分布还是在考试难度上与以往考试相比都不会有太大变化。具体分析如下：

（1）在考题结构方面。从目前的考试大纲和历年考试真题来看，2024 年的考题应仍由单项选择题和多项选择题两部分构成。

单项选择题，考题第 1 ~ 60 题，共计 60 道，每题 1 分，共计 60 分。单项选择题每题四个选项中只有一个最符合题意，错选、多选均不得分。

多项选择题，考题第 61 ~ 80 题，共计 20 道，每题 2 分，共计 40 分。多项选择题每题五个选项中至少有两个选项符合题意，错选、多选均不得分，少选，所选的每个选项得 0.5 分。

（2）在考题分布方面，统计了 2019—2023 年考试真题，可以发现考题基本覆盖教材的所有章节，每年各章节的题量和分值稍有波动。为便于考生了解各章节考题的题量及分值，现将 2019—2023 年考题分值分布规律统计如下表（因 2023 年版教材内容删减，本书所编录考题不包括教材删减内容，因此 2019—2023 年考题数目会与本书编录的考题数目有所出入）。

2019—2023 年考题分值分布规律统计表

章	节	2019 年		2020 年		2021 年		2022 年		2023 年		分值				
		单选题	多选题	单选题	多选题	单选题	多选题	单选题	多选题	单选题	多选题	2019 年	2020 年	2021 年	2022 年	2023 年
第一章	第一节	1	0	2	0	0	0	1	1	1	1	1	2	0	3	3
	第二节	1	1	2	1	1	1	1	0	1	1	3	4	3	1	3
	第三节	1	0	0	1	1	0	0	0	1	0	1	2	1	0	1
	第四节	1	1	2	0	1	0	0	1	1	0	3	2	1	2	1
	第五节	1	0	0	0	0	1	1	0	1	0	1	0	2	1	1
第二章	第一节	2	1	1	2	2	0	2	1	2	1	4	5	2	4	4
	第二节	1	1	2	0	2	1	2	0	2	1	3	2	4	2	4
	第三节	1	0	1	0	0	1	1	0	1	0	1	1	2	1	1
	第四节	2	1	2	2	3	0	2	1	2	1	4	6	3	4	4
第三章	第一节	4	0	3	1	2	0	4	1	2	1	4	5	2	6	4
	第二节	1	1	1	1	2	0	2	1	2	1	3	3	2	4	4
	第三节	2	1	3	2	4	1	2	1	2	0	4	7	6	4	2
	第四节	2	1	1	0	1	2	3	1	2	0	4	1	5	5	2
	第五节	1	1	2	0	4	1	3	1	2	1	3	2	6	5	4
	第六节	1	1	2	0	2	1	2	0	1	1	3	2	4	2	3
	第七节	1	0	0	0	1	0	1	0	1	0	1	0	1	1	1
第四章	第一节	2	1	3	1	3	1	2	1	3	0	4	5	5	4	3
	第二节	5	1	4	2	5	1	6	1	6	3	7	8	7	8	12
	第三节	4	1	4	1	2	1	2	1	2	1	6	6	4	4	4
	第四节	1	0	1	0	1	0	1	0	1	0	1	1	1	1	1
第五章	第一节	6	1	5	2	4	1	5	1	5	1	8	9	6	7	7
	第二节	4	1	4	0	3	1	3	1	3	1	6	4	5	5	5
	第三节	3	1	3	0	3	1	3	1	4	1	5	3	5	5	6
第六章	第一节	2	1	3	1	3	2	2	2	3	1	4	5	7	6	5
	第二节	2	0	2	1	2	0	0	2	2	1	2	4	2	4	4
	第三节	3	1	4	0	3	2	4	0	3	1	5	4	7	4	5
	第四节	3	2	2	2	4	1	4	1	3	1	7	6	6	6	5
	第五节	2	0	1	0	1	0	1	0	1	0	2	1	1	1	1
合计		60	20	60	20	60	20	60	20	60	20	100	100	100	100	100

（3）在考试难度方面。自2019年版教材使用后，考试难度虽然逐年上升，但是总体变化幅度不算大，基本保持稳定。难度的变化主要体现在三个方面：一是部分章节知识点分布更加平均，重点愈发不明显；二是"一题多考点"的比例逐年提高，并且是今后考试的发展趋势；三是题目及备选选项的设置更加灵活，更加难以辨识。这些变化要求考生不仅要准确记忆知识点，还要理解掌握知识点，提高了考生复习的难度。

三、本书使用说明及建议

无论是内容还是考试形式，本科目都有其特点和难度，尤其是理论偏多，涉及相关法律法规的知识内容很全面，因此，针对本科目自身特点的学习方法尤其重要。我们根据多年的教学经验，结合本书的使用，将本科目的学习方法总结如下，供考生参考。

（1）在整体的计划安排上，建议将复习的重点放在第三、四章，这两章内容多，分值比例高，分别占到25%、30%以上，考题考点密集，考生的投入和回报比例更高。

（2）在复习的全过程中，考生要注意章、节、考点之间的逻辑关系，建立起知识体系，并分析、利用知识体系。在知识体系中，把握重点和难点，比较、区分平行考点或相似知识，以便于知识的理解、记忆，提高复习效率，同时有利于"一题多考点"型考题的作答。

本书在导言部分给出了不同类型考题在不同章节中的分布规律，在每章后面给出了该章各节近五年的考分统计和考点点评，在每节后面给出了该节具体考点近五年的考核频率统计，并在每道真题后面给出了该题归属的具体考点，这些内容可以帮助考生理解知识点间的逻辑关系、把握重点、建立知识体系。除此之外，本书还在每节后面，将重点内容和易考考点进行了集成凝练，以供考生复习参考。

（3）在实际复习过程中，考生在记忆、理解知识的基础上，进行真题训练是必要的，也是重要的。本书对2019—2023年的考试真题进行了编录（2023年版教材中删减内容涉及的题目未编录），按照教材的章节逻辑顺序呈现给考生，并为每道真题做了详细的解析。建议考生仔细揣摩每道真题的出题形式、考核角度，只有熟做真题，才能知道自己要如何复习。

（4）建议考生放平心态，留出充足的复习时间，提前做好复习规划。若精力有限，可寻求专业人员或机构帮助辅导；选择正规出版的教材和辅导书籍，多交流沟通，切勿闭门造车。

第一章

工程造价管理及其基本制度

第一节　工程造价基本内容

真题解析

一、2023 年考题

1. 下列建设工程投资构成中，属于静态投资的是（　　）。

A. 铺底流动资金　　B. 基本预备费

C. 建设期贷款利息　　D. 涨价预备费

【答案】B

【解析】静态投资是指不考虑物价上涨、建设期贷款利息等影响因素的建设投资。静态投资包括：建筑安装工程费、设备和工器具购置费、工程建设其他费、基本预备费，以及因工程量误差而引起的工程造价增减值等。选项 A 属于流动资金的一部分，不属于建设投资；选项 C、D 属于动态投资。

【考点】工程造价相关概念——静态投资。

2. 关于建设工程计价特征的说法，正确的是（　　）。

A. 建设项目的组合性决定了工程计价的单件性

B. 工程多次计价，是一个逐步深入、不断细化的过程

C. 工程合同价并非等同于最终结算的实际工程价

D. 工程多次计价均有其各不相同的计价依据

E. 工程造价按单位工程造价分部分项工程造价组合

【答案】BCD

【解析】选项 A，建筑产品的单件性特点决定了每项工程都必须单独计算造价；选项 E，工程造价的组合过程是：分部分项工程造价—单位工程造价—单项工程造价—建设项目总造价。

【考点】工程造价及计价特征——计价特征。

二、2022 年考题

1. 某工程项目的建设投资为 1 800 万元，建设期贷款利息为 200 万元，建筑安装工程费为 1 000 万元，设备和工器具购置费为 500 万元，流动资产投资为 300 万元。从业主角度分析，该项目的工程造价是（　　）万元。

A. 1 500　　B. 1 800　　C. 2 000　　D. 2 300

【答案】C

【解析】从投资者（业主）角度分析，工程造价是指建设一项工程预期开支或实际开支的全部固定资产投资费用，而不是建设工程总投资。固定资产投资 = 建设投资 + 建设期贷款利息 =1 800+200=2 000（万元）。

【考点】工程造价及计价特征——工程造价含义。

2. 在工程项目设计阶段形成的计价文件有（　　）。

A. 投资估算　　B. 设计概算

C. 修正概算　　D. 施工预算

E. 施工图预算

【答案】BCE

【解析】在工程项目设计阶段形成的计价文件包括设计概算、修正概算和施工图预算。

设计概算是指在初步设计阶段，根据设计意图，通过编制工程概算文件预先测算的工程造价。

修正概算是指在技术设计阶段，根据技术设计要求，通过编制修正概算文件预先测算的工程造价。

施工图预算是指在施工图设计阶段，根据施工图纸，通过编制预算文件预先测算的工程造价。

施工图预算比工程概算或修正概算更为详尽和准确，但同样要受前一阶段工程造价的控制。

【考点】工程造价及计价特征——工程计价特征——计价的多次性。

三、2020 年考题

1. 从投资者角度，工程造价是建设工程预计开支或者实际开支的全部（　　）费用。

A. 建筑安装工程费　　B. 有形资产投资

C. 静态投资　　D. 固定资产投资

【答案】D

【解析】工程造价通常是指工程项目在建设期（预计或实际）支出的建设费用。工程造价有两种含义。其中，从投资者（业主）角度分析，工程造价是指建设一项工程预期开支或实际开支的全部固定资产投资费用。

【考点】工程造价及计价特征——工程造价的含义。

2. 工程计价是一个逐步组合的过程，正确的造价组合过程是（　　）。

A. 单位工程造价→分部分项工程造价→单项工程造价

B. 单位工程造价→单项工程造价→分部分项工程造价

C. 分部分项工程造价→单位工程造价→单项工程造价

D. 分部分项工程造价→单项工程造价→单位工程造价

【答案】C

【解析】建设项目的组合性决定了工程计价的逐步组合过程。工程造价的组合过程是：分部分项工程造价→单位工程造价→单项工程造价→建设项目总造价。

【考点】工程造价及计价特征——工程计价的特征——工程计价的组合性。

四、2019 年考题

以下属于静态投资的是（ ）。

A. 涨价预备费　　B. 基本预备费

C. 建设期贷款利息　　D. 资金的时间价值

【答案】B

【解析】静态投资包括：建筑安装工程费、设备和工器具购置费、工程建设其他费、基本预备费，以及因工程量误差而引起的工程造价增减值等。选项 A、C、D 属于动态投资中与时间有关的部分。

【考点】工程造价相关概念——静态投资与动态投资。

考点统计

本节主要考查工程造价的含义、工程计价的特征和工程造价的相关概念。2019—2023 年共考核 7 道题，见表 1.1.1。

表 1.1.1　第一章第一节考点考核频次表

序号	知识点	具体考点	考核频次
1	工程造价及计价特征	工程造价的含义	2
		工程计价的特征	3
2	工程造价相关概念	静态投资与动态投资	2

知识点凝练

一、工程造价及计价特征

（一）工程造价的两种含义

概念：工程造价通常是指工程项目在建设期（预计或实际）支出的建设费用。

含义一：从投资者（业主）角度分析，工程造价是指建设一项工程预期开支或实际开支的全部固定资产投资费用。

含义二：从市场交易角度分析，工程造价是指在工程发承包交易活动中形成的建筑安装工程费用或建设工程总费用。

（二）工程计价的特征

1. 计价的单件性

建筑产品的单件性特点决定了每项工程都必须单独计算造价。

2. 计价的多次性

工程项目需要按程序进行策划决策和建设实施，工程计价也需要在不同阶段多次进行，以保证工程造价计算的准确性和控制的有效性。多次计价是一个逐步深入和细化，不断接近实际造价的过程。工程多次计价包括：

（1）投资估算。

（2）设计概算。

（3）修正概算。

（4）施工图预算。

（5）合同价。

（6）工程结算。

（7）竣工决算。

从这七个环节应完成什么工作、这些工作由谁完成两个视角掌握具体内容。

3. 计价的组合性

工程造价的组合过程是：分部分项工程造价→单位工程造价→单项工程造价→建设项目总造价。

4. 计价方法的多样性

投资估算方法有设备系数法、生产能力指数估算法等，概预算方法有单价法、概算指标法和类似工程预算法等。

5. 计价依据的复杂性

计价依据主要可分为以下七类：

（1）设备和工程量计算依据：包括项目建议书、可行性研究报告、设计文件等。

（2）人工、材料、机械等实物消耗量计算依据：包括投资估算指标、概算定额、预算定额等。

（3）工程单价计算依据：包括人工单价、材料价格、材料运杂费、机械台班费、物价指数等。

（4）设备单价计算依据：包括设备原价、设备运杂费、进口设备关税等。

（5）措施费、间接费和工程建设其他费用计算依据。主要是相关的费用定额和指标。

（6）政府规定的税、费。

二、工程造价相关概念

静态投资是指不考虑物价上涨、建设期贷款利息等影响因素的建设投资。静态投资包括建筑安装工程费、设备和工器具购置费、工程建设其他费、基本预备费，以及因工程量误差而引起的工程造价增减值等。

动态投资是指考虑物价上涨、建设期贷款利息等影响因素的建设投资。动态投资除包括静态投资外，还包括建设期贷款利息、涨价预备费等。

生产性建设项目总投资包括固定资产投资和流动资产投资两部分；非生产性建设项目总投资只包括固定资产投资，不含流动资产投资。

第二节 工程造价管理的组织和内容

真题解析

一、2023 年考题

1. 建设工程全要素造价管理的核心是按照优先性原则，协调和平衡（　　）之间对立统一关系。

A. 工期、质量、安全、环保与成本

B. 人工费、材料费与施工机具使用费

C. 直接工程费、措施费与间接费

D. 施工技术、施工组织与施工成本

【答案】 A

【解析】 全要素造价管理的核心是按照优先性原则，协调和平衡工期、质量、安全、环保与成本之间的对立统一关系。考生应该注意，教材所说的建设工程全要素是指工程项目管理目标，即工期、质量、安全、环保与成本，而选项 B、C、D 也属于"要素"，但不是项目管理目标。

【考点】 工程造价管理的基本内涵——建设工程全面造价管理——全要素造价管理。

2. 为有效控制建设工程造价，采取的技术措施有（　　）。

A. 重视设计方案选择

B. 明确工程造价管理职能分工

C. 严格审核多项费用支出

D. 明确工程造价控制人员任务

E. 严格审查施工组织设计

【答案】 AE

【解析】 技术措施：包括重视设计多方案选择，严格审查初步设计、技术设计、施工图设计、施工组织设计，深入研究节约投资的可能性。选项 B、D 属于组织措施，选项 C 属于经济措施。

【考点】 工程造价管理的基本原则——技术与经济相结合。

二、2022 年考题

下列造价管理做法中体现全寿命期造价管理思想的是（　　）。

A. 将建造成本、工期成本，质量成本纳入造价管理

B. 建设单位、施工单位及有关咨询机构协同进行造价管理

C. 将工程项目建成后的日常使用及拆除成本纳入造价管理

D. 将工程项目从开工到竣工验收各阶段内均作为造价管理重点

【答案】 C

【解析】建设工程全寿命期造价是指建设工程初始建造成本和建成后的日常使用成本之和，包括策划决策、建设实施、运行维护及拆除回收等各阶段费用。选项A体现了全要素造价管理思想，选项B体现了全方位造价管理思想，选项D体现了全过程造价管理思想。

【考点】工程造价管理的基本内涵——建设工程全面造价管理——全寿命期造价管理。

三、2021年考题

1. 有效控制造价，业主应将工程造价管理重点放在（　　）阶段。

A. 招标和结算　　B. 前期决策和设计

C. 设计和施工　　D. 招标和竣工验收

【答案】B

【解析】工程造价管理的关键在于前期决策和设计阶段，而在项目投资决策后，控制工程造价的关键就在于设计。

【考点】工程造价管理的主要内容及原则——工程造价管理的基本原则。

2. 技术与经济相结合是控制工程造价的最有效手段，下列工程造价控制中，属于技术措施的有（　　）。

A. 明确造价控制人员的任务

B. 开展设计的多方案比选

C. 审查施工组织设计

D. 对节约投资给予奖励

E. 通过审查施工图设计研究节约投资的可能性

【答案】BCE

【解析】从组织上采取措施，包括明确项目组织结构，明确造价控制人员及其任务，明确管理职能分工；从技术上采取措施，包括重视设计多方案选择，严格审查初步设计、技术设计、施工图设计、施工组织设计深入研究节约投资的可能性；从经济上采取措施，包括动态比较造价的计划值与实际值，严格审核各项费用支出，采取对节约投资的有力奖励措施等。选项A属于组织措施，选项D属于经济措施。

【考点】工程造价管理的主要内容及原则——工程造价管理的基本原则。

四、2020年考题

1. 全面造价管理是指有效地利用专业知识和技术，对（　　）进行筹划和控制。

A. 资源、成本、盈利和风险

B. 工期、质量、成本和风险

C. 质量、安全、成本和盈利

D. 工期成本、质量成本、安全成本，环境成本

【答案】A

【解析】按照国际造价管理联合会（International Cost Engineering Council，ICEC）给出的定义，全面造价管理（Total Cost Management，TCM）是指有效地利用专业知识与技术，对资源、成本、盈利和风险进行筹划和控制。

【考点】工程造价管理的基本内涵——建设工程全面造价管理。

2. 建设工程造价管理的关键是在（　　）阶段。

A. 设计和施工　　B. 施工和竣工结算

C. 招标和施工　　D. 前期决策和设计

【答案】D

【解析】工程造价管理的关键在于前期决策和设计阶段，而在项目投资决策后，控制工程造价的关键就在于设计。选项 A、B、C 没有干扰性。

【考点】工程造价管理的主要内容及原则——工程造价管理的基本原则——以设计阶段为重点的全过程造价管理。

3. 下列工程造价管理工作中，属于工程施工阶段造价管理工作内容的有（　　）。

A. 编制施工图预算　　B. 审核投资估算

C. 进行工程计量　　D. 处理工程变更

E. 编制工程量清单

【答案】CD

【解析】工程施工阶段：进行工程计量及工程款支付管理，实施工程费用动态监控，处理工程变更和索赔。选项 A 属于工程设计阶段的工作内容，选项 B 属于工程项目策划阶段的工作内容，选项 E 属于工程发承包阶段的工作内容。

【考点】工程造价管理的主要内容及原则——工程造价管理的主要内容——工程施工阶段。

五、2019 年考题

1. 控制建设工程造价最有效的手段是（　　）。

A. 设计与施工结合　　B. 定性与定量结合

C. 策划与实施结合　　D. 技术与经济结合

【答案】D

【解析】教材认为：技术与经济相结合是控制工程造价最有效的手段。应通过技术比较、经济分析和效果评价，正确处理技术先进与经济合理之间的对立统一关系，力求在技术先进条件下的经济合理、在经济合理基础上的技术先进，将控制工程造价观念渗透到各项设计和施工技术措施之中。

【考点】工程造价管理的主要内容及原则——工程造价管理的基本原则。

2. 按国际造价管理联合会的定义，全面造价管理是指有效地利用专业知识与技术，对（　　）进行筹划与控制。

A. 过程　　B. 资源

C. 成本　　D. 盈利

E. 风险

【答案】BCDE

【解析】按照国际造价管理联合会给出的定义，全面造价管理是指有效地利用专业知识与技术，对资源、成本、盈利和风险进行筹划和控制。

【考点】全面造价管理的基本内涵——建设工程全面造价管理。

考点统计

本节主要考查对工程造价的基本内涵、基本原则以及工程造价管理的主要内容的理解。2019—2023 年共考核 10 道题，见表 1.2.1。

表 1.2.1　第一章第二节考点考核频次表

序号	知识点	具体考点	考核频次
1	工程造价管理的基本内涵	全面造价管理的内涵	3
		全过程造价管理	1
		全要素造价管理	1
2	工程造价管理的主要内容及原则	工程造价管理的主要内容	1
		工程造价管理的基本原则	4

知识点凝练

一、工程造价管理的基本内涵

（一）工程造价管理

工程造价管理既涵盖宏观层次的工程建设投资管理，也涵盖微观层次的工程项目费用管理。

（二）建设工程全面造价管理

按照国际造价管理联合会给出的定义，全面造价管理是指有效地利用专业知识与技术，对资源、成本、盈利和风险进行筹划和控制。建设工程全面造价管理包括全寿命期造价管理、全过程造价管理、全要素造价管理和全方位造价管理。

1. 全寿命期造价管理

建设工程全寿命期造价是指建设工程初始建造成本和建成后的日常使用及拆除成本之和，包括建设前期、建设期、使用期及拆除期各个阶段的成本。由于在实际管理过程中，在工程建设及使用的不同阶段，工程造价存在诸多不确定性，因此，全寿命期造价管理至今只能作为一种实现建设工程全寿命期造价最小化的指导思想，指导建设工程的投资决策及设计方案的选择。

2. 全过程造价管理

全过程造价管理是指覆盖建设工程策划决策及建设实施各阶段的造价管理，包括五个阶段：

（1）策划决策阶段的项目策划、投资估算、项目经济评价、项目融资方案分析。

（2）设计阶段的限额设计、方案比选、概预算编制。

（3）招投标阶段的标段划分、发承包模式及合同形式的选择、最高投标限价或标底编制。

（4）施工阶段的工程计量与结算、工程变更控制、索赔管理。

（5）竣工验收阶段的结算与决算等。

3. 全要素造价管理

影响建设工程造价的因素有很多。为此，控制建设工程造价不仅仅是控制建设工程本身的建造成本，还应同时考虑工期成本、质量成本、安全与环保成本的控制，从而实现工程成本、工期、质量、安全、环保的集成管理。全要素造价管理的核心是按照优先性原则，协调和平衡工期、质量、安全、环保与成本之间的对立统一关系。

4. 全方位造价管理

建设工程造价管理不仅是建设单位或承包单位的任务，也应是政府建设主管部门、行业协会、建设单位、设计单位、施工单位以及有关咨询机构的共同任务。尽管各方的地位、利益、角度等有所不同，但必须建立完善的协同工作机制，才能实现建设工程造价的有效控制。

二、工程造价管理的主要内容及原则

（一）工程造价管理的主要内容

在工程建设全过程各个不同阶段，工程造价管理有着不同的工作内容，其目的是在优化建设方案、设计方案、施工方案的基础上，有效控制建设工程项目的实际费用支出。

（1）工程项目策划阶段：按照有关规定编制和审核投资估算，经有关部门批准，即可作为拟建工程项目的控制造价；基于不同的投资方案进行经济评价，作为工程项目决策的重要依据。

（2）工程设计阶段：在限额设计、优化设计方案的基础上编制和审核工程概算、施工图预算。对于政府投资工程而言，经有关部门批准的工程概算，将作为拟建工程项目造价的最高限额。

（3）工程发承包阶段：进行招标策划，编制和审核工程量清单、最高投标限价或标底，确定投标报价及其策略，直至确定承包合同价。

（4）工程施工阶段：进行工程计量及工程款支付管理，实施工程费用动态监控，处理工程变更和索赔。

（5）工程竣工阶段：编制和审核工程结算、编制竣工决算，处理工程保修费用等。

（二）工程造价管理的基本原则

实施有效的工程造价管理，应遵循以下三项原则：

（1）以设计阶段为重点的全过程造价管理。工程造价管理贯穿于工程建设全过程的同时，应注重工程设计阶段的造价管理。工程造价管理的关键在于前期决策和设计阶段，而在项目投资决策后，控制工程造价的关键就在于设计。

（2）主动控制与被动控制相结合。

1）立足于调查—分析—决策基础之上的偏离—纠偏—再偏离—再纠偏的控制是一种被动控制，这样做只能发现偏离，不能预防可能发生的偏离。

2）为尽量减少甚至避免目标值与实际值的偏离，还必须立足于事先主动采取控制措施，实施主动控制。

（3）技术与经济相结合。要有效地控制工程造价，应从组织、技术、经济等多方面采取措施：

1）从组织上采取措施，包括明确项目组织结构，明确造价控制人员及其任务，明确管理职能分工。

2）从技术上采取措施，包括重视设计多方案选择，严格审查初步设计、技术设计、施工图设计、施工组织设计，深入研究节约投资的可能性。

3）从经济上采取措施，包括动态比较造价的计划值与实际值，严格审核各项费用支出，采取对节约投资的有力奖励措施等。

第三节　造价工程师管理制度

真题解析

一、2023年考题

根据《造价工程师职业资格制度规定》，下列工作内容中，属于一级造价工程师执业范围的是（　　）。

A. 审批工程投资估算　　B. 实施工程竣工审计

C. 编制工程设计概算　　D. 仲裁工程造价纠纷

【答案】C

【解析】一级造价工程师执业范围包括建设项目全过程的工程造价管理与咨询等，具体工作内容有：

（1）项目建议书、可行性研究投资估算与审核，项目评价造价分析。

（2）建设工程设计概算、施工（图）预算的编制和审核。

（3）建设工程招标投标文件工程量和造价的编制与审核。

（4）建设工程合同价款、结算价款、竣工决算价款的编制与管理。

（5）建设工程审计、仲裁、诉讼、保险中的造价鉴定，工程造价纠纷调解。

（6）建设工程计价依据、造价指标的编制与管理。

（7）与工程造价管理有关的其他事项。

需要说明的是，一级造价工程师执业范围都是工程咨询性质的工作，而选项A、B、D不是工程咨询性质的工作。

【考点】造价工程师职业资格考试、注册和执业——执业——一级造价工程师执业范围。

二、2021年考题

关于造价工程师执业的说法，正确的是（　　）。

A. 造价工程师可同时在两家单位执业

B. 取得造价工程师职业资格证后即可以个人名义执业

C. 造价工程师执业应持注册证书和执业印章

D. 造价工程师只可允许本单位从事造价工作的其他人员以本人名义执业

【答案】C

【解析】选项A，造价工程师不得同时受聘于两个或两个以上单位执业；选项B，取得造价工程师执业资格证书且从事工程造价相关工作的人员，经注册方可以造价工程师名义执业；选项C，造价工程师执业时应持注册证书和执业印章；选项D，造价工程师不得允许他人以本人名义执业。

【考点】造价工程师职业资格考试、注册、执业——注册。

三、2020年考题

根据造价工程师职业资格制度，下列工作内容中，属于一级造价工程师执业范围的有（　　）。

A. 批准工程投资估算

B. 审核工程设计概算

C. 审核工程投标报价

D. 进行工程审计中的造价鉴定

E. 调解工程造价纠纷

【答案】BCDE

【解析】一级造价工程师执业范围包括建设项目全过程的工程造价管理与咨询等，具体工作内容有：

（1）项目建议书、可行性研究投资估算与审核，项目评价造价分析。

（2）建设工程设计概算、施工（图）预算的编制和审核。

（3）建设工程招标投标文件工程量和造价的编制与审核。

（4）建设工程合同价款、结算价款、竣工决算价款的编制与管理。

（5）建设工程审计、仲裁、诉讼、保险中的造价鉴定，工程造价纠纷调解。

（6）建设工程计价依据、造价指标的编制与管理。

（7）与工程造价管理有关的其他事项。

选项A不是咨询职能。

【考点】造价工程师职业资格考试、注册和执业——执业——一级造价工程师执业范围。

四、2019年考题

二级造价工程师执业工作内容是（　　）。

A. 编制项目投资估算

B. 编制最高投标限价

C. 审查工程清单

D. 审核工程结算

【答案】B

【解析】二级造价工程师主要协助一级造价工程师开展相关工作，可独立开展以下具体工作：

（1）建设工程工料分析、计划、组织与成本管理，施工图预算、设计概算的编制。

（2）建设工程量清单、最高投标限价、投标报价的编制。

（3）建设工程合同价款、结算价款和竣工决算价款的编制。

选项 A，投资估算的编制属于前期工作内容，二级造价工程师不能胜任；选项 C、D，审查类工作不属于二级造价工程师的工作范畴。

【考点】造价工程师职业资格考试、注册和执业——执业——二级造价工程师执业范围。

考点统计

本节主要考查造价工程师的素质要求、职业道德和注册、执业。2019—2023 年共考核 4 道题，见表 1.3.1。

表 1.3.1　第一章第三节考点考核频次表

序号	知识点	具体考点	考核频次
1	造价工程师职业资格考试、注册和执业	造价工程师执业注册管理制度	1
		一级造价工程师执业范围	2
		二级造价工程师执业范围	1

知识点凝练

一、造价工程师素质要求和职业道德

（1）造价工程师的素质要求。

（2）造价工程师的职业道德。

二、造价工程师执业资格考试、注册和执业

1. 职业资格考试

（1）一级造价工程师报考条件：

1）具有工程造价专业大学专科（或高等职业教育）学历，从事工程造价、工程管理业务工作满 4 年；具有土木建筑、水利、装备制造、交通运输、电子信息、财经商贸大类大学专科（或高等职业教育）学历，从事工程造价、工程管理业务工作满 5 年。

2）具有工程造价、通过工程教育专业评估（认证）的工程管理专业大学本科，从

事工程造价、工程管理业务工作满3年；具有工学、管理学、经济学门类大学本科学历或学位，从事工程造价、工程管理业务工作满4年。

3）具有工学、管理学、经济学门类硕士学位，从事工程造价、工程管理业务工作满2年。

4）具有工学、管理学、经济学门类博士学位。

5）具有其他专业相应学历或者学位的人员，从事工程造价、工程管理业务工作年限相应增加1年。

（2）二级造价工程师报考条件：

1）具有工程造价专业大学专科（或高等职业教育）学历，从事工程造价、工程管理业务工作满1年；具有土木建筑、水利、装备制造、交通运输、电子信息、财经商贸大类大学专科（或高等职业教育）学历，从事工程造价、工程管理业务工作满2年。

2）具有工程造价专业大学本科及以上学历或学位；具有工学、管理学、经济学门类大学本科及以上学历或学位，从事工程造价、工程管理业务工作满1年。

3）具有其他专业相应学历或者学位的人员，从事工程造价、工程管理业务工作年限相应增加1年。

2. 注册

国家对造价工程师职业资格实行执业注册管理制度。

3. 执业

造价工程师在工作中，必须遵纪守法，恪守职业道德和从业规范，诚信执业，主动接受有关主管部门的监督检查，加强行业自律。造价工程师不得同时受聘于两个或两个以上单位执业，不得允许他人以本人名义执业，严禁“证书挂靠”。出租出借注册证书的，依据相关法律法规进行处罚；构成犯罪的，依法追究刑事责任。

（1）一级造价工程师执业范围：包括建设项目全过程的工程造价管理与咨询等，具体工作内容有：

1）项目建议书、可行性研究投资估算与审核，项目评价造价分析；

2）建设工程设计概算、施工（图）预算编制和审核；

3）建设工程招标投标文件工程量和造价的编制与审核；

4）建设工程合同价款、结算价款、竣工决算价款的编制与管理；

5）建设工程审计、仲裁、诉讼、保险中的造价鉴定，工程造价纠纷调解；

6）建设工程计价依据、造价指标的编制与管理；

7）与工程造价管理有关的其他事项。

（2）二级造价工程师执业范围：二级造价工程师主要协助一级造价工程师开展相关工作，可独立开展以下具体工作：

1）建设工程工料分析、计划、组织与成本管理，施工图预算、设计概算编制；

2）建设工程量清单、最高投标限价、投标报价编制；

3）建设工程合同价款、结算价款和竣工决算价款的编制。

造价工程师应在本人工程造价咨询成果文件上签章，并承担相应责任。工程造价咨询成果文件应由一级造价工程师审核并加盖执业印章。

第四节 工程造价咨询管理

真题解析

一、2023 年考题

《建设工程造价咨询合同（示范文本）》由（ ）组成。

A. 中标通知书、通用条件和专用条件

B. 中标通知书、协议书和通用条件

C. 协议书、专用条件和履约保函格式

D. 协议书、通用条件和专用条件

【答案】D

【解析】《建设工程造价咨询合同（示范文本）》由三部分组成，即协议书、通用条件和专用条件。

【考点】业务承接——咨询合同及其履行。

二、2022 年考题

工程造价咨询企业违反规定的情形是指（ ）。

A. 跨省承揽业务，在 25 日内完成备案

B. 同时接受两个投标人对同一工程项目的造价咨询业务

C. 同时接受招标人和投标人对同一工程项目的造价咨询业务

D. 转包承接的工程造价咨询业务

E. 收取低微的费用参与工程投标

【答案】BCD

【解析】选项 A，工程造价咨询企业跨省、自治区、直辖市承接工程造价咨询业务的，应当自承接业务之日起 30 日内到建设工程所在地省、自治区、直辖市人民政府建设主管部门备案。

选项 B、C、D：工程造价咨询企业有下列行为之一的，由县级以上地方人民政府住房城乡建设主管部门或者有关专业部门给予警告，责令限期改正，并处以 1 万元以上 3 万元以下的罚款：

（1）同时接受招标人和投标人或两个以上投标人对同一工程项目的工程造价咨询业务。

（2）以给予回扣、恶意压低收费等方式进行不正当竞争。

（3）转包承接的工程造价咨询业务。

（4）法律、法规禁止的其他行为。

选项 E，题干中刻意说“收取低微的费用参与工程投标”，有违反《招标投标法》规定“投标人不得以低于成本的报价竞标”的嫌疑，应属于法律、法规禁止的其他行

为。若在实际考试中遇到类似难以确定的多项选择题选项，建议考生不选择。

【考点】①业务承接——跨省区承接业务；②法律责任——其他违规责任。

三、2021 年考题

下列工程造价咨询企业的行为中，属于违规行为的是（　　）。

A. 向工程造价行业组织提供工程造价企业信用档案信息

B. 在工程造价成果文件上加盖有企业名称、资质等级及证书编号的执业印章并由执行咨询业务的注册造价工程师签字、加盖个人执业印章

C. 跨省承接工程造价业务，并自承接业务之日起 30 日内到建设工程所在地省人民政府建设主管部门备案

D. 同时接受招标人和投标人对同一工程项目的工程造价咨询业务

【答案】D

【解析】选项 A、C 不属于违规行为；选项 D，同时接受招标人和投标人或两个以上投标人对同一工程项目的工程造价咨询业务，由县级以上地方人民政府住房城乡建设主管部门或者有关专业部门给予警告，责令限期改正，并处 1 万元以上 3 万元以下的罚款。选项 B 不够严谨，目前工程造价咨询企业已经取消资质要求。

【考点】法律责任——其他违规责任。

四、2019 年考题

根据《工程造价咨询企业管理办法》，属于工程造价咨询业务范围的工作有（　　）。

A. 项目经济评价报告编制　　B. 工程竣工决算报告编制

C. 项目设计方案比选　　D. 工程索赔费用计算

E. 项目概预算审批

【答案】ABD

【解析】工程造价咨询业务范围包括：

（1）建设项目建议书及可行性研究投资估算、项目经济评价报告的编制和审核。

（2）建设项目概预算的编制与审核，并配合设计方案比选、优化设计、限额设计等工作进行工程造价分析与控制。

（3）建设项目合同价款的确定（包括招标工程工程量清单和标底、投标报价的编制和审核）；合同价款的签订与调整（包括工程变更、工程洽商和索赔费用的计算）与工程款支付，工程结算、竣工结算和决算报告的编制与审核等。

（4）工程造价经济纠纷的鉴定和仲裁的咨询。

（5）提供工程造价信息服务等。

同时，工程造价咨询企业可以对建设项目的组织实施进行全过程或者若干阶段的管理和服务。

【考点】业务承接——业务范围——工程造价咨询业务范围。

考点统计

本节主要考查对工程造价咨询企业的业务范围和法律责任两个方面的理解。2019—2023 年共考核 4 道题，见表 1.4.1。

表 1.4.1　第一章第四节考点考核频次表

序号	知识点	考点	考核频次
1	业务承接	工程造价咨询业务范围	1
		咨询合同及其履行	1
2	法律责任	其他违规责任	2

知识点凝练

一、业务承接

（一）工程造价咨询业务范围

（1）建设项目建议书及可行性研究投资估算、项目经济评价报告的编制和审核。

（2）建设项目概预算的编制与审核，并配合设计方案比选、优化设计、限额设计等工作进行工程造价分析与控制。

（3）建设项目合同价款的确定（包括招标工程工程量清单和标底、投标报价的编制和审核）；合同价款的签订与调整（包括工程变更、工程洽商和索赔费用的计算）与工程款支付，工程结算、竣工结算和决算报告的编制与审核等。

（4）工程造价经济纠纷的鉴定和仲裁的咨询。

（5）提供工程造价信息服务等。

工程造价咨询企业可以对建设项目的组织实施进行全过程或者若干阶段的管理和服务。

（二）咨询合同及其履行

工程造价咨询企业在承接各类工程造价咨询业务时，可参照《建设工程造价咨询合同（示范文本）》（GF–2015–0212）与委托人签订书面合同。

《建设工程造价咨询合同（示范文本）》（GF–2015–0212）由三部分组成，即协议书、通用条件和专用条件。

工程造价咨询企业从事工程造价咨询业务，应按照相关合同或约定出具工程造价成果文件。工程造价成果文件应当由执行咨询业务的注册造价工程师签字、加盖个人执业印章。

（三）跨省区承接业务

工程造价咨询企业跨省、自治区、直辖市承接工程造价咨询业务的，应当自承接业务之日起 30 日内到建设工程所在地省、自治区、直辖市人民政府建设主管部门备案。

二、法律责任

（一）经营违规的责任

跨省、自治区、直辖市承接业务不备案的，由县级以上地方人民政府住房城乡建设主管部门或者有关专业部门给予警告，责令限期改正；逾期未改正的，可处以 5 000 元以上 2 万元以下的罚款。

（二）其他违规责任

工程造价咨询企业有下列行为之一的，由县级以上地方人民政府住房城乡建设主管部门或者有关专业部门给予警告，责令限期改正，并处以 1 万元以上 3 万元以下的罚款：

（1）同时接受招标人和投标人或两个以上投标人对同一工程项目的工程造价咨询业务。

（2）以给予回扣、恶意压低收费等方式进行不正当竞争。

（3）转包承接的工程造价咨询业务。

（4）法律、法规禁止的其他行为。

第五节　国内外工程造价管理发展

真题解析

一、2023 年考题

在美国完全市场化的工程造价管理模式下工程造价并非无章可循，美国建筑标准协会（CSI）发布的适用于大多数建筑工程的统一造价标准是（　　）。

A. 工程分项细目划分标准及编码体系

B. 工程分项细目划分标准及计算规则

C. 工程计算规则及编码体系

D. 工程计算规则及工程定额

【答案】A

【解析】美国有一套统一的工程分项细目划分标准及编码体系，如美国建筑标准协会（CSI）发布的 Masterformat、Uniformat 及 OmniClass 等。这些工程分类和编码体系应用于大多数建筑工程。该题目考核的是代表性国家和地区的工程造价管理中的内容，是近 20 年首次考核，过去均考核的是发达国家和地区工程造价管理的特点。

【考点】国内外工程造价管理发展。

二、2022 年考题

在完善的保险制度下，发达国家和地区的工程造价咨询企业所采用的典型组织模式是（　　）。

A. 合伙制　　B. 股份制　　C. 上市制　　D. 私有制

【答案】A

【解析】在完善的工程保险制度下的合伙制是目前发达国家和地区工程造价咨询企业所采用的典型组织模式。

【考点】我国工程造价管理发展——工程造价管理专业化。

三、2021 年考题

美国的工程造价估算中，管理费和利润一般是在某些费用基础上按照一定比例计算，这些费用包括（　　）。

A. 人工费　　B. 材料费

C. 设备购置费　　D. 机械使用费

E. 开办费

【答案】ABD

【解析】材料费和机械使用费均以现行的市场行情或市场租赁价作为造价估算的基础，并在人工费、材料费和机械使用费总额的基础上按照一定的比例（一般为 10% 左右）再计提管理费和利润。

【考点】发达国家和地区工程造价管理——发达国家和地区工程造价管理的特点——造价工程师的动态估价——美国工程造价的估算。

四、2019 年考题

英国完整建设工程标准合同体系中适用于房屋建筑工程的是（　　）合同体系。

A. ICE　　B. ACA　　C. JCT　　D. AIA

【答案】C

【解析】JCT 合同体系是英国的主要合同体系之一，主要适用于房屋建筑工程。

【考点】发达国家和地区工程造价管理——发达国家和地区工程造价管理的特点——通用的合同文本。

考点统计

本节主要考查国内外工程造价管理发展情况以及我国工程造价管理的发展趋势。2019—2023 年共考核 4 道题，见表 1.5.1。

表 1.5.1　第一章第五节考点考核频次表

序号	知识点	考点	考核频次
1	代表性国家和地区的工程造价管理	美国的工程造价管理	1
	发达国家和地区工程造价管理的特点	通用合同文本	1
		美国的工程造价估算	1
2	我国工程造价管理发展	工程造价管理专业化	1

知识点凝练

一、发达国家和地区工程造价管理的特点

分析发达国家和地区的工程造价管理，其特点主要体现在以下几个方面：

（一）政府的间接调控

发达国家一般按投资来源不同，将项目划分为政府投资项目和私人投资项目。政府对不同类别的项目实行不同力度和深度的管理，重点是控制政府投资工程。

如英国，对政府投资工程采取集中管理的办法，按政府的有关面积标准、造价指标，在核定的投资范围内进行方案设计、施工设计，实施目标控制，不得突破。如遇非正常因素，宁可在保证使用功能的前提下降低标准，也要将造价控制在额度范围内。

美国对政府投资工程则采用两种方式，一是由政府设专门机构对工程进行直接管理。美国各地方政府都设有相应的管理机构，如纽约市政府的综合开发部（DGS）、华盛顿政府的综合开发局（GSA）等都是代表各级政府专门负责管理建设工程的机构。二是通过公开招标委托承包商进行管理。美国法律规定，所有的政府投资工程都要进行公开招标，特定情况下（涉及国防、军事机密等）可邀请招标和议标。但对项目的审批权限、技术标准（规范）、价格、指数都需明确规定，确保项目资金不突破审批的金额。

发达国家对私人投资工程只进行政策引导和信息指导，而不干预其具体实施过程，体现政府对造价的宏观管理和间接调控。如美国政府有一套完整的项目或产品目录，明确规定私人投资者的投资领域，并采取经济杠杆，通过价格、税收、利率、信息指导、城市规划等来引导和约束私人投资方向和区域分布。政府通过定期发布信息资料，使私人投资者了解市场状况，尽可能使投资项目符合经济发展的需要。

（二）有章可循的计价依据

费用标准、工程量计算规则、经验数据等是发达国家和地区计算和控制工程造价的主要依据。

如美国，联邦政府和地方政府没有统一的工程造价计价依据和标准，一般根据积累的工程造价资料，并参考各工程咨询公司有关造价的资料，对各自管辖的政府工程制订相应的计价标准，作为工程费用估算的依据。

通过定期发布工程造价指南进行宏观调控与干预。有关工程造价的工程量计算规则、指标、费用标准等，一般是由各专业协会、大型工程咨询公司制订。各地的工程咨询机构，根据本地区的具体特点，制订单位建筑面积的消耗量和基价，作为所管辖项目造价估算的标准。

英国也没有类似我国的定额体系，工程量的测算方法和标准都是由专业学会或协会进行负责。由英国皇家测量师学会（RICS）组织制订的《建筑工程工程量计算规则》（SMM）作为工程量计算规则，是参与工程建设各方共同遵守的计量、计价的基本规则，在英国及英联邦国家被广泛应用与借鉴。2012 年，RICS 又发布了《新测量规则》（*New Rules of Measurement*，NRM）逐步取代 SMM 系列，成为建筑工程计量和工程量清单编制

的主流规则。其目的是规范工程成本管理流程，将工料测量与工程采购结合起来，采用“自始至终法”保持建设工程全寿命期的一致性。NRM 系列由三部分组成：NRM1 为项目各阶段成本估算和成本规划的指导；NRM2 为工料测量算法及编制工程量清单的要求；NRM3 为维护修缮时的工料测量要求。英国土木工程学会（ICE）还编制有适用于大型或复杂工程项目的《土木工程工程量计算规则》（CESMM）。

英国政府投资工程从确定投资和控制工程项目规模及计价的需要出发，各部门均需制订并经财政部门认可的各种建设标准和造价指标，这些标准和指标均作为各部门向国家申报投资、控制规划设计、确定工程项目规模和投资的基础，也是审批立项、确定规模和造价限额的依据。

英国十分重视已完工程数据资料的积累和数据库的建设。每个皇家测量师学会会员都有责任和义务将自己经办的已完工程的数据资料，按照规定的格式认真填报，收入学会数据库，同时也即取得利用数据库资料的权利。计算机实行全国联网，所有会员资料共享，这不仅为测算各类工程的造价指数提供了基础，同时也为分析暂时没有设计图纸及资料的工程造价数据提供了参考。对工程造价的调整及价格指数的测定、发布等有一整套比较科学、严密的办法，政府部门要发布《工程调整规定》和《价格指数说明》等文件。

（三）多渠道的工程造价信息

在美国，建筑造价指数一般由一些咨询机构和新闻媒介来编制，在多种造价信息来源中，工程新闻记录（Engineering News Record，ENR）造价指标是比较重要的一种。编制 ENR 造价指数的目的是准确地预测建筑价格，确定工程造价。这是一个加权总指数，由构件钢材、波特兰水泥、木材和普通劳动力四种个体指数组成。ENR 共编制两种造价指数，一是建筑造价指数，二是房屋造价指数。这两个指数在计算方法上基本相同，区别仅体现在计算总指数中的劳动力要素不同。ENR 指数资料来源于 20 个美国城市和两个加拿大城市，ENR 在这些城市中派有信息员，专门负责收集价格资料和信息。ENR 总部则将这些信息员收集到的价格信息和数据汇总，并在每个星期四计算并发布最近的造价指数。

（四）造价工程师的动态估价

在英国，业主对工程的估价一般要委托工料测量师行来完成。工料测量师行的估价大体上是按比较法和系数法进行。在估价时，工料测量师行将不同设计阶段提供的拟建工程项目资料与以往同类工程项目对比，结合当前建筑市场行情，确定项目单价。

在美国，工程造价的估算主要由设计部门或专业估价公司来承担，造价工程师（Cost Engineer）在具体编制工程造价估算时，除了考虑工程项目本身的特征因素（如项目拟采用的独特工艺和新技术、项目管理方式、现有场地条件以及资源获得的难易程度等）外，一般还对项目进行较为详细的风险分析，以确定适度的预备费。但确定工程预备费的比例并不固定，随项目风险程度的大小而确定不同的比例。造价工程师通过掌握不同的预备费率来调节造价估算的总体水平。

美国工程造价估算中的人工费由基本工资和附加工资两部分组成。其中，附加工资项目包括管理费、保险金、劳动保护金、退休金、税金等。材料费和机械使用费均以现行的市场行情或市场租赁价作为造价估算的基础，并在人工费、材料费和机械使用费总额的基础上按照一定的比例（一般为 10% 左右）再计提管理费和利润。

（五）通用的合同文本

英国有一套完整的建设工程标准合同体系，包括 JCT（合同仲裁委员会）合同体系、ACA（咨询顾问建筑师协会）合同体系、ICE（土木工程师学会）合同体系、皇家政府合同体系。JCT 合同体系是英国的主要合同体系之一，主要通用于房屋建筑工程。JCT 合同体系本身又是一个系统的合同文件体系，它针对房屋建筑中不同的工程规模、性质、建造条件，提供各种不同的文本，供业主在发包、采购时选择。

美国建筑师学会（AIA）的合同条件体系更为庞大，分为 A、B、C、D、E、F、G 系列。其中，A 系列是关于业主与施工承包商、CM 承包商、供应商之间，以及总承包商与分包商之间的合同文件；B 系列是关于业主与提供专业服务的建筑师之间的合同文件；C 系列是关于建筑师与提供专业服务的咨询机构之间的合同文件；D 系列是建筑师行业所用的文件；E 系列是合同与办公管理中使用的文件；F 系列是财务管理表格；G 系列是建筑师企业与项目管理中使用的文件。AIA 合同条件的核心是"通用条件"。采用不同的计价方式时，只需选用不同的"协议书格式"与"通用条件"结合。AIA 合同条件主要有总价、成本补偿及最高限定价格等计价方式。

（六）重视实施过程中的造价控制

发达国家和地区对工程造价的管理是以市场为中心的动态控制。以美国为例，对于建设工程的各分部分项工程都有详细的成本计划，美国的建筑承包商是以各分部分项工程的成本详细计划为依据来检查工程造价计划的执行情况。对于工程实施阶段实际成本与计划目标出现偏差的工程项目，首先按照一定标准筛选成本差异，然后进行重要成本差异分析，并填写成本差异分析报告表，由此反映出造成此项差异的原因、此项成本差异对项目其他成本项目的影响、拟采取的纠正措施以及实施这些措施的时间、负责人及所需条件等。对于采取措施的成本项目，每月还应跟踪检查采取措施后费用的变化情况。若采取的措施不能消除成本差异，则需重新进行此项成本差异的分析，再提出新的纠正措施，如果仍不奏效，造价控制项目经理则有必要重新审定项目的竣工结算。

美国一些大型工程公司十分重视工程变更的管理工作，建立了较为完善的工程变更管理制度，可随时根据各种变化情况提出变更，修改估算造价。美国工程造价的动态控制还体现在造价信息的反馈系统。

二、我国工程造价管理的发展

改革开放以来，我国工程造价管理进入黄金发展时期，工程计价依据和方法不断改革，工程造价体系不断完善，工程造价咨询行业得到快速发展。近年来，我国工程造价管理呈现出国际化、数字化、专业化和市场化发展趋势。

（1）工程造价管理国际化：在我国的外资和跨国工程项目不断增多，这些工程项目都需要通过国际招标、咨询等方式运作。同时，我国政府和企业在海外投资和经营的工程项目也在不断增加。国内市场国际化、国内外市场的全面融合，使得我国工程造价管理的国际化成为一种趋势。

（2）工程造价信息化：近年来，尽管全国各地及各专业工程造价管理机构逐步建立了工程造价信息平台，工程造价咨询企业也大多拥有专业的计算机系统和工程造价管理软件，但仍停留在工程量计算、汇总及工程造价的初步统计分析阶段。从整个工程造价行业看，还未建立统一规划、统一编码的工程造价信息系与共享平台；从工程造价咨询企业层面看，工程造价管理的数据库、知识库尚未建立完善。目前，建筑信息建模技术、大数据、物联网、人工智能等新兴信息技术的推广应用，必将推动的工程造价管理的信息化、数字化发展。

（3）工程造价管理专业化：经过长期的市场细分和行业分化，未来工程造价咨询企业应向更加适合自身特长的专业化方向发展。在企业专业化的同时，企业将进一步朝着合伙制的经营模式自我完善和发展。鼓励及加速实现我国工程造价咨询企业合伙制经营，是提高企业竞争力的有效手段，也是我国工程造价咨询企业未来发展的主要组织模式。在完善工程保险制度下的合伙制也是发达国家和地区工程造价咨询企业所采用的经典组织模式。

（4）工程造价市场化：为发挥市场在资源配置中的决定性作用，我国整个建设领域工程造价管理必将朝着市场化的方向发展。

本章考分统计

本章考分统计表

节	年份				
	2023	2022	2021	2020	2019
第一节	3	3	0	2	1
第二节	3	1	3	4	3
第三节	1	0	1	2	1
第四节	1	2	1	0	2
第五节	1	1	2	0	1

本章考点点评

第一节：工程造价的定义是基础概念，必须理解，近几年多集中在工程造价的计价特征考核，静态投资和动态投资的构成也是常常考核的内容。

第二节：全面造价管理是近几年考核的概念，工程造价管理的原则也是重点考核内容。

第三节：2023 年版教材修改了工程造价师职业资格考试报考条件里关于工作年限的内容，需要着重注意；重点还应掌握对执业范围的理解。

第四节：重点掌握业务承接和法律责任两部分。

第五节：每年只考核一道，2023 年将考点转到“代表性国家和地区的工程造价管理”中来，需要引起复习的重视。

第二章 相关法律法规

第一节 建筑法及相关条例

真题解析

一、2023 年考题

1. 建设单位申请领取建筑工程施工许可证时，对工程建设资金条件的要求是（　　）。

A. 开工当年施工所需资金已到位

B. 有满足施工需要的资金安排

C. 建设单位已向施工单位支付工程预付款

D. 到位资金不低于施工承包合同价款的 30%

【答案】B

【解析】申请领取施工许可证，应当具备下列条件：

（1）已办理建筑工程用地批准手续。

（2）依法应当办理建设工程规划许可证的，已取得建设工程规划许可证。

（3）需要拆迁的，其拆迁进度符合施工要求。

（4）已经确定建筑施工企业。

（5）有满足施工需要的资金安排、施工图纸及技术资料。

（6）有保证工程质量和安全的具体措施。

【考点】建筑法——建筑许可——建筑工程施工许可。

2. 对于工程设计文件中选用的通用设备，设计单位可以规定或指定该设备的事项是（　　）。

A. 价格　　B. 生产厂　　C. 供应商　　D. 型号

【答案】D

【解析】设计单位在设计文件中选用的建筑材料、建筑构配件和设备，应当注明规格、型号、性能等技术指标，其质量要求必须符合国家规定的标准。除有特殊要求的建筑材料、专用设备、工艺生产线等外，设计单位不得指定生产厂、供应商。

【考点】建设工程质量管理条例——勘察、设计单位的质量责任和义务——勘察设计。

3. 根据《建设工程安全生产管理条例》，施工现场专职安全生产管理人员的安全责任有（ ）。

A. 确保安全生产费用的有效使用　　B. 对安全生产进行现场监督检查

C. 及时报告发现的安全事故隐患　　D. 立即制止违章指挥、违章操作

E. 向作业人员详细说明安全要求

【答案】BCD

【解析】专职安全生产管理人员负责对安全生产进行现场监督检查。发现安全事故隐患，应当及时向项目负责人和安全生产管理机构报告；对违章指挥、违章操作应当立即制止。选项A是施工单位项目负责人的责任；选项E，建设工程施工前，施工单位负责项目管理的技术人员应当对有关安全施工的技术要求向施工作业班组、作业人员做出详细说明，并由双方签字确认。

【考点】建设工程安全生产管理条例——施工单位的安全责任——施工现场安全管理。

二、2022年考题

1. 根据现行国家标准《建设工程监理规范》GB/T 50319的要求，监理工程师对建设工程实施监理的形式包括（ ）。

A. 旁站、巡视和班组自检　　B. 巡视、平行检验和班组自检

C. 平行检验、班组互检和旁站　　D. 旁站、巡视和平行检验

【答案】D

【解析】根据现行国家标准《建设工程监理规范》GB/T 50319的要求，工程监理单位应当选派具备相应资格的总监理工程师和监理工程师进驻施工现场。监理工程师应当按照规范的要求，采取旁站、巡视和平行检验等形式，对建设工程实施监理。

【考点】《建设工程质量管理条例》——工程监理单位的质量责任和义务——监理工作实施。

2. 设备安装和装修工程的最低保修期限为（ ）年。

A. 2　　B. 5　　C. 3　　D. 4

【答案】A

【解析】电气管道、给排水管道、设备安装和装修工程的最低保修期限为2年。

【考点】《建设工程质量管理条例》——工程质量保修——工程最低保修期限。

3. 施工、勘察、设计、监理资质等级划分的依据包括（ ）。

A. 注册资本　　B. 专业技术人员

C. 项目业绩　　D. 办公场所

E. 员工人数

【答案】ABC

【解析】从事建筑活动的施工、勘察、设计和监理单位，按照其拥有的注册资本、专业技术人员、技术装备、已完成的建筑工程业绩等资质条件，划分为不同的资质等级，经资质审查合格，取得相应等级的资质证书后，方可在其资质等级许可的范围内从事建筑活动。

【考点】《建筑法》——建筑许可——从业资格。

三、2021 年考题

1. 建筑装饰工程公司取得施工许可证后，由于建设方原因，决定延期 8 个月再开工，关于施工许可证有效期的说法，正确的是（　　）。

A. 许可证被发证机关收回

B. 进行一次核验后，可以持续使用

C. 第三个月申请延期 3 个月，第 6 个月再申请延期 3 个月

D. 直接废止

【答案】C

【解析】建设单位应当自领取施工许可证之日起 3 个月内开工。因故不能按期开工的，应当向发证机关申请延期；延期以两次为限，每次不超过 3 个月。既不开工又不申请延期或者超过延期时限的，施工许可证自行废止。

【考点】《建筑法》——建筑工程施工许可。

2. 下列建筑设计单位的做法，正确的是（　　）。

A. 拒绝建设单位提出的违反相关规定降低工程质量的要求

B. 按照建设单位要求在设计文件中指定设备供应商

C. 不予理睬发现的施工单位擅自修改工程设计进行施工的行为

D. 在设计文件中对选用的建筑材料和设备只注明了规格，未注明技术性能

【答案】A

【解析】选项 A，建设单位不得以任何理由要求建筑设计单位或建筑施工单位违反法律、行政法规和建筑工程质量、安全标准，降低工程质量，建筑设计单位和建筑施工单位应当拒绝建设单位的此类要求。选项 B、D，设计单位在设计文件中选用的建筑材料、建筑构配件和设备，应当注明规格、型号、性能等技术指标，其质量要求必须符合国家规定的标准。除有特殊要求的建筑材料、专用设备、工艺生产线等外，设计单位不得指定生产厂、供应商。选项 C，勘察、设计单位必须按照工程建设强制性标准进行勘察、设计，并对其勘察、设计的质量负责；施工单位必须按照工程设计图纸和施工技术标准施工，不得擅自修改工程设计。基于此，设计单位“不予理睬发现的施工单位擅自修改工程设计进行施工的行为”是欠妥当的。

【考点】《建筑法》——建筑工程质量管理。

四、2020 年考题

1. 根据《建筑法》的规定，建设单位在取得施工许可证之日起（　　）个月内开工。

A. 2　　B. 3　　C. 6　　D. 12

【答案】B

【解析】根据《建筑法》的相关规定，建设单位应当自领取施工许可证之日起 3 个月内开工。本题是典型的填空式考题，自 2000 年以来多次考核，注意记住关键词。

【考点】建设工程施工许可——施工许可证的有效期限。

2. 根据《建设工程质量管理条例》，建设工程竣工验收应当具备的条件有（　　）。

A. 完成建设工程设计和合同约定的各项内容

B. 有完整的技术档案和施工管理资料
C. 有质量监督机构签署的质量合格文件
D. 有施工单位签署的工程保修书
E. 有建设单位签发的工程移交证书
【答案】ABD
【解析】建设工程竣工验收应当具备下列条件:
(1)完成建设工程设计和合同约定的各项内容。
(2)有完整的技术档案和施工管理资料。
(3)有工程使用的主要建筑材料、建筑构配件和设备的进场试验报告。
(4)有勘察、设计、施工、工程监理等单位分别签署的质量合格文件。
(5)有施工单位签署的工程保修书。
【考点】建设单位的质量责任和义务——工程竣工验收的条件。

3. 根据《建设工程安全生产管理条例》,施工单位对列入建设工程概算的安全作业环境及安全施工措施所需费用,应当用于( )。
A. 采购施工安全防护用具　　B. 缴纳职工工伤保险费
C. 支付从事危险作业人员津贴　　D. 更新施工安全防护设施
E. 改善安全生产条件
【答案】ADE
【解析】施工单位对列入建设工程概算的安全作业环境及安全施工措施所需费用,应当用于施工安全防护用具及设施的采购和更新、安全施工措施的落实、安全生产条件的改善,不得挪作他用。
【考点】《建设工程安全生产管理条例》——施工单位的安全责任——安全生产管理费用。

五、2019 年考题

1. 建设单位应当自建设工程竣工验收合格之日起( )日内,将建设工程竣工验收报告报建设行政主管部门或者其他有关部门备案。
A. 10　　B. 15　　C. 20　　D. 30
【答案】B
【解析】建设单位应当自建设工程竣工验收合格之日起 15 日内,将建设工程竣工验收报告和规划,公安消防、环保等部门出具的认可文件或者准许使用文件报建设行政主管部门或者其他有关部门备案。
【考点】《建设工程质量管理条例》——工程竣工验收备案。

2. 提供施工现场相邻建筑物和构筑物、地下工程的有关资料,并保证资料的真实、准确、完整是( )的安全责任。
A. 建设单位　　B. 勘察单位　　C. 设计单位　　D. 施工单位
【答案】A
【解析】建设单位应当向施工单位提供施工现场及毗邻区域内供水、排水、供电、供气、供热、通信、广播电视等地下管线资料,气象和水文观测资料,相邻建筑物和构筑物、地下工程的有关资料，并保证资料的真实、准确、完整。

【考点】《建设工程安全生产管理条例》——建设单位的安全责任。

3. 根据《建设工程安全生产管理条例》，下列安全生产责任中，属于建设单位安全责任的有（　　）。

A. 确定建设工程安全作业环境及安全施工措施所需费用并纳入工程概算

B. 对采用新结构的建设工程，提出保障施工作业人员安全的措施建议

C. 拆除工程施工前，将拟拆除建筑物的说明、拆除施工组织方案等资料报有关部门备案

D. 建立健全安全生产责任制度，制定安全生产规章制度和操作规程

E. 对达到一定规模的危险性较大的分部分项工程编制专项施工方案，并附具安全验算结果

【答案】AC

【解析】建设单位在编制工程概算时，应当确定建设工程安全作业环境及安全施工措施所需费用；应将拟拆除建筑物、构筑物及可能危及毗邻建筑的说明，拆除施工组织方案，堆放、清除废弃物的措施等资料，报送建设工程所在地的县级以上地方人民政府建设行政主管部门或者其他有关部门备案。选项 B 是设计单位的安全责任，选项 D、E 是施工单位的安全责任。

【考点】《建设工程安全生产管理条例》——建设单位的安全责任。

考点统计

本节主要考查对《建筑法》《建设工程质量管理条例》《建设工程安全生产管理条例》相关内容的掌握情况。2019—2023 年共考核 14 道题，见表 2.1.1。

表 2.1.1　第二章第一节考点考核频次表

序号	知识点	考点	考核频次
1	《建筑法》	建筑工程施工许可	3
		从业资格	1
		建筑工程质量管理	1
2	《建设工程质量管理条例》	工程竣工验收条件	1
		勘察、设计单位的质量责任和义务	1
		监理工作实施	1
		工程质量保修制度	1
		工程竣工验收备案	1
3	《建设工程安全生产管理条例》	建设单位的安全责任	2
		施工单位的安全生产管理费用	1
		施工现场安全管理	1

知识点凝练

一、《建筑法》

《建筑法》主要适用于各类房屋建筑及其附属设施的建造和与其配套的线路、管道、设备的安装活动，但其中关于施工许可、企业资质审查和工程发包、承包、禁止转包，以及工程监理、安全和质量管理的规定，也适用于其他专业建筑工程的建筑活动。

（一）建筑许可

建筑许可包括建筑工程施工许可和从业资格两个方面。

1. 建筑工程施工许可

（1）施工许可证的申领。申请领取施工许可证，应当具备下列条件：

1）已办理建筑工程用地批准手续。

2）依法应当办理建设工程规划许可证的，已取得建设工程规划许可证。

3）需要拆迁的，其拆迁进度符合施工要求。

4）已经确定建筑施工单位。

5）有满足施工需要的资金安排、施工图纸及技术资料。

6）有保证工程质量和安全的具体措施。

（2）施工许可证的有效期限。建设单位应当自领取施工许可证之日起3个月内开工。因故不能按期开工的，应当向发证机关申请延期；延期以两次为限，每次不超过3个月。既不开工又不申请延期或者超过延期时限的，施工许可证自行废止。

（3）中止施工和恢复施工。在建的建筑工程因故中止施工的，建设单位应当自中止施工之日起1个月内，向发证机关报告，并按照规定做好建设工程的维护管理工作。

建筑工程恢复施工时，应当向发证机关报告；中止施工满1年的工程恢复施工前，建设单位应当报发证机关核验施工许可证。

2. 从业资格

（1）单位资质。

（2）专业技术人员资格。

（二）建筑工程发包与承包

1. 建筑工程发包

（1）发包方式。建筑工程依法实行招标发包，对不适于招标发包的，可以直接发包。建筑工程实行招标发包的，发包单位应当将建筑工程发包给依法中标的承包单位。建筑工程实行直接发包的，发包单位应当将建筑工程发包给具有相应资质条件的承包单位。

（2）禁止行为。提倡对建筑工程实行总承包，禁止将建筑工程肢解发包。建筑工程的发包单位可以将建筑工程的勘察、设计、施工、设备采购一并发包给一个工程总承包单位。但是，不得将应当由一个承包单位完成的建筑工程肢解成若干部分发包给几个承包单位。

按照合同约定，建筑材料、建筑构配件和设备由工程承包单位采购的，发包单位不得指定承包单位购入用于工程的建筑材料、建筑构配件和设备或者指定生产厂、供应商。

2. 建筑工程承包

（1）承包资质。承包建筑工程的单位应当持有依法取得的资质证书，并在其资质等级许可的业务范围内承揽工程。

禁止建筑施工企业超越本企业资质等级许可的业务范围或者以任何形式用其他建筑施工企业的名义承揽工程。禁止建筑施工企业以任何方式允许其他单位或个人使用本企业的资质证书、营业执照，以本企业的名义承揽工程。

（2）联合承包。大型建筑工程或结构复杂的建筑工程，可以由两个以上的承包单位联合共同承包。共同承包的各方对承包合同的履行承担连带责任。两个以上不同资质等级的单位实行联合共同承包的，应当按照资质等级低的单位的业务许可范围承揽工程。

（3）工程分包。建筑工程总承包单位可以将承包工程中的部分工程发包给具有相应资质条件的分包单位。但是，除总承包合同中已约定的分包外，必须经建设单位认可。施工总承包的，建筑工程主体结构的施工必须由总承包单位自行完成。

建筑工程总承包单位按照总承包合同的约定对建设单位负责，分包单位按照分包合同的约定对总承包单位负责。总承包单位和分包单位就分包工程对建设单位承担连带责任。

（4）禁止行为。禁止承包单位将其承包的全部建筑工程转包给他人，或将其承包的全部建筑工程肢解以后以分包的名义分别转包给他人。禁止总承包单位将工程分包给不具备资质条件的单位。禁止分包单位将其承包的工程再分包。

3. 建筑工程造价

建筑工程的发包单位与承包单位应当依法订立书面合同，明确双方的权利和义务。

二、《建设工程质量管理条例》

（一）建设单位的质量责任和义务

1. 工程发包

建设单位应当将工程发包给具有相应资质等级的单位。建设单位不得将建设工程肢解发包。

建设单位应当依法对工程建设项目的勘察、设计、施工、监理以及与工程建设有关的重要设备、材料等的采购进行招标。不得迫使承包方以低于成本的价格竞标，不得任意压缩合理工期；不得明示或者暗示设计单位或者施工单位违反工程建设强制性标准，降低建设工程质量。

建设单位必须向有关的勘察、设计、施工、工程监理等单位提供与建设工程有关的原始资料。原始资料必须真实、准确、齐全。

2. 施工图设计文件审查

施工图设计文件未经审查批准的，不得使用。

3. 工程监理

实行监理的建设工程，建设单位应当委托具有相应资质等级的工程监理单位进行监理，也可以委托具有工程监理相应资质等级并与被监理工程的施工承包单位没有隶属关系或者其他利害关系的该工程的设计单位进行监理。

4. 工程施工

（1）建设单位在领取施工许可证或者开工报告前，应当按照国家有关规定办理工程质量监督手续。

（2）按照合同约定，由建设单位采购建筑材料、建筑构配件和设备的，建设单位应当保证建筑材料、建筑构配件和设备符合设计文件和合同要求。建设单位不得明示或者暗示施工单位使用不合格的建筑材料、建筑构配件和设备。

（3）涉及建筑主体和承重结构变动的装修工程，建设单位应当在施工前委托原设计单位或者具有相应资质等级的设计单位提出设计方案；没有设计方案的，不得施工。房屋建筑使用者在装修过程中，不得擅自变动房屋建筑主体和承重结构。

5. 工程竣工验收

建设单位收到建设工程竣工报告后，应当组织设计、施工、工程监理等有关单位进行竣工验收；建设工程经验收合格的，方可交付使用。建设工程竣工验收应当具备下列条件：

（1）完成建设工程设计和合同约定的各项内容。

（2）有完整的技术档案和施工管理资料。

（3）有工程使用的主要建筑材料、建筑构配件和设备的进场试验报告。

（4）有勘察、设计、施工、工程监理等单位分别签署的质量合格文件。

（5）有施工单位签署的工程保修书。

（二）勘察、设计单位的质量责任和义务

勘察、设计单位的质量责任和义务一般不作为考核内容。

（三）施工单位的质量责任和义务

1. 工程承揽

施工单位应当依法取得相应等级的资质证书，并在其资质等级许可的范围内承揽工程。禁止施工单位超越本单位资质等级许可的业务范围或者以其他施工单位的名义承揽工程。禁止施工单位允许其他单位或者个人以本单位的名义承揽工程。施工单位不得转包或者违法分包工程。

2. 工程施工

施工单位对建设工程的施工质量负责。施工单位应当建立质量责任制，确定工程项目的项目经理、技术负责人和施工管理负责人。施工单位还应当建立健全教育培训制度，加强对职工的教育培训；未经教育培训或者考核不合格的人员，不得上岗作业。

建设工程实行总承包的，总承包单位应当对全部建设工程质量负责；建设工程勘察、设计、施工、设备采购的一项或者多项实行总承包的，总承包单位应当对其承包的建设工程或者采购的设备的质量负责。

总承包单位依法将建设工程分包给其他单位的，分包单位应当按照分包合同的约定对其分包工程的质量向总承包单位负责，总承包单位与分包单位对分包工程的质量承担连带责任。

施工单位必须按照工程设计图纸和施工技术标准施工，不得擅自修改工程设计，不得偷工减料。施工单位在施工过程中发现设计文件和图纸有差错的，应当及时提出意见和建议。

3. 质量检验

施工单位必须按照工程设计要求、施工技术标准和合同约定，对建筑材料、建筑构配件、设备和商品混凝土进行检验，检验应当有书面记录和专人签字；未经检验或者检验不合格的，不得使用。施工人员对涉及结构安全的试块、试件以及有关材料，应当在建设单位或者工程监理单位监督下现场取样，并送具有相应资质等级的质量检测单位进行检测。

施工单位还必须建立健全施工质量的检验制度，严格工序管理，做好隐蔽工程的质量检查和记录。隐蔽工程在隐蔽前，施工单位应当通知建设单位和建设工程质量监督机构。施工单位对施工中出现质量问题的建设工程或者竣工验收不合格的建设工程，应当负责返修。

（四）工程监理单位的质量责任和义务

1. 业务承担

工程监理单位应当依法取得相应等级的资质证书，并在其资质等级许可的范围内承担工程监理业务。

2. 监理工作实施

工程监理单位应当选派具备相应资格的总监理工程师和监理工程师进驻施工现场。监理工程师应当按照工程监理规范的要求，采取旁站、巡视和平行检验等方式，对建设工程实施监理。

（五）工程质量保修

1. 工程质量保修制度

建设工程实行质量保修制度。建设工程的保修期自竣工验收合格之日起计算。

2. 工程最低保修期限

在正常使用条件下，建设工程最低保修期限：

（1）基础设施工程、房屋建筑的地基基础工程和主体结构工程，为设计文件规定的该工程合理使用年限。

（2）屋面防水工程、有防水要求的卫生间、房间和外墙面的防渗漏，为5年。

（3）供热与供冷系统，为2个采暖期、供冷期。

（4）电气管道、给排水管道、设备安装和装修工程，为2年。

其他工程的保修期限由发包方与承包方约定。

（六）监督管理

1. 工程质量监督检查

县级以上人民政府建设行政主管部门和其他有关部门履行监督检查职责。

2. 工程竣工验收备案

建设单位应当自建设工程竣工验收合格之日起15日内，将建设工程竣工验收报告和规划、公安消防、环保等部门出具的认可文件或者准许使用文件报建设行政主管部门或者其他有关部门备案。

三、《建设工程安全生产管理条例》

（一）建设单位的安全责任

建设单位应当向施工单位提供施工现场及毗邻区域内供水、排水、供电、供气、供热、通信、广播电视等地下管线资料，气象和水文观测资料，相邻建筑物和构筑物、地下工程的有关资料，并保证资料的真实、准确、完整。

建设单位不得对勘察、设计、施工、工程监理等单位提出不符合建设工程安全生产法律、法规和强制性标准规定的要求，不得压缩合同约定的工期；不得明示或者暗示施工单位购买、租赁、使用不符合安全施工要求的安全防护用具、机械设备、施工机具及配件、消防设施和器材。

建设单位在编制工程概算时，应当确定建设工程安全作业环境及安全施工措施所需费用；在申请领取施工许可证时，应当提供建设工程有关安全施工措施的资料。

依法批准开工报告的建设工程，建设单位应当自开工报告批准之日起 15 日内，将保证安全施工的措施报送建设工程所在地的县级以上地方人民政府建设行政主管部门或者其他有关部门备案。

建设单位应当将拆除工程发包给具有相应资质等级的施工单位，还应当在拆除工程施工 15 日前，将施工单位资质等级证明，拟拆除建筑物、构筑物及可能危及毗邻建筑的说明，拆除施工组织方案，堆放、清除废弃物的措施等资料，报送建设工程所在地的县级以上地方人民政府建设行政主管部门或者其他有关部门备案。实施爆破作业的，应当遵守国家有关民用爆炸物品管理的规定。

（二）勘察、设计、工程监理及其他有关单位的安全责任

勘察、设计、工程监理等单位安全责任不作为考试的重点。

（三）施工单位的安全责任

1. 工程承揽

施工单位从事建设工程的新建、扩建、改建和拆除等活动，应当具备国家规定的注册资本、专业技术人员、技术装备和安全生产等条件，依法取得相应等级的资质证书，并在其资质等级许可的范围内承揽工程。

2. 安全生产责任制度

施工单位主要负责人依法对本单位的安全生产工作全面负责。施工单位应当建立健全安全生产责任制度，制定安全生产规章制度和操作规程，保证本单位安全生产条件所需资金的投入，对所承担的建设工程进行定期和专项安全检查，并做好安全检查记录。

施工单位的项目负责人应当由取得相应执业资格的人员担任，对建设工程项目的安全施工负责，落实安全生产责任制度、安全生产规章制度和操作规程，确保安全生产费用的有效使用，并根据工程的特点组织制定安全施工措施，消除安全事故隐患，及时、如实报告生产安全事故。

建设工程实行施工总承包的，由总承包单位对施工现场的安全生产负总责。总承包单位依法将建设工程分包给其他单位的，分包合同中应当明确各自的安全生产方面的权利、义务。总承包单位和分包单位对分包工程的安全生产承担连带责任。分包单位应当服从总承包单位的安全生产管理，如分包单位不服从管理导致生产安全事故，由分包单位承担主要责任。

3. 安全生产管理费用

施工单位对列入建设工程概算的安全作业环境及安全施工措施所需费用，应当用于施工安全防护用具及设施的采购和更新、安全施工措施的落实、安全生产条件的改善，不得挪作他用。

4. 施工现场安全管理

施工单位应当设立安全生产管理机构，配备专职安全生产管理人员。专职安全生产管理人员负责对安全生产进行现场监督检查。发现安全事故隐患，应当及时向项目负责人和安全生产管理机构报告；对违章指挥、违章操作，应当立即制止。专职安全生产管理人员的配备办法由国务院建设行政主管部门会同国务院其他有关部门制定。

5. 安全生产教育培训

施工单位的主要负责人、项目负责人、专职安全生产管理人员应当经建设行政主管部门或者其他有关部门考核合格后方可任职。施工单位应当建立健全安全生产教育培训制度，应当对管理人员和作业人员每年至少进行一次安全生产教育培训，其教育培训情况记入个人工作档案。安全生产教育培训考核不合格的人员，不得上岗。

作业人员进入新的岗位或者新的施工现场前，应当接受安全生产教育培训。未经教育培训或者教育培训考核不合格的人员，不得上岗作业。施工单位在采用新技术、新工艺、新设备、新材料时，应当对作业人员进行相应的安全生产教育培训。

垂直运输机械作业人员、安装拆卸工、爆破作业人员、起重信号工、登高架设作业人员等特种作业人员，必须按照国家有关规定经过专门的安全作业培训，并取得特种作业操作资格证书后，方可上岗作业。

6. 安全技术措施和专项施工方案

施工单位应当在施工组织设计中编制安全技术措施和施工现场临时用电方案，对下列达到一定规模的危险性较大的分部分项工程编制专项施工方案，并附具安全验算结果，经施工单位技术负责人、总监理工程师签字后实施，由专职安全生产管理人员进行现场监督：①基坑支护与降水工程；②土方开挖工程；③模板工程；④起重吊装工程；⑤脚手架工程；⑥拆除、爆破工程；⑦国务院建设行政主管部门或者其他有关部门规定的其他危险性较大的工程。上述所列工程中涉及深基坑、地下暗挖工程、高大模板工程的专项施工方案，施工单位还应当组织专家进行论证、审查。

建设工程施工前，施工单位负责项目管理的技术人员应当对有关安全施工的技术要求向施工作业班组、作业人员作出详细说明，并由双方签字确认。

7. 施工现场安全防护

施工单位应当在施工现场入口处、施工起重机械、临时用电设施、脚手架、出入通道口、楼梯口、电梯井口、孔洞口、桥梁口、隧道口、基坑边沿、爆破物及有害危险气体和液体存放处等危险部位，设置明显的符合国家标准的安全警示标志。施工单位应当根据不同施工阶段和周围环境及季节、气候的变化，在施工现场采取相应的安全施工措施。如施工现场暂时停止施工，施工单位应当做好现场防护，所需费用由责任方承担，或者按照合同约定执行。

施工单位应当向作业人员提供安全防护用具和安全防护服装，并书面告知危险岗位的操作规程和违章操作的危害。作业人员有权对施工现场的作业条件、作业程序和作业方式中存在的安全问题提出批评、检举和控告，有权拒绝违章指挥和强令冒险作业。在施工中发生危及人身安全的紧急情况时，作业人员有权立即停止作业或者在采取必要的应急措施后撤离危险区域。作业人员应当遵守安全施工的强制性标准、规章制度和操作规程，正确使用安全防护用具、机械设备等。

8. 施工现场卫生、环境与消防安全管理

施工单位应当将施工现场的办公、生活区与作业区分开设置，并保持安全距离；办公、生活区的选址应当符合安全性要求。职工的膳食、饮水、休息场所等应当符合卫生标准。施工单位不得在尚未竣工的建筑物内设置员工集体宿舍。施工现场临时搭建的建筑物应当符合安全使用要求。

施工单位对因建设工程施工可能造成损害的毗邻建筑物、构筑物和地下管线等，应当采取专项防护措施。施工单位应当遵守有关环境保护法律、法规的规定，在施工现场采取措施，防止或者减少粉尘、废气、废水、固体废物、噪声、振动和施工照明对人和环境的危害和污染。在城市市区内的建设工程，施工单位应当对施工现场实行封闭围挡。

施工单位应当在施工现场建立消防安全责任制度，确定消防安全责任人，制定用火、用电、使用易燃易爆材料等各项消防安全管理制度和操作规程，设置消防通道、消防水源，配备消防设施和灭火器材，并在施工现场入口处设置明显标志。

9. 施工机具设备安全管理

施工单位采购、租赁的安全防护用具、机械设备、施工机具及配件，应当具有生产（制造）许可证、产品合格证，并在进入施工现场前进行查验。

施工现场的安全防护用具、机械设备、施工机具及配件必须由专人管理，定期进行检查、维修和保养，建立相应的资料档案，并按照国家有关规定及时报废。

施工单位在使用施工起重机械和整体提升脚手架、模板等自升式架设设施前，应当组织有关单位进行验收，也可以委托具有相应资质的检验检测机构进行验收；如使用承租的机械设备和施工机具及配件，应由施工总承包单位、分包单位、出租单位和安装单位共同进行验收，验收合格后方可使用。《特种设备安全监察条例》规定的施工起重机械，在验收前应当经有相应资质的检验检测机构监督检验合格。

施工单位应当自施工起重机械和整体提升脚手架、模板等自升式架设设施验收合格之日起 30 日内，向建设行政主管部门或者其他有关部门登记。登记标志应当置于或者附着于该设备的显著位置。

第二节　招标投标法及其实施条例

真题解析

一、2023 年考题

1. 根据《招标投标法》，依法必须进行招标的项目，自招标文件开始发出之日起至投标人提交投标文件截止之日止，最短不得少于（　　）日。

A. 10　　B. 14　　C. 20　　D. 28

【答案】C

【解析】依法必须进行招标的项目，自招标文件开始发出之日起至投标人提交投标文件截止之日止，最短不得少于 20 日。

【考点】招标投标法——招标——其他规定。

2. 招标人采用两阶段招标方式对某技术复杂的项目进行招标时，投标人在招标第一阶段需要提交的文件是（　　）。

A. 不带报价的技术建议　　B. 带报价的实施方案

C. 投标保证金证明材料　　D. 不带投标保证金的初步报价

【答案】A

【解析】两阶段招标。对技术复杂或者无法精确拟定技术规格的项目，招标人可以分两阶段进行招标：第一阶段，投标人按照招标公告或者投标邀请书的要求提交不带报价的技术建议，招标人根据投标人提交的技术建议确定技术标准和要求，编制招标文件。选项 B、C、D 属于第二阶段的有关文件。

【考点】招标投标法实施条例——招标——招标工作的实施。

3. 根据《招标投标法实施条例》，国有资金占控股地位的依法必须公开招标的项目可以经批准或核准后不进行招标的情形有（　　）。

A. 采用公开招标方式的费用占项目合同金额的比例过大的

B. 需要向原中标人采购货物，否则将影响功能配套要求的

C. 项目技术复杂，只有少量潜在投标人可供选择的少

D. 需要采用不可替代的专利或者专有技术的

E. 采购人依法能够自行建设、生产或者提供的

【答案】BDE

【解析】有下列情形之一的，可以不进行招标：

（1）需要采用不可替代的专利或者专有技术。

（2）采购人依法能够自行建设、生产或者提供。

（3）已通过招标方式选定的特许经营项目投资人依法能够自行建设、生产或者提供。

（4）需要向原中标人采购工程、货物或者服务，否则将影响施工或者功能配套要求。

（5）国家规定的其他特殊情形。

选项 A、C 属于邀请招标的情形。考生应关注，可以不进行招标的情形和邀请招标的情形是过去经常考核的题目，应注意不要混淆。

【考点】招标投标法实施条例——招标——招标范围和方式。

二、2022 年考题

1. 依法必须进行招标的项目，自（　　）之日起，至投标人提交投标文件截止之日止，最短不得少于 20 日。

A. 投标人收到招标文件　　B. 招标文件开始发出

C. 招标公告发出　　D. 出售招标

【答案】B

【解析】依法必须进行招标的项目，自招标文件开始发出之日起，至投标人提交投标文件截止之日止，最短不得少于 20 日。

【考点】《招标投标法》——招标——其他规定。

2. 下列属于依法必须招标的项目可以不进行招标的情况是（　　）。

A. 受自然环境限制，只有少量潜在招标人

B. 招标费用占项目合同金额比例过大

C. 因技术复杂，只有少量潜在招标人

D. 采购人依法能够自行建设、生产或组织

【答案】D

【解析】有下列情形之一的，可以不进行招标：

（1）需要采用不可替代的专利或者专有技术。

（2）采购人依法能够自行建设、生产或者提供。

（3）已通过招标方式选定的特许经营项目投资人依法能够自行建设、生产或者提供。

（4）需要向原中标人采购工程、货物或者服务，否则将影响施工或者功能配套要求。

（5）国家规定的其他特殊情形。

选项 A、B、C 是可以邀请招标的情形。两类情形常常放在一起考核，不要混淆。

【考点】《招标投标法实施条例》——招标范围和方式。

三、2021 年考题

1. 根据《招标投标法》，评标委员会名单在（　　）前保密。

A. 开标　　B. 合同签订

C. 中标候选人公示　　D. 中标结果确定

【答案】D

【解析】评标委员会成员名单一般应于开标前确定，并应在中标结果确定前保密。

【考点】《招标投标法》——评标。

2. 根据《招标投标法实施条例》，下列评标过程中出现的情形，评标委员会可要求投标人作出书面澄清和说明的是（　　）。

A. 投标人报价高于招标文件设定的最高投标限价

B. 不同投标人的投标文件载明的项目管理成员为同一人

C. 投标人提交的投标保证金低于招标文件的规定

D. 在投标文件发现有含义不明确的文字内容

【答案】D

【解析】投标文件中有含义不明确的内容、明显文字或者计算错误，评标委员会认为需要投标人作出必要澄清、说明的，应当书面通知该投标人。

【考点】《招标投标法实施条例》——开标、评标和中标——投标文件的澄清。

3. 根据《招标投标法实施条例》，国有资金占控股或主导地位依法必须进行招标的项目，可以采用邀请招标的情形有（　　）。

A. 技术复杂或性质特殊，不能确定主要设备的详细规则或具体要求

B. 技术复杂、有特殊要求、只有少量潜在投标人可供选择

C. 项目规模大、投资多，中小企业难以胜任

D. 项目特征独特，需有特定行业的技术

E. 采用公开招标方式的费用占项目合同金额的比例过大

【答案】BE

【解析】可以邀请招标的项目。国有资金占控股或者主导地位的依法必须进行招标的项目，应当公开招标；但有下列情形之一的，可以邀请招标：

（1）技术复杂、有特殊要求或者受自然环境限制，只有少量潜在投标人可供选择。

（2）采用公开招标方式的费用占项目合同金额的比例过大。

【考点】《招标投标法实施条例》——招标——招标范围和方式。

四、2020 年考题

1. 某依法必须进行招标的项目，招标人拟定于 2020 年 11 月 1 日发售招标文件，根据《招标投标法》，要求投标人提交投标文件的截止时间最早可设定在 2020 年（　　）。

A. 11 月 11 日　　B. 11 月 16 日　　C. 11 月 21 日　　D. 12 月 1 日

【答案】C

【解析】依法必须进行招标的项目，自招标文件开始发出之日起，至投标人提交投标文件截止之日止，最短不得少于 20 日。

【考点】《招标投标法》——招标——其他规定。

2. 某工程中标合同金额为 6 500 万元，根据《招标投标法实施条例》，中标人应提交的履约保证金不得超过（　　）万元。

A. 130　　B. 650　　C. 325　　D. 975

【答案】B

【解析】招标文件要求中标人提交履约保证金的，中标人应当按照招标文件的要求提交。履约保证金不得超过中标合同金额的 10%。6 500 × 10%=650（万元）。

【考点】《招标投标法实施条例》——开标、评标和中标——签订合同及履约。

五、2019 年考题

1. 某招标项目结算价 1 000 万元，投标截止日为 8 月 30 日，投标有效期为 9 月 25 日，则该项目投标保证金金额和其有效期应是（　　）。

A. 最高不超过 30 万元，有效期为 9 月 25 日

B. 最高不超过 30 万元，有效期为 8 月 30 日

C. 最高不超过 20 万元，有效期为 8 月 30 日

D. 最高不超过 20 万元，有效期为 9 月 25 日

【答案】D

【解析】投标保证金不得超过招标项目估算价的 2%。投标保证金有效期应当与投标有效期一致。

【考点】招标工作的实施——投标保证金。

2. 下列行为中，属于招标人与投标人串通的有（　　）。

A. 招标人明示投标人压低投标报价

B. 招标人授意投标人修改投标文件
C. 招标人向投标人公布招标控制价
D. 招标人向投标人泄露招标标底
E. 招标人组织投标人进行现场踏勘
【答案】ABD
【解析】有下列情形之一的，属于招标人与投标人串通投标：
（1）招标人在开标前开启投标文件并将有关信息泄露给其他投标人。
（2）招标人直接或者间接向投标人泄露标底、评标委员会成员等信息。
（3）招标人明示或者暗示投标人压低或者抬高投标报价。
（4）招标人授意投标人撤换、修改投标文件。
（5）招标人明示或者暗示投标人为特定投标人中标提供方便。
（6）招标人与投标人为谋求特定投标人中标而采取的其他串通行为。
选项 C、E 属于招标人的正当行为。
【考点】《招标投标法实施条例》——投标——属于串通投标和弄虚作假的情形。

考点统计

本节主要考查对《招标投标法》和《招标投标法实施条例》的理解。2019—2023 年共考核 12 道题，见表 2.2.1。

表 2.2.1　第二章第二节考点考核频次表

序号	知识点	具体考点	考核频次
1	《招标投标法》	招标（其他规定）	3
		评标	1
2	《招标投标法实施条例》	招标范围和方式	3
		招投标工作的实施	2
		投标——串通投标和弄虚作假的情形	1
		投标文件的澄清	1
		签订合同及履约（履约保证金）	1

知识点凝练

一、《招标投标法》

《招标投标法》通常不是考核的重点，建议考生熟悉一些招标投标活动中的时间。

二、《招标投标法实施条例》

为了规范招标投标活动，《招标投标法实施条例》进一步明确了招标、投标、开标、评标和中标以及投诉与处理等方面的内容，并鼓励利用信息网络进行电子招标投标。

（一）招标

1. 招标范围和方式

（1）可以邀请招标的项目。国有资金占控股或者主导地位的依法必须进行招标的项目，应当公开招标；但有下列情形之一的，可以邀请招标：

1）技术复杂、有特殊要求或者受自然环境限制，只有少量潜在投标人可供选择。

2）采用公开招标方式的费用占项目合同金额的比例过大。

（2）可以不招标的项目。有下列情形之一的，可以不进行招标：

1）需要采用不可替代的专利或者专有技术。

2）采购人依法能够自行建设、生产或者提供。

3）已通过招标方式选定的特许经营项目投资人依法能够自行建设、生产或者提供。

4）需要向原中标人采购工程、货物或者服务，否则将影响施工或者功能配套要求。

5）国家规定的其他特殊情形。

2. 招标代理机构

国务院住房城乡建设、商务、发展改革、工业和信息化等部门，按照规定的职责分工对招标代理机构依法实施监督管理。

3. 招标文件与资格审查

（1）资格预审公告和招标公告。招标人应当按照资格预审公告、招标公告或者投标邀请书规定的时间、地点发售资格预审文件或者招标文件。资格预审文件或者招标文件的发售期不得少于 5 日。招标人发售资格预审文件、招标文件收取的费用应当限于补偿印刷、邮寄的成本支出，不得以营利为目的。

如潜在投标人或者其他利害关系人对资格预审文件有异议，应当在提交资格预审申请文件截止时间 2 日前提出；如对招标文件有异议，应当在投标截止时间 10 日前提出。招标人应当自收到异议之日起 3 日内作出答复；作出答复前，应当暂停招标投标活动。

如招标人编制的资格预审文件、招标文件的内容违反法律、行政法规的强制性规定，违反公开、公平、公正和诚实信用原则，影响资格预审结果或者潜在投标人投标，依法必须进行招标的项目的招标人应当在修改资格预审文件或者招标文件后重新招标。

（2）资格预审。招标人应当合理确定提交资格预审申请文件的时间。依法必须进行招标的项目，提交资格预审申请文件的时间自资格预审文件停止发售之日起不得少于 5 日。

资格预审应当按照资格预审文件载明的标准和方法进行。国有资金占控股或者主导地位的依法必须进行招标的项目，招标人应当组建资格审查委员会审查资格预审申请文件。

资格预审结束后，招标人应当及时向资格预审申请人发出资格预审结果通知书。未通过资格预审的申请人不具有投标资格。通过资格预审的申请人少于 3 个的，应当重新招标。

招标人可以对已发出的资格预审文件或者招标文件进行必要的澄清或者修改。如澄清或者修改的内容可能影响资格预审申请文件或者投标文件编制，招标人应当在提交资格预审申请文件截止时间至少 3 日前，或者投标截止时间至少 15 日前，以书面形式通知所有获取资格预审文件或者招标文件的潜在投标人；不足 3 日或者 15 日的，招标人应当顺延提交资格预审申请文件或者投标文件的截止时间。

如招标人采用资格后审办法对投标人进行资格审查，应当在开标后由评标委员会按照招标文件规定的标准和方法对投标人的资格进行审查。

4. 招标工作的实施

（1）禁止投标限制。招标人如对招标项目划分标段，应当遵守招标投标法的有关规定，不得利用划分标段限制或者排斥潜在投标人。依法必须进行招标的项目的招标人不得利用划分标段规避招标。

招标人不得以不合理的条件限制、排斥潜在投标人或者投标人。招标人有下列行为之一的，属于以不合理条件限制、排斥潜在投标人或者投标人：

1）就同一招标项目向潜在投标人或者投标人提供有差别的项目信息。

2）设定的资格、技术、商务条件与招标项目的具体特点和实际需要不相适应或者与合同履行无关。

3）依法必须进行招标的项目以特定行政区域或者特定行业的业绩、奖项作为加分条件或者中标条件。

4）对潜在投标人或者投标人采取不同的资格审查或者评标标准。

5）限定或者指定特定的专利、商标、品牌、原产地或者供应商。

6）依法必须进行招标的项目非法限定潜在投标人或者投标人的所有制形式或者组织形式。

7）以其他不合理条件限制、排斥潜在投标人或者投标人。

招标人不得组织单个或者部分潜在投标人踏勘项目现场。

（2）总承包招标。招标人可以依法对工程以及与工程建设有关的货物、服务全部或者部分实行总承包招标。以暂估价（指总承包招标时不能确定价格而由招标人在招标文件中暂时估定的工程、货物、服务的金额）形式包括在总承包范围内的工程、货物、服务属于依法必须进行招标的项目范围且达到国家规定规模标准的，应当依法进行招标。

（3）两阶段招标。对技术复杂或者无法精确拟定技术规格的项目，招标人可以分两阶段进行招标：

第一阶段，投标人按照招标公告或者投标邀请书的要求提交不带报价的技术建议，招标人根据投标人提交的技术建议确定技术标准和要求，编制招标文件。

第二阶段，招标人向在第一阶段提交技术建议的投标人提供招标文件，投标人按照招标文件的要求提交包括最终技术方案和投标报价的投标文件。如招标人要求投标人提交投标保证金，应当在第二阶段提出。

（4）投标有效期。招标人应当在招标文件中载明投标有效期。投标有效期从提交投标文件的截止之日起算。

（5）投标保证金。如招标人在招标文件中要求投标人提交投标保证金，投标保证金不得超过招标项目估算价的 2%。投标保证金有效期应当与投标有效期一致。依法必须进行招标的项目的境内投标单位，以现金或者支票形式提交的投标保证金应当从其基本账户转出。招标人不得挪用投标保证金。如招标人终止招标，应当及时发布公告，或者以书面形式通知被邀请的或者已经获取资格预审文件、招标文件的潜在投标人。如已经发售资格预审文件、招标文件或者已经收取投标保证金，招标人应当及时退还所收取的资格预审文件、招标文件的费用，以及所收取的投标保证金及银行同期存款利息。

（6）标底及最高投标限价。招标人可以自行决定是否编制标底。一个招标项目只能有一个标底。标底必须保密。接受委托编制标底的中介机构不得参加受托编制标底项目的投标，也不得为该项目的投标人编制投标文件或者提供咨询。如招标人设有最高投标限价，应当在招标文件中明确最高投标限价或者最高投标限价的计算方法。招标人不得规定最低投标限价。

（二）投标

1. 投标规定

投标人参加依法必须进行招标的项目的投标，不受地区或者部门的限制，任何单位和个人不得非法干涉。与招标人存在利害关系可能影响招标公正性的法人、其他组织或者个人，不得参加投标。单位负责人为同一人或者存在控股、管理关系的不同单位，不得参加同一标段投标或者未划分标段的同一招标项目投标。

投标人撤回已提交的投标文件，应当在投标截止时间前书面通知招标人。招标人已收取投标保证金的，应当自收到投标人书面撤回通知之日起 5 日内退还。投标截止后投标人撤销投标文件的，招标人可以不退还投标保证金。未通过资格预审的申请人提交的投标文件，以及逾期送达或者不按照招标文件要求密封的投标文件，招标人应当拒收。招标人应当如实记载投标文件的送达时间和密封情况，并存档备查。

招标人应当在资格预审公告、招标公告或者投标邀请书中载明是否接受联合体投标。招标人接受联合体投标并进行资格预审的，联合体应当在提交资格预审申请文件前组成。资格预审后联合体增减、更换成员的，其投标无效。如联合体各方在同一招标项目中以自己名义单独投标或者参加其他联合体投标，相关投标均无效。

投标人发生合并、分立、破产等重大变化，应当及时书面告知招标人。如投标人不再具备资格预审文件、招标文件规定的资格条件或者其投标影响招标公正性，其投标无效。

2. 属于串通投标和弄虚作假的情形

（1）投标人相互串通投标。

1）有下列情形之一的，属于投标人相互串通投标：①投标人之间协商投标报价等投标文件的实质性内容；②投标人之间约定中标人；③投标人之间约定部分投标人放弃投标或者中标；④属于同一集团、协会、商会等组织成员的投标人按照该组织要求协同投标；⑤投标人之间为谋取中标或者排斥特定投标人而采取的其他联合行动。

2）有下列情形之一的，视为投标人相互串通投标：①不同投标人的投标文件由同一单位或者个人编制；②不同投标人委托同一单位或者个人办理投标事宜；③不同投标人的投标文件载明的项目管理成员为同一人；④不同投标人的投标文件异常一致或者投标报价呈规律性差异；⑤不同投标人的投标文件相互混装；⑥不同投标人的投标保证金从同一单位或者个人的账户转出。

（2）招标人与投标人串通投标。有下列情形之一的，属于招标人与投标人串通投标：

1）招标人在开标前开启投标文件并将有关信息泄露给其他投标人。

2）招标人直接或者间接向投标人泄露标底、评标委员会成员等信息。

3）招标人明示或者暗示投标人压低或者抬高投标报价。

4）招标人授意投标人撤换、修改投标文件。

5）招标人明示或者暗示投标人为特定投标人中标提供方便。

6）招标人与投标人为谋求特定投标人中标而采取的其他串通行为。

（3）弄虚作假。投标人不得以他人名义投标，如使用通过受让或者租借等方式获取的资格、资质证书投标。投标人也不得以其他方式弄虚作假，骗取中标，包括：

1）使用伪造、变造的许可证件。

2）提供虚假的财务状况或者业绩。

3）提供虚假的项目负责人或者主要技术人员简历、劳动关系证明。

4）提供虚假的信用状况。

5）其他弄虚作假的行为。

（三）开标、评标和中标

1. 开标

招标人应当按照招标文件规定的时间、地点开标。如投标人少于3个，不得开标；招标人应当重新招标。如投标人对开标有异议，应当在开标现场提出，招标人应当当场作出答复，并制作记录。

2. 评标委员会

国家实行统一的评标专家专业分类标准和管理办法。具体标准和办法由国务院发展改革部门会同国务院有关部门制定。省级人民政府和国务院有关部门应当组建综合评标专家库。

3. 评标

招标人应当根据项目规模和技术复杂程度等因素合理确定评标时间。如超过三分之一的评标委员会成员认为评标时间不够，招标人应当适当延长。

招标人应当向评标委员会提供评标所必需的信息，但不得明示或者暗示其倾向或者排斥特定投标人。

4. 投标否决

有下列情形之一的，评标委员会应当否决其投标：

（1）投标文件未经投标单位盖章和单位负责人签字。

（2）投标联合体没有提交共同投标协议。

（3）投标人不符合国家或者招标文件规定的资格条件。

（4）同一投标人提交两个以上不同的投标文件或者投标报价，但招标文件要求提交备选投标的除外。

（5）投标报价低于成本或者高于招标文件设定的最高投标限价。

（6）投标文件没有对招标文件的实质性要求和条件作出响应。

（7）投标人有串通投标、弄虚作假、行贿等违法行为。

5. 中标

评标完成后，评标委员会应当向招标人提交书面评标报告和中标候选人名单。中标候选人应当不超过 3 个，并标明排序。

6. 签订合同及履约

招标人和中标人应当依照《招标投标法》及其实施条例的规定签订书面合同，合同的标的、价款、质量、履行期限等主要条款应当与招标文件和中标人的投标文件的内容一致。招标人和中标人不得再行订立背离合同实质性内容的其他协议。

招标人最迟应当在书面合同签订后 5 日内向中标人和未中标的投标人退还投标保证金及银行同期存款利息。招标文件要求中标人提交履约保证金的，中标人应当按照招标文件的要求提交。履约保证金不得超过中标合同金额的 10%。

（四）投诉与处理

1. 投诉

如果投标人或者其他利害关系人认为招标投标活动不符合法律、行政法规规定，可以自知道或者应当知道之日起 10 日内向有关行政监督部门投诉。投诉应当有明确的请求和必要的证明材料。

2. 处理

行政监督部门应当自收到投诉之日起 3 个工作日内决定是否受理投诉，并自受理投诉之日起 30 个工作日内作出书面处理决定；需要检验、检测、鉴定、专家评审的，所需时间不计算在内。如投诉人捏造事实、伪造材料或者以非法手段取得证明材料进行投诉，行政监督部门应当予以驳回。

行政监督部门处理投诉，有权查阅、复制有关文件、资料，调查有关情况，相关单位和人员应当予以配合。必要时，行政监督部门可以责令暂停招标投标活动。

第三节　政府采购法及其实施条例

真题解析

一、2023 年考题

根据《政府采购法》，政府采购应采用的主要方式是（　　）。

A. 询价　　　　B. 竞争性谈判

C. 邀请招标　　　　D. 公开招标

【答案】D

【解析】政府采购可采用的方式有：公开招标、邀请招标、竞争性谈判、单一来源采购、询价以及国务院政府采购监督管理部门认定的其他采购方式。公开招标应作为政府采购的主要采购方式。

【考点】政府采购法——政府采购方式。

二、2022 年考题

政府采购工程没有投标人投标的，应（ ）。

A. 邀请招标 B. 竞争性谈判 C. 单一来源采购 D. 重新招标

【答案】B

【解析】符合下列情形之一的货物或服务，可采用竞争性谈判方式采购：

（1）招标后没有供应商投标或没有合格标的或重新招标未能成立的。

（2）技术复杂或性质特殊，不能确定详细规格或具体要求的。

（3）采用招标所需时间不能满足用户紧急需要的。

（4）不能事先计算出价格总额的。

关注邀请招标、竞争性谈判和单一来源采购三类情形的区别。

【考点】《政府采购法》——政府采购方式——竞争性谈判。

三、2021 年考题

根据《政府采购法》和《政府采购法实施条例》，下列组织机构中，属于使用财政性资金的政府采购人的有（ ）。

A. 国有企业 B. 集中采购机构

C. 各级国家机关 D. 事业单位

E. 团体组织

【答案】CDE

【解析】《政府采购法》所称政府采购，是指各级国家机关、事业单位和团体组织，使用财政性资金采购依法制定的集中采购目录以内的或采购限额标准以上的货物、工程和服务的行为。政府采购工程进行招标投标的，适用《招标投标法》。

【考点】《政府采购法》——政府采购。

四、2020 年考题

根据《政府采购法》，实行集中采购的政府采购，集中采购目录应由（ ）确定。

A. 省级以上人民政府 B. 国务院相关主管部门

C. 省级政府采购主管部门 D. 国务院采购主管部门

【答案】A

【解析】政府采购实行集中采购和分散采购相结合。集中采购的范围由省级以上人民政府公布的集中采购目录确定。本题是典型的填空式考题，注意记住关键词。

【考点】《政府采购法》——集中采购范围。

五、2019 年考题

通过招投标订立的政府采购合同金额为 200 万元，合同履行过程中需追加与合同标的相同的货物，在其他合同条款不变且追加合同金额最高不超过（ ）万元时，可以签订补充合同采购。

A. 10 B. 20 C. 40 D. 50

【答案】B

【解析】在不改变合同其他条款的前提下，可以与供应商协商签订补充合同，但所有补充合同的采购金额不得超过原合同采购金额的 10%，200 × 10%=20（万元）。

【考点】《政府采购法》——政府采购合同。

考点统计

本节主要考查对《政府采购法》的理解掌握程度。2019—2023 年共考核 5 道题，见表 2.3.1。

表 2.3.1　第二章第三节考点考核频次表

序号	知识点	具体考点	考核频次
1	《政府采购法》	政府采购概念	1
		政府采购方式	2
		采购范围	1
2		政府采购合同	1

知识点凝练

一、《政府采购法》

政府采购，是指各级国家机关、事业单位和团体组织，使用财政性资金采购依法制定的集中采购目录以内的或采购限额标准以上的货物、工程和服务的行为。

（一）政府采购当事人

采购人采购纳入集中采购目录的政府采购项目，必须委托集中采购机构代理采购；采购未纳入集中采购目录的政府采购项目，可以自行采购，也可以委托集中采购机构在委托的范围内代理采购。

（二）政府采购方式

政府采购可采用的方式有：公开招标、邀请招标、竞争性谈判、单一来源采购、询价，以及国务院政府采购监督管理部门认定的其他采购方式。公开招标应作为政府采购的主要采购方式。

1. 公开招标

采购货物或服务应当采用公开招标方式的，其具体数额标准，属于中央预算的政府采购项目，由国务院规定；属于地方预算的政府采购项目，由省、自治区、直辖市人民政府规定；因特殊情况需要采用公开招标以外的采购方式的，应当在采购活动开始前获得设区的市、自治州以上人民政府采购监督管理部门的批准。

2. 邀请招标

符合下列情形之一的货物或服务，可采用邀请招标方式采购：

（1）具有特殊性，只能从有限范围的供应商处采购的。

（2）采用公开招标方式的费用占政府采购项目总价值的比例过大的。

3. 竞争性谈判

符合下列情形之一的货物或服务，可采用竞争性谈判方式采购：

（1）招标后没有供应商投标或没有合格标的或重新招标未能成立的。

（2）技术复杂或性质特殊，不能确定详细规格或具体要求的。

（3）采用招标所需时间不能满足用户紧急需要的。

（4）不能事先计算出价格总额的。

4. 单一来源采购

符合下列情形之一的货物或服务，可以采用单一来源方式采购：

（1）只能从唯一供应商处采购的。

（2）发生不可预见的紧急情况，不能从其他供应商处采购的。

（3）必须保证原有采购项目一致性或服务配套的要求，需要继续从原供应商处添购，且添购资金总额不超过原合同采购金额10%的。

5. 询价

采购的货物规格、标准统一、现货货源充足且价格变化幅度小的政府采购项目，可以采用询价方式采购。

（三）政府采购合同

政府采购合同应当采用书面形式。经采购人同意，中标、成交供应商可依法采取分包方式履行合同。政府采购合同履行中，采购人需追加与合同标的相同的货物、工程或服务的，在不改变合同其他条款的前提下，可以与供应商协商签订补充合同，但所有补充合同的采购金额不得超过原合同采购金额的10%。

二、《政府采购法实施条例》

（一）政府采购当事人

采购人或者采购代理机构不得对供应商实行差别待遇或者歧视待遇。

（二）政府采购方式

列入集中采购目录的项目，适合实行批量集中采购的，应当实行批量集中采购，但紧急的小额零星货物项目和有特殊要求的服务、工程项目除外。

政府采购工程依法不进行招标的，应当依照政府采购法律法规规定的竞争性谈判或者单一来源采购方式采购。

（三）政府采购程序

1. 招标文件

招标文件的提供期限自招标文件开始发出之日起不得少于5个工作日。采购人或者采购代理机构可以对已发出的招标文件进行必要的澄清或者修改。澄清或者修改的内容可能影响投标文件编制的，采购人或者采购代理机构应当在投标截止时间至少15日前，以书面形式通知所有获取招标文件的潜在投标人；不足15日的，采购人或者采购代理机构应当顺延提交投标文件的截止时间。

2. 投标保证金

招标文件要求投标人提交投标保证金的，投标保证金不得超过采购项目预算金额的 2%。

3. 评标程序

政府采购招标评标方法分为最低评标价法和综合评分法。技术、服务等标准统一的货物和服务项目，应当采用最低评标价法。采用综合评分法的，评审标准中的分值设置应当与评审因素的量化指标相对应。招标文件中没有规定的评标标准不得作为评审的依据。

（四）政府采购合同

采购文件要求中标或者成交供应商提交履约保证金的，供应商应当以支票、汇票、本票或者金融机构、担保机构出具的保函等非现金形式提交。履约保证金的数额不得超过政府采购合同金额的 10%。

第四节　民法典合同编及价格法

真题解析

一、2023 年考题

1. 根据《民法典》，采用市场定价方式的合同生效后，当事人就价款约定不明确，也未达成补充协议且无法按照合同有关条款或者交易习惯确定的，则该合同价款应按照（　　）履行。

A. 订立合同时履行地的市场价格　　B. 履行合同时履行地的市场价格

C. 订立合同时签署地的市场价格　　D. 履行合同时签署地的市场价格

【答案】A

【解析】价款或者报酬不明确的，按照订立合同时履行地的市场价格履行；依法应当执行政府定价或者政府指导价的，按照规定履行。

【考点】《民法典》合同编——合同履行——合同履行的一般规则。

2. 根据《价格法》，下列商品经营者行为中，属于不正当价格行为的是（　　）。

A. 串通操纵同类商品市场价格　　B. 以低于成本的价格处理鲜活商品

C. 降价处理积压商品　　D. 节假日以零利润价格促销

【答案】A

【解析】经营者不得有下列不正当行为：

（1）相互串通，操纵市场价格，侵害其他经营者或消费者的合法权益。

（2）除降价处理鲜活、季节性、积压商品外，为排挤对手或独占市场，以低于成本的价格倾销，扰乱正常的生产经营秩序，侵害国家利益或者其他经营者的合法权益。

（3）捏造、散布涨价信息，哄抬价格，推动商品价格过高上涨。

（4）利用虚假或使人误解的价格手段，诱骗消费者或者其他经营者与其进行交易。

（5）对具有同等交易条件的其他经营者实行价格歧视等。

【考点】价格法——经营者的价格行为——经营者违规行为。

3. 根据《民法典》合同编，合同当事人方不履行合同义务或者履行合同义务不符合约定的，承担违约责任的方式有（　　）。

A. 采取补救措施　　B. 强制转让合同

C. 债务提存　　D. 赔偿损失

E. 继续履行

【答案】ADE

【解析】违约责任的承担方式：①继续履行；②采取补救措施；③赔偿损失；④支付违约金；⑤定金。

【考点】《民法典》合同编——违约责任——违约责任的承担。

二、2022 年考题

1. 采用快递物流方式交付的货物的（　　）为交付时间。

A. 收货人的签收时间　　B. 发货人的签发时间

C. 收货人的查验时间　　D. 快递到达时间

【答案】A

【解析】通过互联网等信息网络订立的电子合同的标的为交付商品并采用快递物流方式交付的，收货人的签收时间为交付时间。

【考点】《民法典》合同编——合同履行——合同履行的特殊规则。

2. 当事人一方不履行合同义务或者履行合同义务不符合约定时，应当承担的违约责任为（　　）。

A. 继续履行、赔偿损失或采取补救措施

B. 停止履行，只赔偿损失

C. 继续履行，不赔偿损失

D. 既不履行，也不赔偿

【答案】A

【解析】当事人一方不履行合同义务或者履行合同义务不符合约定的，应当承担继续履行、采取补救措施或者赔偿损失等违约责任。

【考点】《民法典》合同编——违约责任——违约责任的承担。

3.《民法典》合同编典型合同分编中，建设工程合同包括的合同类型有（　　）。

A. 保证合同　　B. 工程勘察合同

C. 设计合同　　D. 租赁合同

E. 施工合同

【答案】BCE

【解析】根据《民法典》合同编，建设工程合同包括工程勘察、设计、施工合同。

【考点】《民法典》合同编——合同订立——合同内容。

三、2021 年考题

1. 根据《民法典》合同编，除法律另行规定或当事人另有约定外，采用数据电文形式订立的合同，其合同成立的地点为（　　）。

A. 收件人的主营业地，没有主营业地的为住所地

B. 发件人的主营业地或住所地任选其一

C. 收件人的住所地，没有住所地的为主营业地

D. 发件人的主营业地，没主营业地的为住所地

【答案】A

【解析】采用数据电文形式订立合同的，收件人的主营业地为合同成立的地点；没有主营业地的，其住所地为合同成立的地点。当事人另有约定的，按照其约定。

【考点】《民法典》合同编——合同订立——合同成立的地点。

2. 根据《民法典》合同编，由于债权人无正当理由拒绝受领债务人履约，债务人宜采取的做法是（　　）。

A. 行使代位权　　B. 将标的物提存

C. 通知解除合同　　D. 行使抗辩权

【答案】B

【解析】有下列情形之一，难以履行债务的，债务人可以将标的物提存：

（1）债权人无正当理由拒绝受领。

（2）债权人下落不明。

（3）债权人死亡未确定继承人、遗产管理人，或者丧失民事行为能力未确定监护人。

（4）法律规定的其他情形。

【考点】《民法典》合同编——合同权利义务终止——标的物提存。

3. 根据《价格法》，当重要商品和服务价格显著上涨时，国务院和省、自治区、直辖市人民政府可采取的干预措施是（　　）。

A. 限定利润率、实行提价申报制度和调价备案制度

B. 限定购销差价、批零差价、地区差价和季节差价

C. 限定利润率、规定限价、实行价格公示制度

D. 成本价公示、规定限价

【答案】A

【解析】当重要商品和服务价格显著上涨或者有可能显著上涨时，国务院和省、自治区、直辖市人民政府可以对部分价格采取限定差价率或者利润率、规定限价、实行提价申报制度和调价备案制度等干预措施。

【考点】《价格法》——价格总水平调控。

四、2020 年考题

1. 根据《价格法》，在制定关系群众切身利益的公用事业价格、公益性服务价格、自然垄断经营的商品价格时，应当建立（　　）制定。

A. 风险评估　　B. 公示

C. 专家咨询　　D. 听证会

【答案】D

【解析】制定关系群众切身利益的公用事业价格、公益性服务价格、自然垄断经营的商品价格时，应当建立听证会制度，征求消费者、经营者和有关方面的意见。本题是典型的填空式考题，自 2000 年以来多次考核，注意记住关键词。

【考点】《价格法》——政府定价行为。

2. 对于可撤销的合同，具有撤销权的当事人自知道或应当知道撤销事由之日起（　　）内没有行使撤销权，视为放弃撤销权。

A. 3 个月　　B. 6 个月　　C. 1 年　　D. 2 年

【答案】C

【解析】撤销权自债权人知道或者应当知道撤销事由之日起一年内行使。自债务人的行为发生之日起五年内没有行使撤销权的，该撤销权消灭。

【考点】《民法典》合同编——合同保全——撤销权。

3. 下列关于要约和承诺的说法，正确的有（　　）。

A. 要约通知发出时即表明要约生效

B. 承诺应当在要约确定的期限内到达要约人

C. 要约一旦发出不得撤销

D. 承诺通知到达要约人时生效

E. 承诺的内容应当与要约的内容一致

【答案】BDE

【解析】选项 A、D，要约到达受要约人时生效；选项 B，承诺应当在要约确定的期限内到达要约人；选项 C，要约可以撤回，撤回要约的通知应当在要约到达受要约人之前或者与要约同时到达受要约人；选项 E，承诺的内容应当与要约的内容一致。

【考点】《民法典》合同编——合同订立——合同订立程序——要约与承诺。

五、2019 年考题

1. 对格式条款有两种以上解释的，下列说法正确的是（　　）。

A. 该格式条款无效，有双方重新协商

B. 该格式条款效力待定，由仲裁机构裁定

C. 应当作出利于提供格式条款一方的解释

D. 应当作出不利于提供格式条款一方的解释

【答案】D

【解析】对格式条款的理解发生争议的，应当按照通常理解予以解释。对格式条款有两种以上解释的，应当作出不利于提供格式条款一方的解释。

【考点】《民法典》合同编——合同订立——格式条款。

2. 根据《价格法》，地方定价商品应经（　　）审定后公布。

A. 地方人民政府价格主管部门　　B. 地方人民政府

C. 国务院价格主管部门　　D. 国务院

【答案】C

【解析】地方定价目录由省、自治区、直辖市人民政府价格主管部门按照中央定价目录规定的定价权限和具体适用范围制定，经本级人民政府审核同意，报国务院价格主管部门审定后公布。省、自治区、直辖市人民政府以下各级地方人民政府不得制定定价目录。

需要注意的是，在这个自然段中，考生要认真阅读，区别地方人民政府价格主管部门、地方政府和国务院价格主管部门的权能。

【考点】《价格法》——政府定价行为——定价目录。

考点统计

本节 2019—2023 年共考核 14 道题目，见表 2.4.1。

表 2.4.1　第二章第四节考点考核频次表

序号	知识点	具体考点	考核频次
1	《民法典》合同编	合同订立	4
		合同履行	2
		合同保全	1
		合同权利义务终止	1
		违约责任	2
2	《价格法》	经营者价格行为	1
		政府定价行为	2
		价格总水平调控	1

知识点凝练

一、《民法典》合同编

《民法典》合同编指出，合同是民事主体之间设立、变更、终止民事法律关系的协议。《民法典》合同编第一分编通则中明确了合同订立、合同效力、合同履行、合同保全、合同变更和转让、合同权利义务终止、违约责任等事项。这是本节主要介绍的内容。

（一）合同订立

1. 合同形式

当事人订立合同，可以采用书面形式、口头形式或者其他形式。

（1）书面形式。书面形式是指合同书、信件、电报、电传、传真等可以有形地表现所载内容的形式。以电子数据交换、电子邮件等方式能够有形地表现所载内容，并可以随时调取查用的数据电文，视为书面形式。书面合同的优点在于有据可查、权利义务记载清楚、便于履行，发生纠纷时容易举证和分清责任。书面合同是实践中广泛采用的一种合同形式。建设工程合同应当采用书面形式。

（2）口头形式。口头形式是指当事人以谈话方式订立的合同，如当面交谈、电话联系等。

（3）其他形式。其他形式是指除书面形式、口头形式以外的方式来表现合同内容的形式。主要包括默示形式和推定形式。

2. 合同内容

合同内容由当事人约定，一般包括下列条款：当事人的姓名或名称和住所，标的，数量，质量，价款或者报酬，履行期限、地点和方式，违约责任，解决争议的方法。当事人可以参照各类合同的示范文本订立合同。

3. 合同订立程序

当事人订立合同，可以采取要约、承诺方式或者其他方式。

（1）要约。要约是希望与他人订立合同的意思表示。

1）要约有效的条件。要约应当符合下列条件：①内容具体确定；②表明经受要约人承诺，要约人即受该意思表示约束。也就是说，要约必须是特定人的意思表示，必须是以缔结合同为目的，必须具备合同的主要条款。

有些要约之前还会有要约邀请。所谓要约邀请，是希望他人向自己发出要约的表示。要约邀请是当事人订立合同的预备行为，这种表示的内容往往不确定，不含有合同得以成立的主要内容和相对人同意后受其约束的表示，在法律上无须承担责任。拍卖公告、招标公告、招股说明书、债券募集办法、基金招募说明书、商业广告和宣传、寄送的价目表等为要约邀请。商业广告和宣传的内容符合要约条件的，构成要约。

2）要约生效。要约到达受要约人时生效。如采用数据电文形式订立合同，受要约人指定特定系统接收数据电文的，该数据电文进入该特定系统时生效；未指定特定系统的，受要约人知道或者应当知道该数据电文进入其系统时生效。当事人对采用数据电文形式的意思表示的生效时间另有约定的，按照其约定。

3）要约撤回和撤销。要约可以撤回，撤回要约的通知应当在要约到达受要约人前或者与要约同时到达受要约人。

要约可以撤销，但是有下列情形之一的除外：

①要约人已确定承诺期限或者其他形式明示要约不可撤销；

②受要约人有理由认为要约是不可撤销的，并已经为履行合同做了合理准备工作。

撤销要约的意思表示以对话方式作出的，该意思表示的内容应当在受要约人作出承诺之前为受要约人所知道；撤销要约的意思表示以非对话方式作出的，应当在受要约人作出承诺之前到达受要约人。

4）要约失效。有下列情形之一的，要约失效：①要约被拒绝；②要约被依法撤销；③承诺期限届满，受要约人未作出承诺；④受要约人对要约的内容作出实质性变更。

（2）承诺。承诺是受要约人同意要约的意思表示。除根据交易习惯或者要约表明可以通过行为作出承诺外，承诺应当以通知的方式作出。

1）承诺期限。承诺应当在要约确定的期限内到达要约人。要约没有确定承诺期限的，承诺应当依照下列规定到达：①要约以对话方式作出的，应当即时作出承诺；②要约以非对话方式作出的，承诺应当在合理期限内到达。

要约以信件或者电报作出的，承诺期限自信件载明的日期或者电报交发之日开始计算。信件未载明日期的，自投寄该信件的邮戳日期开始计算。要约以电话、传真、电子邮件等快速通信方式作出的，承诺期限自要约到达受要约人时开始计算。

2）承诺生效。承诺通知到达要约人时生效。承诺不需要通知的，根据交易习惯或者要约的要求作出承诺的行为时生效。

受要约人在承诺期限内发出承诺，按照通常情形能够及时到达要约人，但是因其他原因致使承诺到达要约人时超过承诺期限的，除要约人及时通知受要约人因承诺超过期限不接受该承诺外，该承诺有效。

3）承诺撤回。承诺可以撤回，撤回承诺的通知应当在承诺通知到达要约人前或者与承诺通知同时到达要约人。

4）逾期承诺。受要约人超过承诺期限发出承诺，或者在承诺期限内发出承诺，按照通常情形不能及时到达要约人的，为新要约。但是，要约人及时通知受要约人该承诺有效的除外。

5）要约内容的变更。承诺的内容应当与要约的内容一致。受要约人对要约的内容作出实质性变更的，为新要约。有关合同标的、数量、质量、价款或者报酬、履行期限、履行地点和方式、违约责任和解决争议方法等的变更，是对要约内容的实质性变更。

承诺对要约的内容作出非实质性变更的，除要约人及时表示反对或者要约表明承诺不得对要约的内容作出任何变更外，该承诺有效，合同的内容以承诺的内容为准。

4. 合同成立

承诺生效时合同成立，但是法律另有规定或者当事人另有约定的除外。

（1）合同成立的时间。当事人采用合同书形式订立合同的，自当事人均签名、盖章或者按指印时合同成立。

当事人采用信件、数据电文等形式订立合同要求签订确认书的，签订确认书时合同成立。

当事人一方通过互联网等信息网络发布的商品或者服务信息符合要约条件的，对方选择该商品或者服务并提交订单成功时合同成立，但是当事人另有约定的除外。

（2）合同成立的地点。承诺生效的地点为合同成立的地点。采用数据电文形式订立合同的，收件人的主营业地为合同成立的地点；没有主营业地的，其住所地为合同成立的地点。当事人另有约定的，按照其约定。

当事人采用合同书形式订立合同的，最后签名、盖章或者按指印的地点为合同成立的地点，但是当事人另有约定的除外。

（3）合同成立的其他情形。合同成立的情形包括：

1）法律、行政法规规定或者当事人约定合同应当采用书面形式订立，当事人未采用书面形式但是一方已经履行主要义务，对方接受的。

2）采用合同书形式订立合同，在签名、盖章或者按指印之前，当事人一方已经履行主要义务，对方接受的。

5. 特殊合同

（1）特殊需求合同。国家根据抢险救灾、疫情防控或者其他需要下达国家订货任务、指令性任务的，有关民事主体之间应当依照有关法律、行政法规规定的权利和义务订立合同。

依照法律、行政法规的规定，负有发出要约义务的当事人，应当及时发出合理的要约。负有作出承诺义务的当事人，不得拒绝对方合理的订立合同要求。

（2）预约合同。当事人约定在将来一定期限内订立合同的认购书、订购书、预订书等，构成预约合同。当事人一方不履行预约合同约定的订立合同义务的，对方可以请求其承担预约合同的违约责任。

6. 格式条款

格式条款是当事人为了重复使用而预先拟定，并在订立合同时未与对方协商的条款。

（1）格式条款提供者的义务。提供格式条款的一方应当遵循公平原则确定当事人之间的权利和义务，并采取合理的方式提示对方注意免除或减轻其责任等与对方有重大利害关系的条款，按照对方的要求，对该条款予以说明。提供格式条款的一方未履行提示或者说明义务，致使对方没有注意或者理解与其有重大利害关系的条款的，对方可以主张该条款不成为合同的内容。

（2）格式条款无效。提供格式条款一方不合理地免除或者减轻其责任、加重对方责任、限制或者排除对方主要权利的，该条款无效。

（3）格式条款争议解决。对格式条款的理解发生争议的，应当按照通常理解予以解释。对格式条款有两种以上解释的，应当作出不利于提供格式条款一方的解释。格式条款和非格式条款不一致的，应当采用非格式条款。

7. 缔约过失责任

缔约过失责任发生于合同不成立或者合同无效的缔约过程。其构成条件：一是当事人有过错。若无过错，则不承担责任。二是有损害后果的发生。若无损失，亦不承担责任。三是当事人的过错行为与造成的损失有因果关系。

当事人在订立合同过程中有下列情形之一，给对方造成损失的，应当承担赔偿责任：

（1）假借订立合同，恶意进行磋商。

（2）故意隐瞒与订立合同有关的重要事实或者提供虚假情况。

（3）有其他违背诚信原则的行为。

当事人在订立合同过程中知悉的商业秘密或者其他应当保密的信息，无论合同是否成立，不得泄露或者不正当地使用。泄露、不正当地使用该商业秘密或者信息，造成对方损失的，应当承担赔偿责任。

（二）合同效力

1. 合同生效

依法成立的合同，自成立时生效，但是法律另有规定或者当事人另有约定的除外。

依照法律、行政法规的规定，合同应当办理批准等手续的，依照其规定。未办理批准等手续影响合同生效的，不影响合同中履行报批等义务条款以及相关条款的效力。应当办理申请批准等手续的当事人未履行义务的，对方可以请求其承担违反该义务的责任。

依照法律、行政法规的规定，合同的变更、转让、解除等情形应当办理批准等手续的，适用前述规定。

2. 无权代理人代订合同

无权代理人以被代理人的名义订立合同，被代理人已经开始履行合同义务或者接受相对人履行的，视为对合同的追认。

法人的法定代表人或者非法人组织的负责人超越权限订立的合同，除相对人知道或者应当知道其超越权限外，该代表行为有效，订立的合同对法人或者非法人组织发生效力。

当事人超越经营范围订立的合同的效力，应当依照法律规定确定，不得仅以超越经营范围确认合同无效。

3. 合同中免责条款无效情形

合同有下列情形之一的，合同无效：

（1）造成对方人身损害的。

（2）因故意或者重大过失造成对方财产损失的。

（三）合同履行

1. 合同履行原则

合同履行原则包括全面履行和诚信原则。

（1）全面履行。全面履行是指合同订立后，当事人应当按照约定全面履行自己的义务。

（2）诚信。诚信是指当事人讲诚实、守信用，遵守商业道德，以善意的心理履行合同。当事人应根据合同的性质、目的和交易习惯履行通知、协助、保密等义务。

当事人在履行合同过程中，还应当避免浪费资源、污染环境和破坏生态。

2. 合同履行的一般规则

合同生效后，当事人就质量、价款或者报酬、履行地点等内容没有约定或者约定不明确的，可以协议补充；不能达成补充协议的，按照合同有关条款或者交易习惯确定。依照上述规定仍不能确定的，适用下列规定：

（1）质量要求不明确的，按照强制性国家标准履行；没有强制性国家标准的，按照推荐性国家标准履行；没有推荐性国家标准的，按照行业标准履行；没有国家标准、行业标准的，按照通常标准或者符合合同目的的特定标准履行。

（2）价款或者报酬不明确的，按照订立合同时履行地的市场价格履行；依法应当执行政府定价或者政府指导价的，按照规定履行。

（3）履行地点不明确，给付货币的，在接受货币一方所在地履行；交付不动产的，在不动产所在地履行；其他标的，在履行义务一方所在地履行。

（4）履行期限不明确的，债务人可以随时履行，债权人也可以随时要求履行，但应当给对方必要的准备时间。

（5）履行方式不明确的，按照有利于实现合同目的的方式履行。

（6）履行费用的负担不明确的，由履行义务一方负担；因债权人原因增加的履行费用，由债权人负担。

3. 合同履行的特殊规则

（1）电子合同履行。通过互联网等信息网络订立的电子合同的标的为交付商品并采用快递物流方式交付的，收货人的签收时间为交付时间。电子合同的标的为提供服务的，生成的电子凭证或者实物凭证中载明的时间为提供服务时间；前述凭证没有载明时间或者载明时间与实际提供服务时间不一致的，以实际提供服务的时间为准。

电子合同的标的物为采用在线传输方式交付的，合同标的物进入对方当事人指定的特定系统且能够检索识别的时间为交付时间。

电子合同当事人对交付商品或者提供服务的方式、时间另有约定的，按照其约定。

（2）价格调整。执行政府定价或政府指导价的，在合同约定的交付期限内政府价格调整时，按照交付时的价格计价。逾期交付标的物的，遇价格上涨时，按照原价格执行；价格下降时，按照新价格执行。逾期提取标的物或者逾期付款的，遇价格上涨时，按照新价格执行；价格下降时，按照原价格执行。

（3）债务履行。以支付金钱为内容的债，除法律另有规定或者当事人另有约定外，债权人可以请求债务人以实际履行地的法定货币履行。

1）多项标的的履行。标的有多项而债务人只需履行其中一项的，债务人享有选择权；但法律另有规定、当事人另有约定或者另有交易习惯的除外。

享有选择权的当事人在约定期限内或者履行期限届满未做选择，经催告后在合理期限内仍未选择的，选择权转移至对方。

当事人行使选择权应当及时通知对方，通知到达对方时，标的确定。标的确定后不得变更，但是经对方同意的除外。

可选择的标的发生不能履行情形的，享有选择权的当事人不得选择不能履行的标的，但是该不能履行的情形是由对方造成的除外。

2）多个债权人情形。债权人为二人以上，标的可分，按照份额各自享有债权的，为按份债权；债务人为二人以上，标的可分，按照份额各自负担债务的，为按份债务。按份债权人或者按份债务人的份额难以确定的，视为份额相同。

债权人为二人以上，部分或者全部债权人均可以请求债务人履行债务的，为连带债权；债务人为二人以上，债权人可以请求部分或者全部债务人履行全部债务的，为连带债务。连带债权或者连带债务，由法律规定或者当事人约定。

3）连带债务。连带债务人之间的份额难以确定的，视为份额相同。

实际承担债务超过自己份额的连带债务人，有权就超出部分在其他连带债务人未履行的份额范围内向其追偿，并相应地享有债权人的权利，但是不得损害债权人的利益。其他连带债务人对债权人的抗辩，可以向该债务人主张。

被追偿的连带债务人不能履行其应分担份额的，其他连带债务人应当在相应范围内按比例分担。

部分连带债务人履行、抵销债务或者提存标的物的，其他债务人对债权人的债务在相应范围内消灭；该债务人可以依据前条规定向其他债务人追偿。

部分连带债务人的债务被债权人免除的，在该连带债务人应当承担的份额范围内，其他债务人对债权人的债务消灭。

部分连带债务人的债务与债权人的债权同归于一人的，在扣除该债务人应当承担的份额后，债权人对其他债务人的债权继续存在。

债权人对部分连带债务人的给付受领迟延的，对其他连带债务人发生效力。

4）连带债权。连带债权人之间的份额难以确定的，视为份额相同。实际受领债权的连带债权人，应当按比例向其他连带债权人返还。

（4）代为履行。代为履行是指由合同以外的第三人代替合同当事人履行合同。

1）当事人约定由债务人向第三人履行债务，债务人未向第三人履行债务或者履行债务不符合约定的，应当向债权人承担违约责任。

法律规定或者当事人约定第三人可以直接请求债务人向其履行债务，第三人未在合理期限内明确拒绝，债务人未向第三人履行债务或者履行债务不符合约定的，第三人可以请求债务人承担违约责任；债务人对债权人的抗辩，可以向第三人主张。

2）当事人约定由第三人向债权人履行债务，第三人不履行债务或者履行债务不符合约定的，债务人应当向债权人承担违约责任。

3）债务人不履行债务，第三人对履行该债务具有合法利益的，第三人有权向债权人代为履行；但根据债务性质、按照当事人约定或者依照法律规定只能由债务人履行的除外。

债权人接受第三人履行后，其对债务人的债权转让给第三人，但债务人和第三人另有约定的除外。

（5）抗辩权。

1）当事人互负债务，没有先后履行顺序的，应当同时履行。一方在对方履行之前有权拒绝其履行请求。一方在对方履行债务不符合约定时，有权拒绝其相应的履行请求。

2）当事人互负债务，有先后履行顺序，应当先履行债务一方未履行的，后履行一方有权拒绝其履行请求。先履行一方履行债务不符合约定的，后履行一方有权拒绝其相应的履行请求。

3）应当先履行债务的当事人，有确切证据证明对方有下列情形之一的，可以中止履行：①经营状况严重恶化；②转移财产、抽逃资金，以逃避债务；③丧失商业信誉；④有丧失或者可能丧失履行债务能力的其他情形。

当事人没有确切证据中止履行的，应当承担违约责任。

当事人依据前述规定中止履行的，应当及时通知对方。对方提供适当担保的，应当恢复履行。中止履行后，对方在合理期限内未恢复履行能力且未提供适当担保的，视为以自己的行为表明不履行主要债务，中止履行的一方可以解除合同并可以请求对方承担违约责任。

债权人分立、合并或者变更住所没有通知债务人，致使履行债务发生困难的，债务人可以中止履行或者将标的物提存。

（6）提前履行。债权人可以拒绝债务人提前履行债务，但提前履行不损害债权人利益的除外。债务人提前履行债务给债权人增加的费用，由债务人负担。

（7）部分履行。债权人可以拒绝债务人部分履行债务，但部分履行不损害债权人利益的除外。债务人部分履行债务给债权人增加的费用，由债务人负担。

（8）相关事项变更后的处置。

1）合同生效后，当事人不得因姓名、名称的变更或者法定代表人、负责人、承办人的变动而不履行合同义务。

2）合同成立后，合同的基础条件发生了当事人在订立合同时无法预见的、不属于商业风险的重大变化，继续履行合同对于当事人一方明显不公平的，受不利影响的当事人可以与对方重新协商；在合理期限内协商不成的，当事人可以请求人民法院或者仲裁机构变更或者解除合同。

人民法院或者仲裁机构应当结合案件的实际情况，根据公平原则变更或者解除合同。

（四）合同保全

1. 代位权

因债务人怠于行使其债权或者与该债权有关的从权利，影响债权人的到期债权实现的，债权人可以向人民法院请求以自己的名义代位行使债务人对相对人的权利，但是该权利专属于债务人自身的除外。

代位权的行使范围以债权人的到期债权为限。债权人行使代位权的必要费用，由债务人负担。相对人对债务人的抗辩，可以向债权人主张。

债权人的债权到期前，债务人的债权或者与该债权有关的从权利存在诉讼时效期间即将届满或者未及时申报破产债权等情形，影响债权人的债权实现的，债权人可以代位向债务人的相对人请求其向债务人履行、向破产管理人申报或者作出其他必要的行为。

人民法院认定代位权成立的，由债务人的相对人向债权人履行义务，债权人接受履行后，债权人与债务人、债务人与相对人之间相应的权利义务终止。债务人对相对人的债权或者与该债权有关的从权利被采取保全、执行措施，或者债务人破产的，依照相关法律的规定处理。

2. 撤销权

债务人以放弃其债权、放弃债权担保、无偿转让财产等方式无偿处分财产权益，或者恶意延长其到期债权的履行期限，影响债权人的债权实现的，债权人可以请求人民法院撤销债务人的行为。

债务人以明显不合理的低价转让财产、以明显不合理的高价受让他人财产或者为他人的债务提供担保，影响债权人的债权实现，债务人的相对人知道或者应当知道该情形的，债权人可以请求人民法院撤销债务人的行为。

撤销权的行使范围以债权人的债权为限。债权人行使撤销权的必要费用，由债务人负担。

撤销权自债权人知道或者应当知道撤销事由之日起一年内行使。自债务人的行为发生之日起五年内没有行使撤销权的，该撤销权消灭。债务人影响债权人的债权实现的行为被撤销的，自始没有法律约束力。

（五）合同变更和转让

1. 合同变更

合同变更是指对已经依法成立的合同，在承认其法律效力的前提下，对其进行修改或补充。当事人协商一致，可以变更合同。当事人对合同变更的内容约定不明确的，推定为未变更。

2. 合同转让

合同转让是当事人一方取得另一方同意后将合同的权利义务转让给第三方的法律行为。合同转让是合同变更的一种特殊形式，它不是变更合同中规定的权利义务内容，而是变更合同主体。

（六）合同权利义务终止

1. 合同终止的条件

合同终止是指合同双方当事人依法使相互间权利义务关系终止，即合同关系消灭。

有下列情形之一的，债权债务终止：

（1）债务已经履行。

（2）债务相互抵销。

（3）债务人依法将标的物提存。

（4）债权人免除债务。

（5）债权债务同归于一人。

（6）法律规定或者当事人约定终止的其他情形。

合同解除的，该合同的权利义务关系终止。债权债务终止后，当事人应当遵循诚信等原则，根据交易习惯履行通知、协助、保密、旧物回收等义务。

债权债务终止时，债权的从权利同时消灭，但是法律另有规定或者当事人另有约定的除外。

2. 债务履行

债务人对同一债权人负担的数项债务种类相同，债务人的给付不足以清偿全部债务的，除当事人另有约定外，由债务人在清偿时指定其履行的债务。

3. 合同解除

合同解除的条件可分为约定解除条件和法定解除条件。

4. 合同债务抵销

当事人互负债务，该债务的标的物种类、品质相同的，任何一方可以将自己的债务与对方的到期债务抵销；但根据债务性质、按照当事人约定或者依照法律规定不得抵销的除外。

5. 标的物提存

有下列情形之一，难以履行债务的，债务人可以将标的物提存：

（1）债权人无正当理由拒绝受领。

（2）债权人下落不明。

（3）债权人死亡未确定继承人、遗产管理人，或者丧失民事行为能力未确定监护人。

（4）法律规定的其他情形。标的物不适于提存或者提存费用过高的，债务人可以依法拍卖或者变卖标的物，提存所得的价款。

债务人将标的物或者将标的物依法拍卖、变卖所得价款交付提存部门时，提存成立。提存成立的，视为债务人在其提存范围内已经交付标的物。

标的物提存后，债务人应当及时通知债权人或债权人的继承人、遗产管理人、监护人、财产代管人。标的物提存后、毁损、灭失的风险由债权人承担。提存期间，标的物的孳息归债权人所有。提存费用由债权人负担。

债权人可以随时领取提存物，但债权人对债务人负有到期债务的，在债权人未履行债务或提供担保之前，提存部门根据债务人的要求应当拒绝其领取提存物。

债权人领取提存物的权利，自提存之日起五年内不行使而消灭，提存物扣除提存费用后归国家所有。但是，债权人未履行对债务人的到期债务，或者债权人向提存部门书面表示放弃领取提存物权利的，债务人负担提存费用后有权取回提存物。

（七）违约责任

1. 违约责任及其特点

违约责任是指合同当事人不履行或不适当履行合同，应依法承担的责任。与其他责任制度相比，违约责任有以下主要特点：

（1）违约责任以有效合同为前提。

（2）违约责任以违反合同义务为要件。

（3）违约责任可由当事人在法定范围内约定。

（4）违约责任是一种民事赔偿责任。

2. 违约责任的承担

（1）违约责任的承担方式。当事人一方不履行合同义务或者履行合同义务不符合约定的，应当承担继续履行、采取补救措施或者赔偿损失等违约责任。

1）继续履行。

2）采取补救措施。

3）赔偿损失。当事人一方不履行合同义务或者履行合同义务不符合约定，造成对方损失的，损失赔偿额应当相当于因违约所造成的损失，包括合同履行后可以获得的利益；但是，不得超过违约一方订立合同时预见到或者应当预见到的因违约可能造成的损失。

4）支付违约金。当事人可以约定一方违约时应当根据违约情况向对方支付一定数额的违约金，也可以约定因违约产生的损失赔偿额的计算方法。约定的违约金低于造成的损失的，人民法院或者仲裁机构可以根据当事人的请求予以增加；约定的违约金过分高于造成的损失的，人民法院或者仲裁机构可以根据当事人的请求予以适当减少。

当事人就迟延履行约定违约金的，违约方支付违约金后，还应当履行债务。

5）定金。当事人可以约定一方向对方给付定金作为债权的担保。定金合同自实际交付定金时成立。

定金的数额由当事人约定；但不得超过主合同标的额的20%，超过部分不产生定金的效力。实际交付的定金数额多于或者少于约定数额的，视为变更约定的定金数额。

债务人履行债务的，定金应当抵作价款或者收回。给付定金的一方不履行债务或者履行债务不符合约定，致使不能实现合同目的的，无权请求返还定金；收受定金的一方不履行债务或者履行债务不符合约定，致使不能实现合同目的的，应当双倍返还定金。

当事人既约定违约金，又约定定金的，一方违约时，对方可以选择适用违约金或者定金条款。定金不足以弥补一方违约造成的损失的，对方可以请求赔偿超过定金数额的损失。

（2）违约责任的承担。

1）债务人按照约定履行债务，债权人无正当理由拒绝受领的，债务人可以请求债权人赔偿增加的费用。在债权人受领迟延期间，债务人无须支付利息。

2）当事人一方因不可抗力不能履行合同的，根据不可抗力的影响，部分或者全部免除责任，但法律另有规定的除外。因不可抗力不能履行合同的，应当及时通知对方，以减轻可能给对方造成的损失，并应当在合理期限内提供证明。

当事人迟延履行后发生不可抗力的，不免除其违约责任。

3）当事人一方违约后，对方应当采取适当措施防止损失的扩大；没有采取适当措施致使损失扩大的，不得就扩大的损失请求赔偿。当事人因防止损失扩大而支出的合理费用，由违约方负担。

4）当事人都违反合同的，应当各自承担相应的责任。当事人一方违约造成对方损失，对方对损失的发生有过错的，可以减少相应的损失赔偿额。

5）当事人一方因第三人的原因造成违约的，应当依法向对方承担违约责任。当事人一方和第三人之间的纠纷，依照法律规定或者按照约定处理。

（3）国际货物买卖合同和技术进出口合同争议时效。因国际货物买卖合同和技术进出口合同争议提起诉讼或者申请仲裁的时效期间为四年。

二、《价格法》

（一）经营者的价格行为

1. 经营者权利

经营者享有如下权利：

（1）自主制定属于市场调节的价格。

（2）在政府指导价规定的幅度内制定价格。

（3）制定属于政府指导价、政府定价产品范围内的新产品的试销价格，特定产品除外。

（4）检举、控告侵犯其依法自主定价权利的行为。

2. 经营者违规行为

经营者不得有下列不正当行为：

（1）相互串通，操纵市场价格，侵害其他经营者或消费者的合法权益。

（2）除降价处理鲜活、季节性、积压商品外，为排挤对手或独占市场，以低于成本的价格倾销，扰乱正常的生产经营秩序，侵害国家利益或者其他经营者的合法权益。

（3）捏造、散布涨价信息，哄抬价格，推动商品价格过高上涨。

（4）利用虚假或使人误解的价格手段，诱骗消费者或者其他经营者与其进行交易。

（5）对具有同等交易条件的其他经营者实行价格歧视等。

（二）政府的定价行为

1. 政府定价的商品

对下列商品和服务价格，政府在必要时可以实行政府指导价或政府定价：

（1）与国民经济发展和人民生活关系重大的极少数商品价格。

（2）资源稀缺的少数商品价格。

（3）自然垄断经营的商品价格。

（4）重要的公用事业价格。

（5）重要的公益性服务价格。

2. 定价目录

政府指导价、政府定价的定价权限和具体适用范围，以中央和地方的定价目录为依据。中央定价目录由国务院价格主管部门制定、修订，报国务院批准后公布。地方定价目录由省、自治区、直辖市人民政府价格主管部门按照中央定价目录规定的定价权限和具体适用范围制定，经本级人民政府审核同意，报国务院价格主管部门审定后公布。省、自治区、直辖市人民政府以下各级地方人民政府不得制定定价目录。

3. 定价依据

政府应当依据有关商品或者服务的社会平均成本和市场供求状况、国民经济与社会发展要求以及社会承受能力，实行合理的购销差价、批零差价、地区差价和季节差价。制定关系群众切身利益的公用事业价格、公益性服务价格、自然垄断经营的商品价格时，应当建立听证会制度，征求消费者、经营者和有关方面的意见。

（三）价格总水平调控

当重要商品和服务价格显著上涨或者有可能显著上涨，国务院和省、自治区、直辖市人民政府可以对部分价格采取限定差价率或者利润率、规定限价、实行提价申报制度和调价备案制度等干预措施。省、自治区、直辖市人民政府采取上述规定的干预措施，应当报国务院备案。

本章考分统计

本章考分统计表

节	年　份					
	2023	2022	2021	2020	2019	2018
第一节	4	4	2	4	4	5
第二节	4	2	4	2	3	2
第三节	1	1	2	1	1	0
第四节	1	4	3	4	2	5

本章考点点评

第一节：熟悉《建筑法》的内容，其中，资质许可考核的频数最高；《建设工程质量管理条例》和《建设工程安全生产管理条例》中内容重点熟悉建设单位和施工单位的相关责任，具体考核内容参照近几年考题解析。

第二节：分析近几年考题，建议考生重点掌握《招标投标法实施条例》的内容，其中，注意区别可以邀请招标的项目与可以不招标的项目，熟悉属于以不合理条件限制，排斥潜在投标人或者投标人的有关情形，熟悉属于传统投标的有关情形和熟悉投标否决的有关情形；重点掌握两阶段招标、投标有效期、投标保证金和标底及投标限价等概念；熟悉招标工作程序中的有关要求。

第三节：在了解政府采购有关概念的基础上，熟悉政府采购程序和政府采购合同。

第四节：合同是历年考核的重点内容，考生应理解合同订立、成立、生效、履行和终止有关概念，熟悉违约责任中违约责任承担方式，相应的具体内容参见近几年考题解析。关于《价格法》，重点掌握政府的定价行为。

第三章

工程项目管理

第一节　工程项目管理概述

真题解析

一、2023 年考题

1. 根据《政府投资条例》，对于政府采取直接投资、资本金注入方式投资的项目，初步设计提出的投资概算超过经批准的可行性研究报告提出的投资估算（　　）的，项目单位应向投资主管部门或其他有关部门报告。

A. 5%　　B. 10%　　C. 15%　　D. 20%

【答案】B

【解析】根据《政府投资条例》，对于政府采取直接投资方式、资本金注入方式投资的项目，初步设计提出的投资概算超过经批准的可行性研究报告提出的投资估算 10% 的，项目单位应当向投资主管部门或者其他有关部门报告，投资主管部门或者其他有关部门可以要求项目单位重新报送可行性研究报告。

【考点】工程建设程序——建设实施阶段工作内容——工程设计。

2. 建筑信息模型（BIM）技术在强化工程造价管理中可发挥的主要作用是（　　）。

A. 构建可视化模型　　B. 模拟工程实际施工

C. 合理安排资源计划　　D. 优化工程设计方案

【答案】C

【解析】BIM 技术在工程造价管理信息化方面具有不可比拟的优势，对于改进工程计价模式和造价管理流程、提高工程造价管理效率，都具有积极意义。

（1）提高工程量计算的准确性。

（2）合理安排资源计划。

（3）控制工程设计变更。

（4）有效支持多算对比。

（5）积累和共享历史数据。

需要注意，题目指在工程造价管理中可发挥的主要作用，不是在工程项目建设中的作用。

【考点】工程项目管理类型、任务及相关制度——工程项目管理发展趋势——BIM 的应用。

3. 根据《国务院关于投资体制改革的决定》，对于采用直接投资和资本金注入方式的政府投资项目，政府投资主管部门需要审批的文件有（　　）。

A. 资金申请报告　　B. 可行性研究报告
C. 初步设计和概算　　D. 项目申请报告
E. 项目建议书

【答案】BCE

【解析】政府投资项目。对于采用直接投资和资本金注入方式的政府投资项目，政府需要从投资决策的角度审批项目建议书和可行性研究报告，除特殊情况外，不再审批开工报告，同时还要严格审批其初步设计和概算；对于采用投资补助、转贷和贷款贴息方式的政府投资项目，则只审批资金申请报告。选项 D 是实行核准制时企业向政府提交项目申请报告。

【考点】工程建设程序——决策阶段工作内容——项目投资决策管理制度。

二、2022 年考题

1. 下列工程中，属于单项工程的是（　　）。

A. 生产车间的吊车设备安装工程
B. 主体基础工程
C. 钢结构工程
D. 生产车间的建筑工程、安装工程和试生产

【答案】D

【解析】单项工程是指具有独立的设计文件，建成后能够独立发挥生产能力、投资效益的一组配套齐全的工程项目。单项工程是工程项目的组成部分，一个工程项目有时可以仅包括一个单项工程，也可以包括多个单项工程。生产性工程项目的单项工程，一般是指能独立生产的车间，包括厂房建筑、设备安装等工程。

选项 A 属于单位工程，选项 B 属于分部工程，选项 C 属于子分项工程。

【考点】工程项目组成和分类——工程项目组成——单项工程。

2. 工程项目应首先提出（　　）。

A. 项目建议书　　B. 可行性研究报告
C. 初步设计　　D. 项目申请报告

【答案】A

【解析】项目建议书是拟建项目单位向国家提出的要求建设某一项目的建议文件，是对工程项目建设的轮廓设想。项目建议书的主要作用是推荐一个拟建项目，论述其建设必要性、建设条件可行性和获利可能性，供国家选择并确定是否进行下一步工作。根据题意，首先提出的是项目建议书，项目建议书经批准后可进行后续工作。

【考点】工程建设程序——决策阶段工作内容——编报项目建议书。

3. 政府投资项目，建设单位建设程序中第一步的工作是（　　）。

A. 成立组织机构　　B. 提出项目建议书
C. 委托造价咨询机构编制投资估算　　D. 编制可行性研究报告

【答案】B

【解析】按照我国现行规定，政府投资项目建设程序可分为以下阶段：

（1）根据国民经济和社会发展长远规划，结合行业和地区发展规划的要求，提出项目建议书。

（2）在勘察、试验、调查研究及详细技术经济论证的基础上编制可行性研究报告。

（3）根据咨询评估情况，对工程项目进行决策。

（4）根据可行性研究报告，编制设计文件。

（5）初步设计经批准后，进行施工图设计，并做好施工前各项准备工作。

（6）组织施工，并根据施工进度做好生产或动工前的准备工作。

（7）按批准的设计内容完成施工安装，经验收合格后正式投产或交付使用。

（8）生产运营一段时间（一般为 1 年）后，可根据需要进行项目后评价。

【考点】工程建设程序——工程建设程序的含义和内容。

4. 批准的投资估算为 5 000 万元，总概算超过（　　）万元时，应进行技术经济论证，重新上报审批。

A. 5 000　　B. 5 500　　C. 6 000　　D. 6 500

【答案】B

【解析】如果初步设计提出的总概算超过可行性研究报告总投资的 10% 以上或其他主要指标需要变更时，应说明原因和计算依据，并重新向原审批单位报批可行性研究报告。5 000×（1+10%）=5 500（万元）。

【考点】工程建设程序——建设实施阶段工作内容——工程设计。

5. 非政府投资项目采用的制度是（　　）。

A. 审批制　　B. 核准制

C. 承诺制　　D. 登记备案制

E. 审查制

【答案】BD

【解析】根据《国务院关于投资体制改革的决定》，政府投资项目实行审批制，非政府投资项目实行核准制或登记备案制。

【考点】工程建设程序——决策阶段工作内容——项目投资决策管理制度。

三、2021 年考题

1. 根据《国务院关于投资体制改革的决定》，采用投资补助、转贷和贷款贴息方式的政府投资项目，政府主管部门只审批（　　）。

A. 资金申请报告　　B. 项目申请报告　　C. 项目备案表　　D. 开工报告

【答案】A

【解析】对于采用直接投资和资本金注入方式的政府投资项目，政府需要从投资决策的角度审批项目建议书和可行性研究报告，除特殊情况外，不再审批开工报告，同时还要严格审批其初步设计和概算；对于采用投资补助、转贷和贷款贴息方式的政府投资项目，则只审批资金申请报告。

【考点】工程建设程序——决策阶段工作内容——项目投资决策管理制度。

2. 在工程建设中，环保要求“三同时”是指主体与环保工程应（　　）。

A. 同时立项、设计、施工　　B. 同时立项、施工、竣工
C. 同时设计、施工、竣工　　D. 同时设计、施工、投入使用

【答案】D

【解析】在项目实施阶段，必须做到“三同时”，即主体工程与环保措施工程同时设计、同时施工、同时投入运行。

【考点】工程项目管理类型、任务及相关制度——工程项目管理任务——环保与节能。

四、2020 年考题

1. 根据《国务院关于投资体制改革的决定》，企业不使用政府资金投资建设需核准的项目时，政府部门在投资决策阶段仅需审批的文件是（　　）。

A. 可行性研究报告　　B. 初步设计文件
C. 资金申请报告　　D. 项目申请报告

【答案】D

【解析】非政府投资项目。对于企业不使用政府资金投资建设的项目，政府不再进行投资决策性质的审批，区别不同情况实行核准制或登记备案制。针对核准制，企业投资建设《政府核准的投资项目目录》中的项目时，仅需向政府提交项目申请报告，不再经过批准项目建议书、可行性研究报告和开工报告的程序。针对《国务院关于投资体制改革的决定》相关内容的考核，自 2006 年每年一题，均为填空式考题，记住相关关键词。

【考点】工程建设程序——项目投资决策管理制度——非政府投资项目——核准制。

2. 建设工程项目后评价采用的基本方法（　　）。

A. 对比分析法　　B. 效应判断法
C. 影响评价法　　D. 效果梳理法

【答案】A

【解析】项目后评价的基本方法是对比法。就是将工程项目建成投产后所取得的实际效果、经济效益和社会效益、环境保护等情况与策划决策阶段的预测情况相对比，与项目建设前的情况相对比，从中发现问题，总结经验和教训。

【考点】工程建设程序——项目后评价。

3. 应用建筑信息建模（BIM）技术能够强化工程造价管理的主要意义在于（　　）。

A. BIM 技术可用来构建可视化模型　　B. BIM 技术可用来模拟施工方案
C. BIM 技术可用来检查管线碰撞　　D. BIM 技术可用来自动计算工程量

【答案】D

【解析】BIM 技术能够强化造价管理。BIM 技术在工程造价管理信息化方面具有不可比拟的优势，对于改进工程计价模式和造价管理流程、提高工程造价管理效率，都具有积极意义。其中：提高工程量计算的准确性。基于 BIM 的自动算量功能，可使工程量计算工作摆脱人为因素影响，得到更加客观的数据。

【考点】工程项目管理类型、任务及相关制度——工程项目管理发展趋势——BIM 的应用。

4. 在工程建设实施过程中，为了做好环境保护主体工程与环保措施工程必须同时

进行的工作有（　　）。

A. 招标　　B. 设计

C. 施工　　D. 竣工结算

E. 投入运行

【答案】BCE

【解析】在项目实施阶段，必须做到“三同时”，即主体工程与环保措施工程同时设计、同时施工、同时投入运行。

【考点】工程项目管理类型、任务及相关制度——工程项目管理任务——环保与节能。

五、2019 年考题

1. 根据《国务院关于投资体系改革的决定》，特别重大的政府投资项目实行（　　）制度。

A. 专家评议　　B. 市场评估　　C. 民主评议　　D. 公众听证

【答案】A

【解析】政府投资项目一般都要经过符合资质要求的咨询中介机构的评估论证，特别重大的项目还应实行专家评议制度。

【考点】工程建设程序——项目投资决策管理制度——政府投资项目。

2. 推行全过程工程咨询，是一种（　　）的主要体现。

A. 将传统项目管理转变为技术经济分析

B. 将传统碎片的咨询转变为集成化咨询

C. 将实施咨询转变为投资决策咨询

D. 将造价专项咨询转变为整体项目管理

【答案】B

【解析】教材认为：“近年来推行的‘全过程工程咨询’，就是将传统‘碎片化’咨询转变为‘集成化’咨询的重要体现。”

【考点】工程项目管理类型、任务及相关制度——工程项目管理发展趋势。

3. 对于实行项目管理法人责任制的项目，董事会应负责（　　）。

A. 组织编制初步设计文件　　B. 控制工程投资，工期和质量

C. 组织工程设计招标　　D. 筹措建设资金

【答案】D

【解析】建设项目董事会的职权有：负责筹措建设资金；审核上报项目初步设计和概算文件；审核上报年度投资计划并落实年度资金；提出项目开工报告；研究解决建设过程中出现的重大问题；负责提出项目竣工验收申请报告；审定偿还债务计划和生产经营方针，并负责按时偿还债务；聘任或解聘项目总经理，并根据总经理的提名，聘任或解聘其他高级管理人员。

选项 A、B、C 属于项目总经理的工作职权。

【考点】工程项目管理类型、任务及相关制度——工程项目相关管理制度——项目法人责任制——项目董事会职权。

4. 根据《国务院关于投资体制改革的决定》，工程代建制针对（　　）。

A. 经营性政府投资　　　　　　　　　　B. 基础设施投资
C. 非经营性政府投资　　　　　　　　　D. 核准目录内企业投资

【答案】C

【解析】非经营性政府投资项目一般是指非营利性、主要追求社会效益最大化的公益项目。非经营性政府投资项目可实施“代建制”，由代建单位行使建设单位职责，待工程竣工验收后再移交给使用单位，从而使项目的“投资、建设、监管、使用”实现四分离。

【考点】工程项目组成和分类——工程项目分类——非经营性政府投资项目。

考点统计

本节主要考查对工程项目的组成和分类、建设程序的理解，对工程项目管理的类型、任务和相关制度的认识掌握情况。2019—2023 年共考核 18 道题，见表 3.1.1。

表 3.1.1　第三章第一节考点考核频次表

序号	知识点	具体考点	考核频次
1	工程项目组成和分类	单项工程	1
		非经营性政府投资项目	1
2	工程建设程序	工程建设程序的含义和内容	1
		编报项目建议书	1
		政府投资项目管理制度	5
		工程设计	2
		项目后评价（对比法）	1
3	工程项目管理类型、任务及相关制度	环保与节能	2
		集成化趋势	2
		BIM 的应用	1
		项目董事会职权	1

知识点凝练

一、工程项目的组成和分类

（一）工程项目的组成

工程项目可分为单项工程、单位（子单位）工程、分部（子分部）工程和分项工程。

1. 单项工程

单项工程是指具有独立的设计文件，建成后能够独立发挥生产能力或效益的一组配套齐全的工程项目。单项工程是工程项目的组成部分，一个工程项目有时可以仅包括一个单项工程，也可以包括多个单项工程。生产性工程项目的单项工程，一般是指能独立生产的车间，包括厂房建筑、设备安装等工程。

2. 单位（子单位）工程

单位工程是指具备独立施工条件并能形成独立使用功能的工程。对于建筑规模较大的单位工程，可根据实际需要划分为若干个子单位工程。单位工程是单项工程的组成部分。如工业厂房工程中的土建工程、设备安装工程、工业管道工程等就是单项工程所包含的不同性质的单位工程。有的工程项目没有单项工程，而是直接由若干单位工程组成。

3. 分部（子分部）工程

分部工程是指将单位工程按专业性质、工程部位、建筑功能等划分的工程。根据现行国家标准《建筑工程施工质量验收统一标准》GB 50300—2013，建筑工程包括：地基与基础、主体结构、装饰装修、屋面、给排水及采暖、通风与空调、建筑电气、智能建筑、建筑节能、电梯等分部工程。

当分部工程较大或较复杂时，可按材料种类、工艺特点、施工程序、专业系统及类别等划分为若干子分部工程。例如，地基与基础分部工程又可细分为地基、基础、基坑支护、地下水控制、土方、边坡、地下防水等子分部工程；主体结构分部工程又可细分为混凝土结构、砌体结构、钢结构、木结构、钢管混凝土结构、型钢－混凝土结构、铝合金结构等子分部工程；装饰装修分部工程又可细分为地面、抹灰、门窗、吊顶、（金属、石材、玻璃）幕墙、轻质隔墙、幕墙、涂饰、裱糊与软包、细部等子分部工程；智能建筑分部工程又可细分为智能化集成系统、信息接入系统、用户电话交换系统、信息网络系统、综合布线系统、移动通信室内信号覆盖系统、卫星通信系统、有线电视及卫星电视接收系统、会议系统、信息导引及发布系统、建筑设备监控系统、火灾自动报警系统、应急响应系统等子分部工程。

4. 分项工程

分项工程是分部工程的组成部分，也是形成建筑产品基本构件的施工过程。分项工程是指将分部工程按主要工种、材料、施工工艺、设备类别等划分的工程。例如，土方开挖工程、土方回填工程、场地平整工程、钢筋工程、模板工程、混凝土工程、砖砌体工程、钢结构安装工程、木门窗安装工程、给（排）水管道安装工程等。分项工程是建筑施工生产活动的基础，也是计量工程用工用料和机械台班消耗的基本单元，同时又是工程质量形成的直接过程。分项工程既有其作业活动的独立性，又有相互联系、相互制约的整体性。

（二）工程项目分类

总体而言，建设工程可分为建筑工程、土木工程和机电工程三大类。具体到工程项目，为了适应科学管理需要，可从不同角度进行分类。

为了适应科学管理的需要，可以从不同角度对工程项目进行分类。

1. 按建设性质划分

工程项目可分为新建项目、扩建项目、改建项目、迁建项目和恢复项目。一个工程项目只能有一种性质，在工程项目按总体设计全部建成之前，其建设性质始终不变。

2. 按投资作用划分

工程项目可分为生产性项目和非生产性项目。

3. 按项目规模划分

为适应分级管理需要，工程项目可分为不同等级。不同等级企业可承担不同等级工程项目。工程项目等级划分标准，根据各个时期经济发展和实际工作需要而有所变化。

4. 按投资效益和市场需求划分

工程项目可划分为竞争性项目、基础性项目和公益性项目。

5. 按投资来源划分

工程项目可划分为政府投资项目和非政府投资项目。

（1）政府投资项目。按照其盈利性不同，政府投资项目又可分为经营性政府投资项目和非经营性政府投资项目。经营性政府投资项目应实行项目法人责任制。非经营性政府投资项目可实施“代建制”。

（2）非政府投资项目。一般均实行项目法人责任制。

二、工程建设程序

（一）工程项目建设程序的含义和内容

工程建设程序是指工程项目从策划、评估、决策、设计、施工到竣工验收、投入生产或交付使用整个过程中，各项工作必须遵循的先后次序。

以世界银行贷款项目为例，其建设周期包括项目选定、项目准备、项目评估、项目谈判、项目实施和项目总结评价六个阶段。

（二）工程项目投资决策阶段的工作内容

1. 编报项目建议书

项目建议书内容视项目不同而有繁有简，但一般应包括以下内容：

（1）项目提出的必要性和依据。

（2）规划和设计方案、产品方案、拟建规模和建设地点的初步设想。

（3）资源情况、建设条件、协作关系和设备技术引进国别、厂商的初步分析。

（4）投资估算、资金筹措及还贷方案设想。

（5）项目进度安排。

（6）经济效益和社会效益的初步估计。

（7）环境影响的初步评价。

2. 编报可行性研究报告

（1）可行性研究的工作内容。可行性研究应完成以下工作内容：

1）进行需求分析与市场研究，以解决项目建设的必要性及建设规模和标准等问题。

2）进行设计方案、工艺技术方案研究，以解决项目建设的技术可行性问题。

3）进行财务和经济分析，以解决项目建设的经济合理性问题。

凡经可行性研究未通过的项目，不得进行下一步工作。

（2）可行性研究报告内容。可行性研究工作完成后，需要编写出反映其全部工作成果的“可行性研究报告”。就其内容来看，各类项目的可行性研究报告内容不尽相同，对一般工业项目而言，其可行性研究报告应包括以下基本内容：

1）项目提出的背景、项目概况及投资的必要性。

2）产品需求、价格预测及市场风险分析。

3）资源条件评价（对资源开发项目而言）。

4）建设规模及产品方案的技术经济分析。

5）建厂条件与厂址方案。

6）技术方案、设备方案和工程方案。

7）主要原材料、燃料供应。

8）总图、运输与公共辅助工程。

9）节能、节水措施。

10）环境影响评价。

11）劳动安全卫生与消防。

12）组织机构与人力资源配置。

13）项目实施进度。

14）投资估算及融资方案。

15）财务评价和国民经济评价。

16）社会评价和风险分析。

17）研究结论与建议。

3. 项目投资决策管理制度

根据《国务院关于投资体制改革的决定》，政府投资项目实行审批制，非政府投资项目实行核准制或登记备案制。

（1）政府投资项目。对于采用直接投资和资本金注入方式的政府投资项目，政府需要从投资决策的角度审批项目建议书和可行性研究报告，除特殊情况外，不再审批开工报告，同时还要严格审批其初步设计和概算；对于采用投资补助、转贷和贷款贴息方式的政府投资项目，则只审批资金申请报告。

政府投资项目一般都要经过符合资质要求的咨询中介机构的评估论证，特别重大的项目还应实行专家评议制度。国家将逐步实行政府投资项目公示制度，以广泛听取各方面的意见和建议。

（2）非政府投资项目。对于企业不使用政府资金投资建设的项目，政府不再进行投资决策性质的审批，区别不同情况实行核准制或登记备案制。

1）核准制。企业投资建设《政府核准的投资项目目录》中的项目时，仅需向政府提交项目申请报告，不再经过批准项目建议书、可行性研究报告和开工报告的程序。

2）备案制。对于《政府核准的投资项目目录》以外的企业投资项目，实行备案制。除国家另有规定外，由企业按照属地原则向地方政府投资主管部门备案。

（三）建设实施阶段的工作内容

1. 工程设计

（1）工程设计的阶段及其内容。工程项目的设计工作一般划分为两个阶段，即初步设计和施工图设计。重大项目和技术复杂项目，可根据需要增加技术设计阶段。

初步设计不得随意改变经批准的可行性研究报告中所确定的建设规模、产品方案、工程标准、建设地址和总投资等控制目标。根据《政府投资条例》，对于政府采取直接投资方式、资本金注入方式投资的项目，初步设计提出的投资概算超过经批准的可行性研究报告提出的投资估算 10% 的，项目单位应当向投资主管部门或者其他有关部门报告，投资主管部门或者其他有关部门可以要求项目单位重新报送可行性研究报告。

（2）施工图设计文件审查或审批。以房屋建筑和市政基础设施工程为例，根据《房屋建筑和市政基础设施工程施工图设计文件审查管理办法》（住房和城乡建设部令第13号），建设单位应当将施工图送施工图审查机构审查。施工图审查机构对施工图审查的内容包括：

1）是否符合工程建设强制性标准。

2）地基基础和主体结构的安全性。

3）消防安全性。

4）人防工程（不含人防指挥工程）防护安全性。

5）是否符合民用建筑节能强制性标准，对执行绿色建筑标准的项目，还应当审查是否符合绿色建筑标准。

6）勘察设计企业和注册执业人员以及相关人员是否按规定在施工图上加盖相应的图章和签字。

7）法律、法规、规章规定必须审查的其他内容。

任何单位或者个人不得擅自修改审查合格的施工图。确需修改的，凡涉及上述审查内容的，建设单位应当将修改后的施工图送原审查机构审查。对于交通运输等基础设施工程，施工图设计文件则实行审批或审核制度。

2. 建设准备

建设准备工作内容。项目在开工建设之前要切实做好各项准备工作，其主要内容包括：

（1）征地、拆迁和场地平整。

（2）完成施工用水、用电、通信、道路等接通工作。

（3）组织招标选择工程监理单位、承包单位及设备、材料供应商。

（4）准备必要的施工图纸。

（5）办理工程质量监督和施工许可手续。

工程质量监督手续的办理：建设单位在办理施工许可证之前应当到规定的工程质量监督机构办理工程质量监督注册手续。办理质量监督注册手续时需提供下列资料：施工图设计文件审查报告和批准书；中标通知书和施工、监理合同；建设单位、施工单位和监理单位工程项目的负责人和机构组成；施工组织设计和监理规划（监理实施细则）；其他需要的文件资料。

施工许可证的办理：从事各类房屋建筑及其附属设施的建造、装修装饰和与其配套的线路、管道、设备安装，以及城镇市政基础设施工程施工，建设单位在开工前应当向工程所在地县级以上人民政府建设行政主管部门申请领取施工许可证。必须申请领取施工许可证的建筑工程未取得施工许可证的，一律不得开工。

3. 施工安装

工程项目经批准新开工建设，项目即进入施工安装阶段。项目新开工时间，是指工程项目设计文件中规定的任何一项永久性工程第一次正式破土开槽开始施工的日期。不需要开槽的工程，正式开始打桩的日期就是开工日期。铁路、公路、水库等需要进行大量土、石方工程的，以开始进行土方、石方工程的日期作为正式开工日期。

4. 生产准备

生产准备工作的内容根据项目或企业的不同，其要求也各不相同，但一般应包括以下主要内容：招收和培训生产人员、组织准备、技术准备、物资准备。

5. 竣工验收

（1）竣工验收的范围和标准。按照国家现行规定，工程项目按批准的设计文件所规定的内容建成，符合验收标准，即：工业项目经过投料试车（带负荷运转）合格，形成生产能力的；非工业项目符合设计要求，能够正常使用的，都应及时组织验收，办理固定资产移交手续。

（2）竣工验收的准备工作。建设单位应认真做好工程竣工验收的准备工作，主要包括：

1）整理工程档案资料。

2）绘制竣工图。

3）编制竣工决算。

（3）竣工验收的程序和组织。根据国家现行规定，规模较大、较复杂的工程建设项目应先进行初验，然后进行正式验收。规模较小、较简单的工程项目，可以一次进行全部项目的竣工验收。

（四）项目后评价

项目后评价的基本方法是对比法。

1. 效益后评价

项目效益后评价是项目后评价的重要组成部分。具体包括经济效益后评价、环境效益和社会效益后评价、项目可持续性后评价及项目综合效益后评价。

2. 过程后评价

过程后评价是指对工程项目的立项决策、设计施工、竣工投产、生产运营等全过程进行系统分析，找出项目后评价与原预期效益之间的差异及其产生的原因，使后评价结论有根有据，同时针对问题提出解决办法。

三、工程项目管理的类型、任务及相关制度

（一）工程项目管理类型和任务

1. 工程项目管理及其类型

（1）工程项目管理的概念。工程项目管理是指组织运用系统工程的观点、理论和方法对工程项目周期内的所有工作（包括项目建议书、可行性研究、评估论证、设计、采购、施工、验收等）进行计划、组织、指挥、协调和控制的过程。工程项目管理的核心任务是控制项目基本目标（造价、质量、进度），同时兼顾安全、环保、节能等社会目标，最终实现项目功能以满足使用者需求。

（2）工程项目管理的类型。包括：业主方项目管理（建设单位自身的项目管理、社会化项目管理公司为建设单位提供的项目管理服务及工程监理单位为建设单位提供的监理服务）、工程总承包方项目管理、设计方项目管理、施工方项目管理、供货方项目管理等。

2. 工程项目管理任务

（1）合同管理。

（2）组织协调。

（3）目标控制。

（4）风险管理。

（5）信息管理。信息管理是项目目标控制的基础，其主要任务就是及时、准确地向各层级领导、各参建单位及各类人员提供所需的综合程度不同的信息，以便在工程项目进展全过程中，动态地进行项目规划，迅速正确地进行各种决策，并及时检查决策执行结果。

（6）环保节能。在工程建设中，应强化环保意识，对于环保方面有要求的工程项目在进行可行性研究时，必须提出环境影响评价报告；在项目实施阶段，必须做到“三同时”，即主体工程与环保措施工程同时设计、同时施工、同时投入运行。

3. 工程项目管理的发展趋势

为了适应工程项目大型化、项目大规模融资及分散项目风险等需求，工程项目管理呈现出集成化、国际化、信息化趋势。

（1）集成化趋势。

（2）国际化趋势。

（3）数字化趋势。

当前，建筑信息模型（Building Information Modeling，BIM）技术在工程项目管理中的应用日益广泛。通过应用BIM技术，可实现建设工程全寿命期集成管理。尽管目前BIM技术在我国工程项目管理中的应用仍处于初级阶段，但在以下几个方面的应用值得关注和推广：

1）构建可视化模型。应用BIM技术构建建设工程可视化模型，包括建筑、结构、设备等，不仅可用3D效果图进行展示，更为重要的是在工程设计、建造和运营过程中都能在可视化状态下进行沟通、讨论。

2）优化工程设计方案。应用BIM技术，不仅能在工程设计中进行管线碰撞检查、节能环保性能分析，而且可以基于经济和技术分析，优化工程设计方案，甚至可将工程设计与投资回报分析结合起来，实时计算工程设计变化对投资回报的影响。

3）模拟施工。应用BIM技术，可根据施工组织设计在3D建筑模型的基础上加施工进度形成4D模型模拟实际施工，从而通过确定合理的施工方案指导实际施工。此外，还可进一步加载费用数据，形成5D模型，从而实现工程造价的模拟计算。

4）强化造价管理。BIM技术在工程造价管理信息化方面具有不可比拟的优势，对于改进工程计价模式和造价管理流程、提高工程造价管理效率，都具有积极意义。具体贡献包括：

提高工程量计算的准确性：基于BIM的自动算量功能，可使工程量计算工作摆脱人为因素影响，得到更加客观的数据。无论是规则构件还是不规则构件，均可利用所建立的3D模型进行实体工程量计算。

合理安排资源计划：利用BIM技术提供的基础数据，加载时间信息后，即可自动获得任意时间段的工作量及工程造价，从而可以合理安排资金计划、人工计划、材料计划和机械计划。

控制工程设计变更：利用BIM技术，可将工程设计变更内容关联到模型中，自动反映出相关工程量变化甚至是工程造价变化，从而使工程设计人员清楚地了解工程设计方案变化对工程造价的影响。这样可消除传统模式下耗时且可靠性难以保证的弊端。

有效支持多算对比：利用BIM数据库特性，可以赋予模型内构件时间、位置、材质、工序等各种参数信息。在此基础上可将模型中构件进行任意组合和汇总，从而快速进行统计和核算，对未施工项目进行多算对比提供有效支撑。

积累和共享历史数据：利用BIM技术可以对相关工程造价指标、含量指标进行详细、准确的分析和抽取，并形成电子资料，方便存储和共享，为今后类似工程投资估算和审核提供数据支撑。

（二）工程项目管理的相关制度

工程建设领域实行项目法人责任制、工程监理制、工程招标投标制和合同管理制，是我国工程建设管理体制深化改革的重大举措。

1. 项目法人责任制

项目法人责任制是指国有大中型项目在建设阶段就按现代企业制度组建项目法人，由项目法人对项目策划、资金筹措、建设实施、生产经营、债务偿还和资产的保值增值，实行全过程负责。项目法人责任制的核心内容是明确由项目法人承担投资风险，项目法人要对工程项目的建设及建成后的生产经营实行一条龙管理和全面负责。

（1）项目法人的设立。新上项目在项目建议书被批准后，应由项目的投资方派代表组成项目法人筹备组，具体负责项目法人的筹建工作。有关单位在申报项目可行性研究报告时，须同时提出项目法人的组建方案，否则，其可行性研究报告将不予审批。在项目可行性研究报告被批准后，应正式成立项目法人。按有关规定确保资本金按时到位，并及时办理公司设立登记。项目公司可以是有限责任公司（包括国有独资公司），也可以是股份有限公司。

（2）项目董事会的职权。建设项目董事会的职权有：负责筹措建设资金；审核、上报项目初步设计和概算文件；审核、上报年度投资计划并落实年度资金；提出项目开工报告；研究解决建设过程中出现的重大问题；负责提出项目竣工验收申请报告；审定偿还债务计划和生产经营方针，并负责按时偿还债务；聘任或解聘项目总经理，并根据总经理的提名，聘任或解聘其他高级管理人员。

（3）项目总经理的职权。项目总经理的职权有：组织编制项目初步设计文件，对项目工艺流程、设备选型、建设标准、总图布置提出意见，提交董事会审查；组织工程设计、施工监理、施工队伍和设备材料采购的招标工作，编制和确定招标方案、标底和评标标准，评选和确定投标、中标单位。实行国际招标的项目，按现行规定办理；编制并组织实施项目年度投资计划、用款计划、建设进度计划；编制项目财务预算、决算；编制并组织实施归还贷款和其他债务计划；组织工程建设实施，负责控制工程投资、工期和质量；在项目建设过程中，在批准的概算范围内对单项工程的设计进行局部调整（凡引起生产性质、能力、产品品种和标准变化的设计调整以及概算调整，需经董事会决定并报原审批单位批准）；根据董事会授权处理项目实施中的重大紧急事件，并及时向董事会报告；负责生产准备工作和培训有关人员；负责组织项目试生产和单项工程预验收；拟订生产经营计划、企业内部机构设置、劳动定员定额方案及工资福利方案；组织项目后评价，提出项目后评价报告；按时向有关部门报送项目建设、生产信息和统计资料；提请董事会聘任或解聘项目高级管理人员。

2. 工程监理制

工程监理是指具有相应资质的工程监理单位受建设单位的委托，依照法律法规、工程建设标准、勘察设计文件及合同，在施工阶段对建设工程质量、进度、造价进行控制，对合同、信息进行管理，对工程建设相关方的关系进行协调，并履行建设工程安全生产管理法定职责的服务活动。

3. 工程招标投标制

国家发展改革委相关文件明确了必须招标的工程范围。

（1）必须招标的工程项目。根据《必须招标的工程项目规定》（国家发展改革委令第16号），下列工程必须招标：

1）全部或者部分使用国有资金投资或者国家融资的项目。包括：

使用预算资金200万元人民币以上，且该资金占投资额10%以上的项目。这里的“预算资金”，是指《预算法》规定的预算资金，包括一般公共预算资金、政府性基金预算资金、国有资本经营预算资金、社会保险基金预算资金。

使用国有企业事业单位资金，且该资金占控股或者主导地位的项目。这里的“占控股或者主导地位”，参照《公司法》关于控股股东和实际控制人的理解执行，即“其出资额占有限责任公司资本总额百分之五十以上或者其持有的股份占股份有限公司股本总额百分之五十以上的股东；出资额或者持有股份的比例虽然不足百分之五十，但依其出资额或者持有的股份所享有的表决权已足以对股东会、股东大会的决议产生重大影响的股东”；国有企业事业单位通过投资关系、协议或者其他安排，能够实际支配项目建设的，也属于占控股或者主导地位。

2）使用国际组织或者外国政府贷款、援助资金的项目。包括：使用世界银行、亚洲开发银行等国际组织贷款、援助资金的项目；使用外国政府及其机构贷款、援助资金的项目。

（2）必须招标的基础设施和公用事业项目。根据《必须招标的基础设施和公用事业项目范围规定》（发改法规规〔2018〕843号），不属于《必须招标的工程项目规定》情形的大型基础设施、公用事业等关系社会公共利益、公众安全的项目，必须招标的具体范围包括：

1）煤炭、石油、天然气、电力、新能源等能源基础设施项目。

2）铁路、公路、管道、水运，以及公共航空和A1级通用机场等交通运输基础设施项目。

3）电信枢纽、通信信息网络等通信基础设施项目。

4）防洪、灌溉、排涝、引（供）水等水利基础设施项目。

5）城市轨道交通等城建项目。

（3）必须招标的单项合同估算价标准。根据《必须招标的工程项目规定》，对于上述规定范围内的项目，其勘察、设计、施工、监理以及与工程建设有关的重要设备、材料等的采购达到下列标准之一的，必须进行招标：

1）施工单项合同估算价在400万元人民币以上。

2）重要设备、材料等货物的采购，单项合同估算价在200万元人民币以上。

3）勘察、设计、监理等服务的采购，单项合同估算价在100万元人民币以上。

同一项目中可以合并进行的勘察、设计、施工、监理以及与工程建设有关的重要设备、材料等的采购，合同估算价合计达到上述规定标准的，必须进行招标。

（4）必须招标的工程总承包项目。发包人依法对工程以及与工程建设有关的货物、服务全部或者部分实行总承包发包的，总承包中施工、货物、服务等各部分的估算价中，只要有一项达到相应标准，即：施工部分估算价达到400万元人民币以上，或者货物部分达到200万元人民币以上，或者服务部分达到100万元人民币以上，则整个总承包发包应当招标。

4. 合同管理制

工程建设是一个极为复杂的社会生产过程，由于现代社会化大生产和专业化分工，许多单位会参与到工程建设之中，而各类合同则是维系各参与单位之间关系的纽带。

自2021年1月1日开始施行的《民法典》合同编明确了合同订立、效力、履行、保全、变更和转让、权利义务终止、违约责任等有关内容，规定了包括建设工程合同、委托合同在内的典型合同内容，为合同管理制的实施提供了重要法律依据。

第二节　工程项目组织

真题解析

一、2023年考题

1. 与工程总承包模式相比，设计－招标－建造（DBB）模式的特点是（　　）。

A. 设计和施工任务明确，有利于缩短建设工期

B. 工程变更少，有利于控制工程总造价

C. 设计与施工相结合，建设单位合同管理工作量少

D. 责任主体较多，建设单位协调工作量大

【答案】D

【解析】设计－招标－建造（DBB）模式由于工程的责任主体较多，包括设计单位、施工单位、材料设备供应单位等，一旦工程出现问题，建设单位将分别面对不同参与方，容易出现互相推诿的现象，协调工作量大。选项A、B、C是工程总承包模式的部分特点。

【考点】工程项目发承包模式——DBB模式。

2. 建设工程项目管理直线式组织机构的优点是（　　）。

A. 组织结构简单，易于统一指挥

B. 管理工作专业化，易于提高工作质量

C. 组织机构组建灵活，集权与分权相结合

D. 部门间协调配合，项目经理决策有参谋

【答案】A

【解析】直线式组织机构的主要优点是结构简单、权力集中、易于统一指挥、隶属关系明确、职责分明、决策迅速。但由于未设职能部门，项目经理没有参谋和助手，要求领导者通晓各种业务，成为“全能式”人才，无法实现管理工作专业化，不利于项目

管理水平的提高。

【考点】工程项目管理组织机构形式——直线式。

3. 与传统的分阶段单项“碎片化”咨询相比，全过程工程咨询的特点有（　　）。

A. 咨询服务范围广　　B. 强调智力性策划

C. 突出管理咨询　　D. 实施多阶段集成

E. 侧重投资决策分析

【答案】ABD

【解析】与传统的分阶段单项“碎片化”咨询相比，全过程工程咨询具有以下特点：

（1）咨询服务范围广；

（2）强调智力性策划；

（3）实施多阶段集成。

【考点】业主方项目管理及咨询模式——全过程咨询管理。

二、2022 年考题

1. 建设单位将工程项目全过程或其中某个阶段（如设计或施工）的全部工作发包给一家符合要求的总承包单位，总承包管理公司的主要工作内容是（　　）。

A. 完成设计督查施工　　B. 督促优化设计并完成施工任务

C. 采购和设计施工　　D. 组织设计单位，施工单位完成任务

【答案】D

【解析】总分包模式中有一种特殊的项目组织模式——工程项目总承包管理模式，即：建设单位将工程项目设计与施工的主要部分发包给专门从事设计与施工组织管理的工程项目管理公司，该公司自己既没有设计力量，也没有施工队伍，而是将其所承接的设计和施工任务全部分包给其他设计单位和施工单位，工程项目管理公司则专心致力于工程项目管理工作。选项 D 符合工程项目总承包管理模式定义的要求，选项 A、B、C 是实体性工作。

【考点】工程项目发承包模式——总分包模式。

2. 某施工项目管理组织机构如下图所示，其组织形式是（　　）。

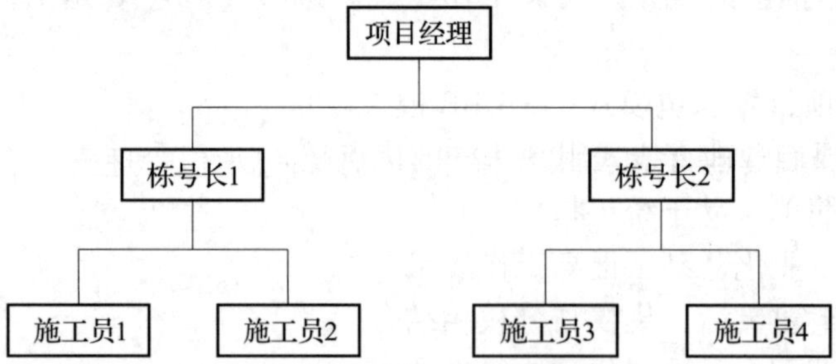

A. 直线式　　B. 职能式

C. 矩阵式　　D. 直线职能式

【答案】A

【解析】直线式组织机构的主要优点是结构简单、权力集中、易于统一指挥、隶属

关系明确、职责分明、决策迅速，但由于未设职能部门，项目经理没有参谋和助手，要求领导者通晓各种业务，成为“全能式”人才。其无法实现管理工作专业化，不利于项目管理水平的提高。

【考点】工程项目管理组织机构形式——直线式。

3. 对建设单位而言，工程项目总分包模式的特点有（　　）。

A. 需要管理的合同数量多　　B. 组织管理和协调工程量少

C. 选择总承包单位范围小　　D. 不利于控制工程造价

E. 有利于缩短建设周期

【答案】BCE

【解析】选项 A，工程项目总分包模式中，建设单位只与总承包商签订一个合同；选项 B，由于建设单位只与总承包单位签订合同，由于合同数量少，使得建设单位的组织管理和协调工作量少；选项 C，对建设单位而言，选择总承包单位的范围小，一般合同金额较高；选项 D，有利于控制工程造价；选项 E，有利于缩短建设工期。

【考点】工程项目发承包模式——总分包模式。

三、2021 年考题

1. 建设项目将工程项目设计与施工发包给工程项目管理公司，工程项目管理公司再将所承接的设计和施工任务全部分包给专业设计单位和施工单位，自己专心致力于工程项目工作，该组织模式是（　　）。

A. 项目管理承包模式　　B. 工程代建制

C. 总分包模式　　D. CM 承包模式

【答案】C（A）

【解析】总分包模式：建设单位将工程项目全过程或其中某个阶段（如设计或施工）的全部工作发包给一家符合要求的总承包单位，由该总承包单位再将若干专业性较强的部分任务发包给不同的专业分包单位去完成，并统一协调和监督各专业分包单位的工作。总分包模式中还有一种特殊的项目组织模式——工程项目总承包管理模式，即建设单位将工程项目设计与施工的主要部分发包给专门从事设计与施工组织管理的工程项目管理公司，该公司自己既没有设计力量，也没有施工队伍，而是将其所承接的设计和施工任务全部分包给其他设计单位和施工单位，工程项目管理公司则专心致力于工程项目管理工作。

作者认为，“项目管理承包模式”与“工程项目总承包管理模式”是一种模式，考生选择选项 A 作为答案应该是正确的；既然“工程项目总承包管理模式”是“总分包模式”的具体发承包模式，考生选择选项 C 也是正确的（单项选择题只能有一个正确答案，作者这样解析，其目的是给考生留下一些思考空间）。

【考点】工程项目发承包模式——总分包模式。

2. 某公司为完成某大型复杂的工程项目，要求在项目管理组织机构内设置职能部门以发挥各类专家作用。同时从公司临时抽调专业人员到项目管理组织机构，要求所有成员只对项目经理负责，项目经理全权负责该项目。该项目管理组织机构宜采用的组织形式是（　　）组织形式。

A. 直线式　　B. 强矩阵式
C. 职能式　　D. 弱矩阵式

【答案】B

【解析】强矩阵式组织形式，项目经理由企业最高领导任命，并全权负责项目。项目经理直接向最高领导负责，项目组成员的绩效完全由项目经理进行考核，项目组成员只对项目经理负责。强矩阵式组织形式的特点是拥有专职的、具有较大权限的项目经理以及专职项目管理人员。

【考点】工程项目管理组织机构形式——矩阵式——强矩阵式。

四、2020 年考题

1. 关于工程项目管理组织机构特点的说法，正确的是（　　）。
A. 矩阵式组织中项目成员受双重领导
B. 职能式组织中指令统一且职责清晰
C. 直线式组织中可实现专业化管理
D. 强矩阵式组织中项目成员仅对职能经理负责

【答案】A

【解析】矩阵式组织中项目成员受双重领导；职能式组织形成多头领导；直线式组织机构的不足是未设职能部门，项目经理没有参谋和助手；项目经理直接向最高领导负责，项目组成员的绩效完全由项目经理进行考核，项目组成员只对项目经理负责。

【考点】工程项目管理组织机构形式——直线式、矩阵式、职能式。

2. 与 EPC 总承包模式相比，平行承包模式的特点有（　　）。
A. 建设单位可在更大范围内选择承包单位
B. 建设单位组织协调工作量大
C. 建设单位合同管理工作量大
D. 有利于建设单位较早确定工程造价
E. 有利于建设单位向承包单位转移风险

【答案】ABC

【解析】平行承包模式的特点：有利于建设单位择优选择承包单位；有利于控制工程质量；有利于缩短建设工期；组织管理和协调工作量大；工程造价控制难度大；相对于总分包模式而言，平行承包模式不利于发挥那些技术水平高、综合管理能力强的承包单位的综合优势。选项 D、E 属于总分包方式的特点。

【考点】工程项目发承包模式——平行承包模式。

五、2019 年考题

1. 关于 CM 承包模式的说法，正确的是（　　）。
A. 使工程项目实现有条件的“边设计，边施工”
B. 秉承在工程设计全部结束之后，进行施工招标
C. 工程设计与施工由一个总承包单位统筹安排

D. 所有分包不同通过招标的方式展开竞争

【答案】A

【解析】CM 承包模式使工程项目实现有条件的“边设计、边施工”。选项 B、C、D 没有干扰性。

【考点】工程项目发承包模式——CM 承包模式。

2. 项目管理采用矩阵式组织形式的特点有（　　）。

A. 组织机构稳定性强　　B. 容易造成职责不清

C. 组织机构灵活性大　　D. 组织机构机动性强

E. 每一个成员受双重领导

【答案】CDE

【解析】矩阵式组织形式的优点是能根据工程任务的实际情况灵活地组建与之相适应的管理机构，具有较大的机动性和灵活性。它实现了集权与分权的最优结合，有利于调动各类人员的工作积极性，使工程项目管理工作顺利地进行。但是，矩阵式组织机构经常变动，稳定性差，尤其是业务人员的工作岗位频繁调动。此外，矩阵中的每一个成员都受项目经理和职能部门经理的双重领导，如果处理不当，会造成矛盾，产生扯皮现象。

【考点】工程项目管理组织结构形式——矩阵式。

考点统计

本节主要考查对业主方项目管理组织模式、工程项目发承包模式以及工程项目管理组织机构形式的掌握和理解情况。2019—2023 年共考核 12 道题，见表 3.2.1。

表 3.2.1　第三章第二节考点考核频次表

序号	知识点	考点	考核频次
1	业主方项目管理及咨询模式	全过程工程咨询	1
2	工程项目发承包模式	DBB 模式	1
		总分包模式	3
		平行承包模式特点	1
		CM 承包模式	1
3	工程项目管理组织机构形式	组织机构特点	1
		直线式	2
		矩阵式	2

知识点凝练

一、业主方项目管理组织模式

（一）项目管理承包模式

1. PMC 的类型

按照工作范围不同，项目管理承包（PMC）可分为三种类型：

（1）项目管理承包商代表业主进行项目管理，同时还承担部分工程的设计、采购、施工（EPC）工作。这对项目管理承包商而言，风险高，相应的利润、回报也较高。

（2）项目管理承包商作为业主项目管理的延伸，只是管理 EPC 承包商而不承担任何 EPC 工作。这对项目管理承包商而言，风险和回报均较低。

（3）项目管理承包商作为业主顾问，对项目进行监督和检查，并及时向业主报告工程进展情况。这对项目管理承包商而言，风险最低，接近于零，但回报也低。

2. PMC 的工作内容

（1）项目前期阶段工作内容。在此阶段，项目管理承包商的主要任务是代表业主进行项目管理。具体包括：项目建设方案优化；组织项目风险识别和分析，并制定项目风险应对策略；提供融资方案并协助业主进行融资；提出项目应统一遵循的标准及规范；组织或完成基础设计、初步设计和总体设计；协助业主完成政府相关审批工作；提出项目实施方案，完成项目投资估算；提出材料、设备清单及供货厂家名单；编制 EPC 招标文件，进行 EPC 投标人资格预审，并完成 EPC 评标工作。

（2）项目实施阶段工作内容。在此阶段，由中标的 EPC 总承包商进行项目的详细设计，并进行采购和施工工作。项目管理承包商的主要任务是代表业主进行协调和监督工作。具体包括：进行设计管理，协调有关技术条件；完成项目总体中某些部分的详细设计；实施采购管理，并为业主负责的采购提供服务；配合业主进行生产准备、组织试运行和验收；向业主移交项目文件资料。

3. PMC 模式的优越性

（1）通过优化设计方案，可实现建设工程全寿命期成本最低。

（2）通过选择合适的合同方式，可从整体上为业主节省建设投资。

（3）通过多项目采购协议及统一的项目采购协议，可降低建设投资。

（4）通过现金管理及现金流量优化，可降低建设投资。

（二）工程代建制

根据《国务院关于投资体制改革的决定》，对政府投资的非经营性项目，应加快推行“代建制”，即通过招标等方式，选择专业化的项目管理单位负责建设实施，严格控制项目投资、质量和工期，竣工验收后移交给使用单位。

1. 工程代建的性质

工程代建单位不参与工程项目前期的策划决策和建成后的经营管理，也不对投资收益负责。在项目建设期间，工程代建单位不存在经营性亏损或盈利，通过与政府投资管理机构签订代建合同，只收取代理费、咨询费。如果在项目建设期间使投资节约，可按合同约定从所节约的投资中提取一部分作为奖励。工程项目代建合同生效后，为了保证政府投资的合理使用，代建单位须提交工程概算投资 10% 左右的履约保函。

2. 工程代建制与项目法人责任制的区别

（1）项目管理责任范围不同。对于实施项目法人责任制的项目，项目法人的责任范围覆盖工程项目策划决策及建设实施过程，包括项目策划、资金筹措、建设实施、运营管理、贷款偿还及资产的保值增值。而对于实施工程代建制的项目，工程代建单位的责任范围只是在工程项目建设实施阶段。

（2）项目建设资金责任不同。对于实施项目法人责任制的项目，项目法人需要在项目建设实施阶段负责筹措建设资金，并在项目建成后的运营期间偿还贷款及对投资方的回报。而对于实施工程代建制的项目，工程代建单位不负责建设资金的筹措，因此也不负责偿还贷款。

（3）项目保值增值责任不同。对于实施项目法人责任制的项目，项目法人需要在项目全寿命期内负责资产的保值增值。而对于实施工程代建制的项目，工程代建单位仅负责项目建设期间资金的使用，在批准的投资范围内保证建设工程项目实现预期功能，使政府投资效益最大化，不负责项目运营期间的资产保值增值。

（4）适用的工程对象不同。项目法人责任制适用于政府投资的经营性项目，而工程代建制适用于政府投资的非经营性项目（主要是公益性项目）。

（三）全过程工程咨询

所谓全过程工程咨询，是指工程咨询方综合运用多学科知识、工程实践经验、现代科学技术和经济管理方法，采用多种服务方式组合，为委托方在项目投资决策、建设实施阶段提供阶段性或整体解决方案的综合性智力服务活动。

这里的“工程咨询方”，可以是具备相应资质和能力的一家咨询单位，也可以是多家咨询单位组成的联合体。“委托方”可以是投资方、建设单位，也可以是运营单位。这种全过程工程咨询不仅强调工程项目投资决策、建设实施全过程，甚至可延伸至运营维护阶段；而且强调技术、经济和管理相结合的综合性咨询。对于有综合实力的工程造价咨询企业，可接受委托提供以投资管控为核心的全过程工程咨询服务。

1. 全过程工程咨询服务内容

根据《国家发展改革委　住房城乡建设部关于推进全过程工程咨询服务发展的指导意见》（发改投资规〔2019〕515 号），全过程工程咨询服务内容包括投资决策综合性咨询和工程建设全过程咨询。

（1）投资决策综合性咨询。投资决策综合性咨询是指综合性工程咨询单位接受投资者委托，就投资项目的市场、技术、经济、生态环境、能源、资源、安全等影响可行性的要素，结合国家、地区、行业发展规划及相关重大专项建设规划、产业政策、技术标准及相关审批要求进行分析研究和论证，为投资者提供决策依据和建议，其目的是减少分散专项评价评估，避免可行性研究论证碎片化。

（2）工程建设全过程咨询。工程建设全过程咨询是指由一家具有相应资质条件的咨询企业或多家具有相应资质条件的咨询企业组成联合体，为建设单位提供招标代理、勘察、设计、监理、造价、项目管理等全过程咨询服务，满足建设单位一体化服务需求，增强工程建设过程的协同性。全过程工程咨询企业可以为委托方提供项目实施总体策划、报批报建管理、勘察及设计管理、规划及设计优化、工程监理、招标代理、造价咨询、后评价和配合审计等咨询服务，也可包括规划和设计等活动。

工程建设全过程咨询单位提供勘察、设计、监理服务时，应当具有与工程规模及委托内容相适应的资质条件。工程建设全过程咨询项目负责人应当取得工程建设类注册职业资格且具有工程类、工程经济类高级职称，并具有类似工程经验。对于工程建设全过程咨询服务中承担工程勘察、设计、监理或造价咨询业务的负责人，应具有法律法规规定的相应执业资格。

2. 全过程工程咨询的特点

与传统的分阶段单项“碎片化”咨询相比，全过程工程咨询具有以下特点：

（1）咨询服务范围广。

（2）强调智力性策划。

（3）实施多阶段集成。

二、工程项目发承包模式

（一）基于不同承包范围的承包模式

1. 设计－招标－建造（DBB）模式

DBB（Design–Bid–Build）是一种较传统的工程发承包模式，即建设单位分别与工程勘察设计单位、施工单位签订合同，工程勘察设计、施工任务分别由勘察设计单位、施工单位完成。DBB 模式主要体现的是专业化分工，我国大部分工程项目都采用这种模式。

（1）优点。建设单位、勘察设计单位、施工总承包单位及分包单位在合同约束下，各自行使其职责和履行义务，责权利分配明确；建设单位直接管理工程勘察设计和施工，指令易贯彻执行。各平行承包单位前后工作衔接，构成质量制约，有助于发现工程质量问题。此外，该模式应用广泛、历史长，相关管理方法较成熟，工程参建各方对有关程序都比较熟悉。

（2）不足。工程设计、招标、施工按顺序依次进行，建设周期长；而且由于施工单位无法参与工程设计，设计与施工协调困难，容易产生设计变更，可能使建设单位利益受损。此外，由于工程的责任主体较多，包括设计单位、施工单位、材料设备供应单位等，一旦工程出现问题，建设单位将分别面对不同参与方，容易出现互相推诿，协调工作量大。

2. 工程总承包模式

工程总承包有着丰富内涵，也有许多模式，DB（Design and Build）/EPC（Engineering–Procurement–Construction）是其中常见的两种代表性模式。DB（设计－建造）是指从事工程总承包的单位受建设单位委托，按照合同约定，承担工程勘察设计和施工任务。而在 EPC（设计－采购－施工）模式中，工程总承包单位还要负责材料设备的采购工作，且其中的设计（Engineering），也不是一般意义上的工程设计，含有工艺流程设计、策划和管理等。

DB/EPC 模式能够为建设单位提供工程勘察设计和施工全过程服务，在国际上较为流行，近年来在我国逐渐被认识并要求大力推行。DB/EPC 还可分别拓展为 DBO（Design-Build-Operation）和 EPC+O&M（Engineering-Procurement-Construction+ Operation and Maintenance）。

（1）优点。主要体现在以下几方面：

1）有利于缩短建设工期。

2）便于建设单位提前确定工程造价。

3）使工程项目责任主体单一化。

4）可减轻建设单位合同管理的负担。

（2）不足。长期以来，我国多数总承包单位擅长承接工程设计或施工任务。实行工程总承包，对建设单位和总承包单位的综合素质均提出了更高要求。

1）道德风险高。

2）建设单位前期工作量大。

3）工程总承包单位报价高。

（二）基于不同承包关系的承包模式

对于大型复杂工程项目，除实施工程总承包外，往往会有不止一家承包单位。即使是工程施工也往往会有不止一家施工承包单位。各家承包单位之间的关系不同，会形成不同的承包模式。

1. 平行承包模式

平行承包是指建设单位将工程项目划分为若干标段，分别发包给多个承包单位承担。建设单位需要与多个承包单位分别签订合同，各承包单位之间的关系是平行的，无合同关系。

平行承包模式有以下特点：

（1）有利于建设单位择优选择承包单位。由于合同内容比较单一、合同价值小、风险小，有利于不具备总承包能力的中小承包商参与竞争。建设单位可在更大范围内选择承包单位。

（2）有利于控制工程质量。整个工程经分解后分别发包给各承包单位，合同约束与相互制约使每一部分都能较好地实现其质量要求。如主体工程与装修工程分别由两个施工单位承包，当主体工程不合格时，装修单位不会同意在不合格的主体工程上进行装修，这种他控机制比自控更有约束力。

（3）有利于缩短建设工期。由于工程项目任务经分解后平行发包，在工艺技术及场地允许的条件下，多个标段任务并行实施，可缩短整个项目工期。

（4）组织管理和协调工作量大。由于合同数量多，使项目系统内结合部数量增加，要求建设单位具有较强的组织协调能力。

（5）工程造价控制难度大。由于招标任务量大，需控制多项合同价格，从而使工程造价控制难度增加。

（6）与总承包模式相比，平行承包模式不利于发挥那些技术水平高、综合管理能力强的承包商综合优势。

2. 联合体承包模式

当工程项目规模巨大或技术复杂，建筑市场竞争激烈，由一家承包单位总承包有困难时，可由几家单位联合起来形成联合体来承揽任务，以发挥各承包单位的特长和优势。联合体通常由一家或几家单位发起，经过协商确定各自承担的义务和责任等，签署联合体协议，建立联合体组织机构，产生联合体牵头单位（代表），以联合体名义与建设单位签订工程承包合同。

联合体承包模式有以下特点：

（1）建设单位的合同结构简单，组织协调工作量小，而且有利于工程造价和建设工期控制。

（2）可以集中联合体各成员单位在资金、技术和管理等方面的优势，克服一家单位力不能及的困难，不仅有利于增强竞争能力，同时有利于增强抗风险能力。

3. 合作体承包模式

当工程项目包含专业工程类别多、数量大，或专业配套需要时，一家单位无力实行总承包，而建设单位又希望承包方有一个统一的协调组织时，就可能产生几家单位自愿成立一个合作体，然后以合作体名义与建设单位签订工程承包意向合同（也称基本合同）。达成协议后，各单位再分别与建设单位签订工程承包合同，并在合作体统一计划、指挥和协调下完成承包任务。

合作体承包模式有以下特点：

（1）建设单位组织协调工作量小，但风险较大。

（2）各承包单位之间既有合作愿望，又不愿意组成联合体。

（三）CM 模式与 Partnering 模式

CM 模式与 Partnering 模式是国际上工程承包采用的模式。

1. CM 模式

CM（Construction Management）模式是指由建设单位委托一家 CM 单位承担项目管理工作，该 CM 单位以承包单位的身份进行施工管理，并在一定程度上影响工程设计活动，组织快速路径（Fast-Track）的生产方式，使工程项目实现有条件的“边设计、边施工”。

（1）CM 模式的特点。

1）采用快速路径法施工。

2）CM 单位有代理型（Agency）和非代理型（Non-Agency）两种。代理型的 CM 单位不负责工程分包的发包，与分包单位的合同由建设单位直接签订。而非代理型的 CM 单位直接与分包单位签订分包合同。

3）CM 合同采用成本加酬金方式。代理型和非代理型的 CM 合同是有区别的。由于代理型合同是建设单位与分包单位直接签订，因此，采用简单的成本加酬金合同形式。而非代理型合同则采用保证最大工程费用（GMP）加酬金的合同形式。

（2）CM 模式在工程造价控制方面的价值。CM 模式特别适用于那些实施周期长、工期要求紧迫的大型复杂工程。在工程造价控制方面的价值体现在以下几个方面：

1）与施工总承包模式相比，采用 CM 模式时的合同价更具合理性。

2）CM 单位不赚取总包与分包之间的差价。

3）应用价值工程方法挖掘节约投资的潜力。

4）GMP 可大大减少建设单位在工程造价控制方面的风险。

2. Partnering 模式

Partnering 模式的主要特征：

（1）出于自愿。Partnering 协议并不仅仅是建设单位与承包单位之间的协议，而需要工程建设参与各方共同签署，包括建设单位、总承包单位、主要的分包单位、设计单位、咨询单位、主要的材料设备供应单位等。参与 Partnering 模式的有关各方必须是完全自愿，而非出于任何原因的强迫。

（2）高层管理者参与。高层管理者的认同、支持和决策是关键因素。

（3）Partnering 协议不是法律意义上的合同。Partnering 协议与工程合同是两个完全不同的文件。该协议并不改变参与各方在有关合同中规定的权利和义务，主要用来确定参与各方在工程建设过程中的共同目标、任务分工和行为规范。

（4）信息开放性。Partnering 模式不是一种独立存在的模式，它通常需要与工程项目其他组织模式中的某一种结合使用，如总分包模式、平行承包模式、CM 承包模式等。

三、工程项目管理组织机构形式

（一）直线式

直线式组织机构的主要优点是结构简单、权力集中、易于统一指挥、隶属关系明确、职责分明、决策迅速。但由于未设职能部门，项目经理没有参谋和助手，要求领导者通晓各种业务，成为"全能式"人才。无法实现管理工作专业化，不利于项目管理水平的提高。

（二）职能式

职能式组织机构的主要优点是强调管理业务的专门化，注意发挥各类专家在项目管理中的作用。由于管理人员工作单一，易于提高工作质量，同时可以减轻领导者的负担。但是，由于这种机构没有处理好管理层次和管理部门的关系，形成多头领导，使下级执行者接受多方指令，容易造成职责不清。

（三）直线职能式

直线职能式组织结构既保持了直线式组织机构统一指挥的特点，又满足了职能式组织机构对管理工作专业化分工的要求。其主要优点是集中领导、职责清楚，有利于提高管理效率。但这种组织机构中各职能部门之间的横向联系差，信息传递路线长，职能部门与指挥部门之间容易产生矛盾。

（四）矩阵式

矩阵式组织机构的优点是能根据工程任务的实际情况灵活地组建与之相适应的管理机构，具有较大的机动性和灵活性。它实现了集权与分权的最优结合，有利于调动各类人员的工作积极性，使工程项目管理工作顺利地进行。但是，矩阵式组织机构经常变动，稳定性差，尤其是业务人员的工作岗位频繁调动。此外，矩阵中的每一个成员都受项目经理和职能部门经理的双重领导，如果处理不当，会造成矛盾，发生扯皮现象。

按照项目经理的权限不同，矩阵式组织机构又可分为三种形式，即：强矩阵式组织形式、中矩阵式组织形式和弱矩阵式组织形式。

1. 强矩阵式组织形式

强矩阵式组织机构中，项目经理由企业最高领导任命，并全权负责项目。项目经理直接向最高领导负责，项目组成员的绩效完全由项目经理进行考核，项目组成员只对项目经理负责。其特点是拥有专职的、具有较大权限的项目经理以及专职项目管理人员。强矩阵式组织形式适用于技术复杂且时间紧迫的工程项目。由于对于技术复杂的工程项目，各职能部门之间的技术界面比较繁杂，采用强矩阵制组织形式有利于加强各职能部门之间的协调配合。

2. 中矩阵式组织形式

中矩阵式也称平衡矩阵。在平衡矩阵式组织机构中，项目经理被授予一定的权力，对项目整体及项目目标负责。项目组成员是从各职能部门借调来的成员，并在成员中指定一人担任专案主持人。一旦专案结束，专案主持人的头衔随之消失。其特点是需要精心建立管理程序和配备训练有素的协调人员。平衡矩阵式组织形式适用于中等技术复杂程度且建设周期较长的工程项目。

3. 弱矩阵式组织形式

弱矩阵式组织机构中，并未明确对项目目标负责的项目经理。即使有项目负责人，其角色也只是一个项目协调者或监督者，而不是一个管理者。同时，员工的绩效由职能部门经理进行考核。其特点是项目管理者的权限很小。弱矩阵式组织形式适用于技术简单的工程项目。因为这样的工程项目技术界面明晰或简单，跨职能部门的协调工作比较容易。

第三节　工程项目计划与控制

真题解析

一、2023 年考题

1. 建设单位计划体系中，用来明确设计文件交付日期、主要设备交货日期、施工单位进场日期、水电及道路接通日期等，以保证工程建设各环节相互衔接，确保项目按期投产或交付使用的计划表是（　　）。

A. 工程项目总进度计划表　　B. 工程项目进度平衡表

C. 工程项目年度计划表　　D. 工程项目实施进度表

【答案】B

【解析】工程项目进度平衡表。用来明确各种设计文件交付日期，主要设备交货日期，施工单位进场日期，水电及道路接通日期等，以保证工程建设中各个环节相互衔接，确保工程项目按期投产或交付使用。

【考点】工程项目计划体系——建设单位计划体系——工程项目总进度计划。

2. 下列工程项目目标控制方法中，可用于控制工程造价和工程进度的是（　　）。

A. 控制图法和 S 曲线法口　　B. 网络计划法和直方图法

C. 香蕉曲线法和S曲线法　　D. 香蕉曲线法和排列图法

【答案】C

【解析】S曲线法可用于控制工程造价和工程进度。与S曲线法相同，香蕉曲线法同样可用来控制工程造价和工程进度。控制图法、直方图法和排列图法是用于质量控制的方法。

【考点】工程项目目标控制的内容、措施和方法——工程项目目标控制方法——S曲线法和香蕉曲线法。

二、2022年考题

1. 工程项目一览表将初步设计中确定的建设内容，按照（　　）归类并编号。

A. 单项工程或单位工程　　B. 单位工程或分部工程

C. 分部工程或分项工程　　D. 单位工程或分项工程

【答案】A

【解析】工程项目一览表将初步设计中确定的建设内容，按照单项工程或单位工程归类并编号，明确其建设内容和投资额，以便各部门按统一的口径确定工程项目投资额，并以此为依据对其进行管理。

【考点】工程项目计划体系——建设单位计划体系——工程项目建设总进度计划。

2. 根据施工总进度计划，施工总平面布置时，办公区、生活区和生产区宜（　　）。

A. 分离设置，符合节能、环保、安全和消防等要求

B. 集中布置，布置在建筑红线和建筑中间，减少二次搬运

C. 充分利用既有建筑物和既有设施，增加生活区临时配套设施

D. 建在红线下

【答案】A

【解析】施工总平面布置应遵循的原则：

（1）平面布置科学合理，施工场地占用面积少。

（2）合理组织运输，减少二次搬运。

（3）施工区域的划分和场地的临时占用应符合总体施工部署和施工流程的要求，减少相互干扰。

（4）充分利用既有建（构）筑物和既有设施为工程项目施工服务，降低临时设施的建造费用。

（5）临时设施应方便生产、生活，办公区、生活区和生产区宜分离设置。

（6）符合节能、环保、安全和消防等要求。

（7）遵守工程所在地政府建设主管部门和建设单位关于施工现场安全文明施工的相关规定。

【考点】工程项目施工组织设计——施工组织总设计——施工总平面布置。

3. 在单位工程施工组织设计中，资源配置计划包括（　　）。

A. 劳动力配置计划　　B. 主要周转材料配置计划

C. 监理人员配置计划　　D. 工程材料和设备的配置计划

E. 计量、测量和检验仪器配置计划

【答案】ABD

【解析】资源配置计划包括劳动力配置计划和物资配置计划。

（1）劳动力配置计划。劳动力配置计划应包括下列内容：

1）确定各施工阶段用工量。

2）根据施工进度计划确定各施工阶段劳动力配置计划。

（2）物资配置计划。物资配置计划应包括下列内容：

1）主要工程材料和设备的配置计划应根据施工进度计划确定，包括各施工阶段所需主要工程材料、设备的种类和数量。

2）工程施工主要周转材料、施工机具的配置计划应根据施工部署和施工进度计划确定，包括施工阶段所需主要周转材料、施工机具的种类和数量。

【考点】单位工程施工组织设计——施工准备与资源配置计划。

三、2021 年考题

1. 工程项目建设总进度计划表格部分的主要内容有（　　）。

A. 工程项目一览表、工程项目总进度计划、投资计划年度分配表、工程项目进度平衡表

B. 工程项目一览表、年度计划项目表、年度竣工投产交付使用计划表、年度建设资金平衡表

C. 工程概况表、施工总进度计划表、主要资源配置计划表、工程项目进度平衡表

D. 工程概况表、工程项目前期工作进度计划、工程项目总进度计划、工程项目年度计划

【答案】A

【解析】工程项目建设总进度计划表格部分包括工程项目一览表、工程项目总进度计划、投资计划年度分配表和工程项目进度平衡表。

【考点】工程项目计划体系——建设单位计划体系——工程项目总进度计划。

2. 在单位工程施工组织设计文件中，施工流水段划分一般属于（　　）部分的内容。

A. 工程概况　　B. 施工进度计划

C. 施工部署　　D. 主要施工方案

【答案】C

【解析】施工部署中的进度安排和空间组织应符合下列要求：

（1）应明确说明工程主要施工内容及其进度安排，施工顺序应符合工序逻辑关系。

（2）施工流水段应结合工程具体情况分阶段进行合理划分，并说明划分依据及流水方向，确保均衡流水施工。

【考点】工程项目施工组织设计——单位工程施工组织设计——施工部署。

3. 针对危险性较大的分部分项工程，施工单位应编制专项施工方案，其主要内容除工程概况、编制依据和施工安全保证措施以外，还应有（　　）。

A. 施工计划、施工现场平面布置、季节性施工方案

B. 施工进度计划、资金使用计划、变更计划、临时设施的准备

C. 投资费用计划、资源配置计划、施工方法及工艺要求

D. 施工计划、施工工艺技术、劳动力计划、计算书及相关图纸

【答案】D

【解析】专项施工方案应当包括以下内容：

（1）工程概况。危险性较大的分部分项工程概况、施工平面布置、施工要求和技术保证条件。

（2）编制依据。相关法律、法规、规范性文件、标准、规范及图纸（国标图集）、施工组织设计等。

（3）施工计划。施工进度计划、材料与设备计划。

（4）施工工艺技术。技术参数、工艺流程、施工方法、检查验收等。

（5）施工安全保证措施。组织保障、技术措施、应急预案、监测监控等。

（6）劳动力计划。专职安全生产管理人员、特种作业人员等。

（7）计算书及相关图纸。

【考点】工程项目施工组织设计——专项施工方案——专项施工方案内容。

4. 采用排列图分析影响工程质量的主要因素时，将影响因素分为三类，其中 A 类因素是指累计频率在（　　）范围内的因素。

A. 0 ~ 70%　　B. 0 ~ 80%　　C. 80% ~ 90%　　D. 90% ~ 100%

【答案】B

【解析】在一般情况下，将影响质量的因素分为三类，累计频率在 0 ~ 80% 范围内的因素，称为 A 类因素，是主要因素；在 80% ~ 90% 范围内的为 B 类因素，是次要因素；在 90% ~ 100% 范围内的为 C 类因素，是一般因素。

【考点】工程项目目标控制的内容、措施和方法——工程项目目标控制方法——排列图法。

5. 施工总进度计划是施工组织总设计的主要组成部分，编制施工总进度计划的主要工作有（　　）。

A. 确定总体施工准备条件

B. 计算工程量

C. 确定各单位工程和施工期限

D. 确定各单位工程的开竣工时间和相互搭接关系

E. 确定主要施工方法

【答案】BCD

【解析】施工总进度计划是根据总体施工部署的要求，用来确定各单位工程的施工顺序、施工时间及相互衔接关系的计划。施工总进度计划的编制步骤和方法如下：

（1）计算工程量。

（2）确定各单位工程的施工期限。

（3）确定各单位工程的开竣工时间和相互搭接关系。

（4）编制初步施工总进度计划。

（5）编制正式的施工总进度计划。

【考点】工程项目施工组织设计——施工组织总设计——施工总进度计划。

四、2020 年考题

1. 工程项目计划体系中，用来阐明各单位工程的建设规模、投资额、新增固定资产、新增生产能力等建设总规模及本年计划完成情况的是（　　）。

A. 年度计划项目表　　B. 年度竣工投产交付使用计划表

C. 年度建设资金平衡表　　D. 年度设备平衡表

【答案】B

【解析】年度竣工投产交付使用计划表，用来阐明各单位工程的建设规模、投资额、新增固定资产、新增生产能力等建设总规模及本年计划完成情况，并阐明其竣工日期。

【考点】工程项目计划体系——工程项目年度计划——年度竣工投产交付使用计划表。

2. 根据《建设工程安全生产管理条例》，对于超过一定规模的危险性较大的分部分项工程，专项施工方案的专家论证会应当由（　　）组织召开。

A. 建设单位　　B. 施工单位　　C. 设计单位　　D. 监理单位

【答案】B

【解析】超过一定规模的危险性较大的分部分项工程专项施工方案应当由施工单位组织召开专家论证会。实行施工总承包的，由施工总承包单位组织召开专家论证会。

【考点】工程项目施工组织设计——专项施工方案——专项施工方案的论证。

3. 采用 S 曲线法比较工程实际进度与计划进度时，若实际累计 S 曲线落在计划累计 S 曲线上方，则可得出的正确结论（　　）。

A. 实际进度落后于计划进度　　B. 进度的计划编制过于保守

C. 实际进度超前于计划进度　　D. 计划工期偏于紧迫

【答案】C

【解析】将实际 S 曲线与计划 S 曲线进行比较，以此判断工程进度偏差或造价偏差，若实际累计 S 曲线落在计划累计 S 曲线上方，说明在某一时刻，实际完成的工程量大于计划完成的工程量，故实际进度超前于计划进度。

【考点】工程项目目标控制的内容、措施和方法——工程项目目标控制方法——S 曲线法。

4. 下列工程项目目标控制方法中，可用来综合控制工程造价和工程进度的方法有（　　）。

A. 控制图法　　B. 因果分析法

C. S 曲线法　　D. 香蕉曲线法

E. 直方图法

【答案】CD

【解析】S 曲线法可用于控制工程造价和工程进度。与 S 曲线法相同，香蕉曲线法同样可用来控制工程造价和工程进度。选项 A、B、E 是质量控制的方法。

【考点】工程项目目标控制的内容、措施和方法——工程项目目标控制方法——S 曲线法和香蕉曲线法。

5. 关于排列图的说法，正确的有（　　）。

A. 排列图左边的纵坐标表示影响因素发生的频数

B. 排列图中直方图形的高度表示影响因素造成损失的大小

C. 排列图右边的纵坐标表示影响因素累计发生的频率

D. 累计频率在 90% ~ 100% 范围内的因素是影响工程质量的主要因素

E. 排列图可用来判定工程质量主要影响因素造成的费用增加值

【答案】AC

【解析】选项 A、C，排列图左边的纵坐标表示影响因素发生的频数，排列图右边的纵坐标表示影响因素累计发生的频率；选项 B，排列图中直方图形的高度表示影响因素发生的频次和频率，不能表示造成损失的大小；选项 D，累计频率在 0 ~ 80% 范围的因素，称为 A 类因素，是主要因素；选项 E，排列图是用来寻找影响工程（产品）质量主要因素的一种有效工具。

【考点】工程项目目标控制的内容、措施和方法——工程项目目标控制方法——排列图法。

五、2019 年考题

1. 下列工程项目目标控制方法中，可用来随时了解生产过程中质量变化情况的方法是（　　）。

A. 控制图法　　B. 排列图法　　C. 直方图法　　D. 鱼刺图法

【答案】A

【解析】采用动态分析方法，可以随时了解生产过程中的质量变化情况。控制图法就是一种典型的动态分析方法。选项 B、C、D 是静态分析方法。

【考点】工程项目目标控制的内容、措施和方法——工程项目目标控制方法——控制图法。

2. 专项施工方案由（　　）专业技术部门组织审核。

A. 建设单位　　B. 监埋单位

C. 监督机构　　D. 施工单位技术部门

【答案】D

【解析】根据《建设工程安全生产管理条例》，施工单位应当在危险性较大的分部分项工程施工前编制专项施工方案。专项施工方案应当由施工单位技术部门组织本单位施工技术、安全、质量等部门的专业技术人员进行审核。

【考点】工程项目施工组织设计——专项施工方案——专项施工方案的审查。

3. 下列工程项目目标控制方法中，可用来控制工程造价和工程进度的方法有（　　）。

A. 香蕉曲线法　　B. 目标管理法

C. S 曲线法　　D. 责任矩阵法

E. 因果分析图法

【答案】AC

【解析】S 曲线法可用于控制工程造价和工程进度。与 S 曲线法相同，香蕉曲线法同样可用来控制工程造价和工程进度。

【考点】工程项目目标控制的内容、措施和方法——工程项目目标控制方法——S 曲线法和香蕉曲线法。

考点统计

本节主要考查对工程项目计划体系、工程项目施工组织设计以及对工程项目目标控制的内容、措施和方法的掌握情况，2019—2023年共考核了17道题目，见表3.3.1。

表3.3.1　第三章第三节考点考核频次表

序号	知识点	具体考点	考核频次
1	工程项目计划体系	工程项目建设总进度计划	3
2	工程项目施工组织设计	施工组织总设计（施工总平面布置、施工总进度计划）	2
		单位工程施工组织设计（施工部署、施工准备与资源配置）	2
		专项施工方案	3
3	工程项目目标控制的内容、措施和方法	S曲线法、香蕉曲线法	4
		排列图法	2
		控制图法	1

知识点凝练

一、工程项目计划体系

（一）建设单位的计划体系

建设单位编制（也可委托工程项目管理单位或工程监理单位编制）的计划体系包括工程项目前期工作计划、工程项目建设总进度计划和工程项目年度计划。

1. 工程项目前期工作计划

工程项目前期工作计划是指对工程项目可行性研究、项目评估的工作进度安排，它可使工程项目策划决策阶段各项工作的时间得到控制。

2. 工程项目建设总进度计划

工程项目建设总进度计划的主要内容包括文字和表格两部分。

（1）文字部分。

（2）表格部分。包括工程项目一览表、工程项目总进度计划、投资计划年度分配表和工程项目进度平衡表。

1）工程项目一览表。将初步设计中确定的建设内容，按照单项工程或单位工程归类并编号，明确其建设内容和投资额，以便各部门按统一的口径确定工程项目投资额，并以此为依据对其进行管理。

2）工程项目总进度计划。根据初步设计中确定的建设工期和工艺流程，具体安排单项工程、单位工程的开工日期和竣工日期。

3）投资计划年度分配表。根据工程项目总进度计划安排各个年度的投资，以便预测各个年度的投资规模，为筹集建设资金或与银行签订借款合同及制定分年用款计划提供依据。

4）工程项目进度平衡表。用来明确各种设计文件交付日期，主要设备交货日期，施工单位进场日期，水电及道路接通日期等，以保证工程建设中各个环节相互衔接，确保工程项目按期投产或交付使用。

3. 工程项目年度计划

工程项目年度计划主要包括文字和表格两部分内容。

（1）文字部分。

（2）表格部分。包括年度计划项目表、年度竣工投产交付使用计划表、年度建设资金平衡表和年度设备平衡表。

1）年度计划项目表。用来确定年度施工项目的投资额和年末形象进度，并阐明建设条件（图纸、设备、材料、施工力量）的落实情况。

2）年度竣工投产交付使用计划表。用来阐明各单位工程的建设规模、投资额、新增固定资产、新增生产能力等建设总规模及本年计划完成情况，并阐明其竣工日期。

3）年度建设资金平衡表。

4）年度设备平衡表。

（二）承包单位的计划体系

承包单位的计划体系包括投标时编制的项目管理规划大纲和承包合同签订之后编制的项目管理实施规划。

1. 项目管理规划大纲

项目管理规划大纲是项目管理工作中具有战略性、全局性和宏观性指导文件，由企业管理层在投标时编制。

2. 项目管理实施规划

项目管理实施规划是在开工之前由施工项目经理组织编制，并报企业管理层审批的工程项目管理文件。

二、工程项目施工组织设计

根据现行国家标准《建筑施工组织设计规范》GB 50502，施工组织设计是指以施工项目为对象编制的，用以指导施工的技术、经济和管理的综合性文件。按编制对象不同，施工组织设计包括三个层次，即施工组织总设计、单位工程施工组织设计和施工方案。

（一）施工组织总设计

施工组织总设计是指以若干单位工程组成的群体工程或特大型工程项目为主要对象编制的施工组织设计，对整个工程项目的施工过程起统筹规划、重点控制的作用。

施工组织总设计的主要内容：工程概况、总体施工部署、施工总进度计划、总体施工准备与主要资源配置计划、主要施工方法、施工总平面布置。

施工组织总设计应由施工项目负责人主持编制，应由总承包单位技术负责人负责审批。

工程项目施工过程中，发生下列情形之一时，应及时修改、补充施工组织总设计：

（1）工程设计有重大修改。

（2）有关法律法规、标准的实施、修订或废止。

（3）主要施工方法有重大调整。

（4）主要施工资源配置有重大调整。

（5）施工环境有重大改变。

修改、补充后的施工组织总设计经审批后方可实施。

（二）单位工程施工组织设计

单位工程施工组织设计是指以单位（子单位）工程为主要对象编制的施工组织设计，对单位（子单位）工程的施工过程起指导和制约作用。

单位工程施工组织设计的主要内容为：工程概况、施工部署、施工进度计划、施工准备与资源配置计划、主要施工方案、施工现场平面布置。

单位工程施工组织设计应由施工项目负责人主持编制，应由施工单位技术负责人或其授权的技术人员负责审批。

与施工组织总设计类似，单位工程施工组织设计需要修改、补充的，须经审批后方可实施。

（三）施工方案

施工方案是指以分部（分项）或专项工程为主要对象编制的施工技术与组织方案，用以具体指导分部（分项）或专项工程的施工过程。施工方案不同，施工成本也不相同，应在技术经济分析论证的基础上，编制施工方案。在工程施工过程中，施工方案发生变化，也会引起施工成本的变化。

施工方案应由项目技术负责人审批，重点、难点分部（分项）或专项工程的施工方案应由施工单位技术部门组织相关专家评审，施工单位技术负责人批准。由专业承包单位施工的分部（分项）或专项工程的施工方案，应由专业承包单位技术负责人或其授权的技术人员审批；有总承包单位时，应由总承包单位项目技术负责人核准备案。规模较大的分部（分项）或专项工程的施工方案应按单位工程施工组织设计进行编制和审批。

施工方案包括：工程概况、施工安排、施工进度计划、施工准备与资源配置计划、施工方法及工艺要求。

（四）专项施工方案

根据《建设工程安全生产管理条例》，施工单位应当在危险性较大的分部分项工程施工前编制专项施工方案。

1. 专项施工方案的内容

专项施工方案应当包括以下内容：工程概况、编制依据、施工计划、施工工艺技术、施工安全保证措施、劳动力计划、计算书及相关图纸。

2. 专项施工方案的审查

专项方案应当由施工单位技术部门组织本单位施工技术、安全、质量等部门的专业技术人员进行审核。经审核合格的，由施工单位技术负责人签字。实行施工总承包的，专项施工方案应当由总承包单位技术负责人及相关专业承包单位技术负责人签字。不需要专家论证的专项施工方案，经施工单位审核合格后报监理单位，由项目总监理工程师审核签字。

3. 专项施工方案的论证

超过一定规模的危险性较大的分部分项工程专项施工方案应当由施工单位组织召开专家论证会。实行施工总承包的，由施工总承包单位组织召开专家论证会。

施工组织设计总结：按照表 3.3.2 掌握相应内容。

表 3.3.2 施工组织设计内容

项目	对象	作用	编制主体	审批主体	内容
施工组织总设计					
单位工程施工组织设计					
施工方案					
专项施工方案					

三、工程项目目标控制的内容、措施和方法

（一）目标控制的类型

1. 主动控制

实施主动控制，可以采取以下措施：

（1）详细调查并分析研究外部环境条件，以确定影响目标实现和计划实施的各种有利和不利因素，并将这些因素考虑到计划和其他管理职能之中。

（2）识别风险，努力将各种影响目标实现和计划实施的潜在因素揭示出来，为风险分析和管理提供依据，并在计划实施过程中做好风险管理工作。

（3）用科学的方法制定计划。做好计划可行性分析，消除那些造成资源不可行、技术不可行、经济不可行和财务不可行的各种错误和缺陷，保障工程的实施能够有足够的时间、空间、人力、物力和财力，并在此基础上力求使计划得到优化。事实上，计划制定得越明确、完善，就越能设计出有效的控制系统，也就越能使控制产生更好的效果。

（4）高质量地做好组织工作，使组织与目标和计划高度一致，把目标控制的任务与管理职能落实到适当的机构和人员，做到职权与职责明确，使全体成员能够通力协作，为共同实现目标而努力。

（5）制定必要的备用方案，以对付可能出现的影响目标或计划实现的情况。一旦发生这些情况，因有应急措施作保障，从而可以减少偏离量，或避免发生偏离。

（6）计划应有适当的松弛度，即“计划应留有余地”。这样，可以避免那些经常发生但又不可避免的干扰因素对计划产生影响，减少“例外”情况产生的数量，从而使管

理人员处于主动地位。

（7）沟通信息流通渠道，加强信息收集、整理和研究工作，为预测工程未来发展状况提供全面、及时、可靠的信息。

2. 被动控制

被动控制可以采取以下措施：

（1）应用现代化管理方法和手段跟踪、测试、检查工程实施过程，发现异常情况，及时采取纠偏措施。

（2）明确项目管理组织中过程控制人员的职责，发现情况及时采取措施进行处理。

（3）建立有效的信息反馈系统，及时反馈偏离计划目标值的情况，以便及时采取措施予以纠正。

（二）工程项目目标控制的措施

工程项目目标控制的措施通常可以概括为组织措施、技术措施、经济措施和合同措施四个方面。

（三）工程项目目标控制的主要方法

控制方法因控制目标不同而不同。常用工程项目目标控制方法有以下几种。

1. 网络计划法

网络计划法是一种用于工程进度控制的有效方法，在工程项目目标控制中采用这种方法也有助于工程成本的控制和资源的优化配置。

2. S 曲线法

对一个工程项目而言，如果以横坐标表示时间，纵坐标表示累计完成的工程数量或造价，即可形成一条形如“S”的曲线。

3. 香蕉曲线法

香蕉曲线法的原理与 S 曲线法的原理基本相同，其主要区别在于：香蕉曲线是以工程网络计划为基础绘制的。由于在工程网络计划中，工作的开始时间有最早开始时间和最迟开始时间两种，如果按照工程网络计划中每项工作的最早开始时间绘制整个工程项目的计划累计完成工程量或造价，即可得到一条 S 曲线（ES 曲线）；而如果按照工程网络计划中每项工作的最迟开始时间绘制整个工程项目的计划累计完成工程量或造价，又可得到一条 S 曲线（LS 曲线），两条 S 曲线组合在一起，即成为香蕉曲线。

4. 排列图法

排列图又叫主次因素分析图或帕累托（Pareto）图，是用来寻找影响工程（产品）质量主要因素的一种有效工具。排列图由两个纵坐标、一个横坐标、若干个直方图形和一条曲线组成。其中左边的纵坐标表示频数，右边的纵坐标表示频率，横坐标表示影响质量的各种因素。若干个直方图形分别表示质量影响因素的项目，直方图形的高度则表示影响因素的大小程度，按大小顺序由左向右排列，曲线表示各影响因素大小的累计百分数。这条曲线称为帕累特曲线。

采用排列图分析影响工程（产品）质量的主要因素，可按以下程序进行：

（1）列出影响工程（产品）质量的因素，并统计各影响因素出现的频数和频率。

（2）按质量影响因素出现频数由大到小的顺序，从左至右绘制排列图。

（3）分析排列图，找出影响工程（产品）质量的主要因素。在一般情况下，将影响质量的因素分为三类，累计频率在 0～80% 范围内的因素，称为 A 类因素，是主要因素；在 80%～90% 范围内的为 B 类因素，是次要因素；在 90%～100% 范围内的为 C 类因素，是一般因素。

5. 因果分析图法

因果分析图又叫树枝图或鱼刺图，是用来寻找某种质量问题产生原因的有效工具。

因果分析图的做法是：首先明确质量特性结果，画出质量特性的主干线，也就是明确制作什么质量问题的因果图。如混凝土强度不足，则把它写在右边，从左向右画上带箭头的框线。然后分析确定可能影响质量特性的大原因（大枝），一般有人、机械、材料、方法和环境五个方面。

6. 直方图法

直方图又叫频数分布直方图。它以直方图形的高度表示一定范围内数值所发生的频数，据此可掌握产品质量的波动情况，了解质量特征的分布规律，以便对质量状况进行分析判断。

应用直方图法控制工程（产品）质量的程序如下：

（1）收集质量特征数据，绘制直方图。

（2）对直方图分布状态进行分析，以此判断生产过程是否属于正常状态。当生产条件正常时，直方图应该是中间高，两侧低，左右接近对称的正常型图形，当出现非正常型图形时，就要进一步分析原因，并采取措施加以纠正。常见的非正常型图形有四种类型：

1）折齿型分布。这多数是由于作频数表时，分组不当或组距确定不当所致。

2）绝壁型分布。直方图的分布中心偏向一侧，通常是因操作者的主观因素所造成。

3）孤岛型分布。出现孤立的小直方图，这是由于少量材料不合格，或短时间内工人操作不熟练所造成。

4）双峰型分布。一般是由于在抽样检查以前，数据分类工作不够好，使两个分布混淆在 起所造成。

（3）当出现质量问题时，可进一步利用排列图、因果分析图、相关图等寻找产生质量问题的原因，并采取有效措施，使工程质量达到预定要求。

7. 控制图法

当控制图中的点子满足以下两个条件时，即可认为生产过程基本上处于控制状态，即生产正常：一是点子没有跳出控制界限；二是点子随机排列且没有缺陷。否则，就认为生产过程发生了异常变化。这里所说的点子在控制界限内排列有缺陷，包括以下几种情况：

（1）点子连续在中心线一侧出现 7 个以上。

（2）连续 7 个以上的点子上升或下降。

（3）点子在中心线一侧多次出现，如连续 11 个点中至少有 10 个点在同一侧；或连续 14 个点中至少有 12 个点、连续 17 个点中至少有 14 个点、连续 20 个点中至少有 16 个点出现在同一侧。

（4）点子接近控制界限，如连续 3 个点中至少有 2 个点落在二倍标准偏差与三倍标准偏差控制界限之间；或连续 7 个点中至少有 3 个点、连续 10 个点中至少有 4 个点落在二倍标准偏差与三倍标准偏差控制界限之间。

（5）点子出现周期性波动。

第四节 流水施工组织方法

真题解析

一、2023年考题

1. 建设工程组织流水施工时，用以表达流水施工在空间布置上开展状态的参数是（　　）。

A. 施工段和流水节拍　　B. 流水节拍和施工过程

C. 施工过程和工作面　　D. 工作面和施工段

【答案】D

【解析】空间参数是指在组织流水施工时，用以表达流水施工在空间布置上开展状态的参数。通常包括工作面和施工段。施工过程和流水节拍分别是工艺参数和时间参数。

【考点】流水施工的特点和参数——流水施工参数——空间参数。

2. 4个施工过程，5个施工段成倍节拍流水施工，每个施工过程的流水节拍分别是2天、4天、6天、4天，需要（　　）个专业施工队。

A. 8　　B. 6　　C. 5　　D. 4

【答案】A

【解析】4个施工过程流水节拍最大公约数是2，分别用流水节拍除以2，即2/2=1、4/2=2、6/2=3、4/2=2，专业施工队总数：1+2+3+2=8。

【考点】流水施工基本组织方式——有节奏流水施工——异节奏流水施工（成倍节拍流水施工）。

二、2022年考题

1. 横道图的横轴和纵轴分别表示（　　）。

A. 工程进度，施工过程　　B. 工程进度，施工段

C. 施工过程，施工段　　D. 工作面，施工段

【答案】A

【解析】某基础工程流水施工的横道图表示法。横坐标表示流水施工的持续时间；纵坐标表示施工过程的名称或编号。n 条带有编号的水平线段表示 n 个施工过程或专业工作队的施工进度安排，其编号①，②…表示不同的施工段。

【考点】流水施工的特点和参数——流水施工的表达方法——横道图表示法。

2. 专业工作队在各个施工段上的劳动量要大致相等，其相差幅度不宜超过（　　）。

A. 5%　　B. 10%～15%

C. 15%～20%　　D. 20%～25%

【答案】B

【解析】划分施工段的原则，其中，同一专业工作队在各个施工段上的劳动量应大致相等，相差幅度不宜超过 10%～15%。

【考点】流水施工的特点和参数——流水施工参数——空间参数（施工段）。

3. 某固定节拍流水施工，施工过程 m=3，施工段 n=4，流水节拍 t=2，施工过程①和施工过程②之间组织间歇 1 天，该流水施工总工期为（　　）天。

A. 10　　B. 11

C. 12　　D. 13

【答案】D

【解析】固定节拍流水施工总工期 $=(m+n-1)\times t+\sum G+\sum Z=(3+4-1)\times 2+1=13$（天）。

【考点】流水施工的基本组织方式——有节奏流水施工——等节奏流水施工。

4. 组织流水施工时，表达流水施工所处状态时间安排的参数是（　　）。

A. 流水强度　　B. 流水节拍

C. 流水步距　　D. 流水施工工期

E. 总自由时差

【答案】BCD

【解析】时间参数是指在组织流水施工时，用以表达流水施工在时间安排上所处状态的参数，主要包括流水节拍、流水步距和流水施工工期等。选项 A 属于工艺参数，选项 E 是网络计划技术的内容，没有干扰性。

【考点】流水施工的特点和参数——流水施工参数——时间参数。

三、2021 年考题

1. 钢筋绑扎与混凝土浇筑之间的流水步距为（　　）。

	模板	钢筋绑扎	混凝土浇筑
第一区	5	4	2
第二区	4	5	3
第三区	4	6	2

A. 2　　B. 5　　C. 8　　D. 10

【答案】D

【解析】（1）求各施工过程流水节拍的累加数：

钢筋绑扎：4，9，15

混凝土浇筑：2，5，7

（2）错位相减求得差数列：

钢筋绑扎与混凝土浇筑：4，9，15

$$\begin{array}{r} 4,\ 9,\ 15 \\ -)\quad 2,\ 5,\ 7 \\ \hline 4,\ 7,\ 10,\ -7 \end{array}$$

（3）在差数列中取最大值求得流水步距。施工过程钢筋绑扎与混凝土浇筑之间的流水步距：K=max（4，7，10，-7）=10。

【考点】流水施工的基本组织方式——非节奏流水施工——流水步距的确定。

2. 关于流水施工方式特点的说法，正确的是（　　）。

A. 施工工期较短，可以尽早发挥项目的投资效益

B. 实现专业化生产，可以提高施工技术水平和劳动生产率

C. 工人连续施工，可以充分发挥施工机械和劳动力的生产效率

D. 提高工程质量，可以增加建设单位的使用寿命

E. 工作队伍较多，可能增加总承包单位的成本

【答案】ABCD

【解析】流水施工方式的特点：①施工工期较短，可以尽早发挥投资效益；②实现专业化生产，可以提高施工技术水平和劳动生产率；③连续施工，可以充分发挥施工机械和劳动力的生产效率；④提高工程质量，可以增加建设工程的使用寿命，节约使用过程中的维修费用；⑤降低工程成本，可以提高承包单位的经济效益。

【考点】流水施工的特点和参数——流水施工的特点。

3. 下列流水施工参数中，属于空间参数的有（　　）。

A. 流水步距　　B. 工作面

C. 流水强度　　D. 施工过程

E. 施工段

【答案】BE

【解析】空间参数是指在组织流水施工时，用以表达流水施工在空间布置上开展状态的参数，通常包括工作面和施工段。

【考点】流水施工的特点和参数——流水施工参数——空间参数。

四、2020 年考题

建设工程组织流水施工时，用来表达流水施工在施工工艺方面进展状态的参数是（　　）。

A. 流水强度和施工过程　　B. 流水节拍和施工段

C. 工作面和施工过程　　D. 流水步距和施工段

【答案】A

【解析】工艺参数主要是指在组织流水施工时，用以表达流水施工在施工工艺方面进展状态的参数，通常包括施工过程和流水强度两个参数。

【考点】流水施工的特点和参数——流水施工参数——工艺参数。

五、2019 年考题

1. 建设工程组织流水施工时，用以表达流水施工在施工工艺方面的参数包括（　　）。

A. 施工段和流水步距　　B. 流水步距和施工过程

C. 施工过程和流水强度　　D. 施工强度和施工段

【答案】C

【解析】工艺参数主要是指在组织流水施工时，用以表达流水施工在施工工艺方面进展状态的参数，通常包括施工过程和流水强度两个参数。

【考点】流水施工的特点和参数——流水施工参数——工艺参数。

2. 工程项目有 3 个施工过程，4 个施工段，施工过程在施工段上的流水节拍分别为 4、2、4，组织成倍节拍流水施工，则流水施工工期为（　　）天。

A. 10　　B. 12　　C. 16　　D. 18

【答案】C

【解析】流水步距是流水节拍的最大公约数为 2。

专业工作队数为 4 ÷ 2+2 ÷ 2+4 ÷ 2=5。

总工期 =（4+5−1）× 2=16（天）。

【考点】流水施工的基本组织方式——有节奏流水施工——异节奏流水施工——施工工期确定。

3. 建设工程组织固定节拍流水施工的特点有（　　）。

A. 专业工作队数大于施工过程数

B. 施工段之间没有空闲时间

C. 相邻施工过程的流水步距相等

D. 各施工段上的流水节拍相等

E. 各专业工作队能够在各施工段上连续作业

【答案】BCDE

【解析】固定节拍流水施工是一种最理想的流水施工方式，其特点如下：

（1）所有施工过程在各个施工段上的流水节拍均相等。

（2）相邻施工过程的流水步距相等，且等于流水节拍。

（3）专业工作队数等于施工过程数，即每一个施工过程成立一个专业工作队，由该队完成相应施工过程所有施工段上的任务。

（4）各个专业工作队在各施工段上能够连续作业，施工段之间没有空闲时间。

【考点】流水施工的基本组织方式——有节奏流水施工——等节奏流水施工。

考点统计

本节主要考查对流水施工组织方法的掌握情况，分为流水施工的特点和参数、流水施工的基本组织方式两大方面。2019—2023 年共考核了 13 道题，见表 3.4.1。

表 3.4.1　第三章第四节考点的考核频次表

序号	知识点	具体考点	考核频次
1	流水施工的特点和参数	流水施工的特点	1
		流水施工的表达方式	1
		工艺参数	2

续表 3.4.1

序号	知识点	具体考点	考核频次
1	流水施工的特点和参数	空间参数	3
		时间参数	1
2	流水施工的基本组织方式	有节奏流水施工（等节奏、异节奏）	4
		非节奏流水施工（流水步距、施工工期）	1

知识点凝练

一、流水施工参数

流水施工参数是指组织流水施工时，用来描述工艺流程、空间布置和时间安排等方面的状态参数，包括工艺参数、空间参数和时间参数。

1. 工艺参数

工艺参数主要是指在组织流水施工时，用以表达流水施工在施工工艺方面进展状态的参数，通常包括施工过程和流水强度两个参数。

（1）施工过程。组织建设工程流水施工时，根据施工组织及计划安排需要而将计划任务划分成的子项称为施工过程。

施工过程的数目一般用 n 表示，它是流水施工的主要参数之一。根据其性质和特点不同，施工过程一般分为三类，即建造类施工过程、运输类施工过程和制备类施工过程。

（2）流水强度。流水强度是指流水施工的某施工过程（队）在单位时间内所完成的工程量，也称为流水能力或生产能力。例如，浇筑混凝土施工过程的流水强度是指每工作班浇筑的混凝土立方数。

2. 空间参数

空间参数是指在组织流水施工时，用以表达流水施工在空间布置上开展状态的参数。通常包括工作面和施工段。

（1）工作面。工作面是指供某专业工种的工人或某种施工机械进行施工的活动空间。工作面的大小，表明能安排施工人数或机械台数的多少。每个作业的工人或每台施工机械所需工作面的大小，取决于单位时间内其完成的工程量和安全施工的要求。

（2）施工段。将施工对象在平面或空间上划分成若干个劳动量大致相等的施工段落，称为施工段或流水段。施工段的数目一般用 m 表示，它是流水施工的主要参数之一。

划分施工段的目的就是组织流水施工。

划分施工段的原则：

1）同一专业工作队在各个施工段上的劳动量应大致相等，相差幅度不宜超过 10%～15%。

2）每个施工段内要有足够的工作面，以保证相应数量的工人、主导施工机械的生产效率，满足合理劳动组织的要求。

3）施工段的界限应尽可能与结构界限（如沉降缝、伸缩缝等）相吻合，或设在对建筑结构整体性影响小的部位，以保证建筑结构的整体性。

4）施工段的数目要满足合理组织流水施工的要求。施工段数目过多，会降低施工速度，延长工期；施工段过少，不利于充分利用工作面，可能造成窝工。

5）对于多层建筑物、构筑物或需要分层施工的工程，应既分施工段，又分施工层，各专业工作队依次完成第一施工层中各施工段任务后，再转入第二施工层的施工段上作业，依此类推，以确保相应专业队在施工段与施工层之间组织连续、均衡、有节奏的流水施工。

3. 时间参数

时间参数是指在组织流水施工时，用以表达流水施工在时间安排上所处状态的参数，主要包括流水节拍、流水步距和流水施工工期等。

（1）流水节拍。流水节拍是指在组织流水施工时，某个专业工作队在一个施工段上的施工时间。

流水节拍可分别按下列方法确定：

1）定额计算法。

2）经验估算法。

（2）流水步距。流水步距是指组织流水施工时，相邻两个施工过程（或专业工作队）相继开始施工的最小间隔时间。

（3）流水施工工期。流水施工工期是指从第一个专业工作队投入流水施工开始，到最后一个专业工作队完成流水施工为止的整个持续时间。由于一项建设工程往往包含有许多流水组，故流水施工工期一般均不是整个工程的总工期。

二、流水施工的基本组织方式

按照流水节拍的特征，可将流水施工分为两大类，即有节奏流水施工和非节奏流水施工。

（一）有节奏流水施工

有节奏流水施工是指在组织流水施工时，每一个施工过程在各个施工段上的流水节拍都各自相等的流水施工，它分为等节奏流水施工和异节奏流水施工。

1. 等节奏流水施工

等节奏流水施工是指在有节奏流水施工中，各施工过程的流水节拍都相等的流水施工，也称为固定节拍流水施工或全等节拍流水施工。

（1）固定节拍流水施工的特点。固定节拍流水施工是一种最理想的流水施工方式，其特点如下：

1）所有施工过程在各个施工段上的流水节拍均相等。

2）相邻施工过程的流水步距相等，且等于流水节拍。

3）专业工作队数等于施工过程数，即每一个施工过程成立一个专业工作队，由该队完成相应施工过程所有施工段上的任务。

4）各个专业工作队在各施工段上能够连续作业，施工段之间没有空闲时间。

（2）固定节拍流水施工工期。

1）有间歇时间的固定节拍流水施工。

2）有提前插入时间的固定节拍流水施工。所谓提前插入时间，是指相邻两个专业工作队在同一施工段上共同作业的时间。

2. 异节奏流水施工

异节奏流水施工是指在有节奏流水施工中，各施工过程的流水节拍各自相等而不同施工过程之间的流水节拍不尽相等的流水施工。在组织异节奏流水施工时，又可以采用异步距和等步距两种方式。

（1）异步距异节奏流水施工。异步距异节奏流水施工是指在组织异节奏流水施工时，每个施工过程成立一个专业工作队，由其完成各施工段任务的流水施工。异步距异节奏流水施工的特点如下：

1）同一施工过程在各个施工段上的流水节拍均相等，不同施工过程之间的流水节拍不尽相等。

2）相邻施工过程之间的流水步距不尽相等。

3）专业工作队数等于施工过程数。

4）各个专业工作队在施工段上能够连续作业，施工段之间没有空闲时间。

（2）等步距异节奏流水施工。等步距异节奏流水施工是指在组织异节奏流水施工时，按每个施工过程流水节拍之间的比例关系，成立相应数量的专业工作队而进行的流水施工，也称为成倍节拍流水施工。成倍节拍流水施工的特点如下：

1）同一施工过程在其各个施工段上的流水节拍均相等；不同施工过程的流水节拍不等，但其值为倍数关系。

2）相邻施工过程的流水步距相等，且等于流水节拍的最大公约数（K）。

3）专业工作队数大于施工过程数，即有的施工过程只成立一个专业工作队，而对于流水节拍大的施工过程，可按其倍数增加相应专业工作队数目。

4）各个专业工作队在施工段上能够连续作业，施工段之间没有空闲时间。

（二）非节奏流水施工

非节奏流水施工是指在组织流水施工时，全部或部分施工过程在各个施工段上的流水节拍不相等的流水施工。这种施工是流水施工中最常见的一种。

1. 非节奏流水施工的特点

（1）各施工过程在各施工段的流水节拍不全相等。

（2）相邻施工过程的流水步距不尽相等。

（3）专业工作队数等于施工过程数。

（4）各专业工作队能够在施工段上连续作业，但有的施工段之间可能有空闲时间。

2. 流水步距的确定

在非节奏流水施工中，通常采用累加数列错位相减取大差法计算流水步距。由于这种方法是由潘特考夫斯基（译音）首先提出的，故又称为潘特考夫斯基法。这种方法简捷、准确，便于掌握。

累加数列错位相减取大差法的基本步骤如下：

（1）对每一个施工过程在各施工段上的流水节拍依次累加，求得各施工过程流水节拍的累加数列。

（2）将相邻施工过程流水节拍累加数列中的后者错后一位，相减后求得一个差数列。

（3）在差数列中取最大值，即为这两个相邻施工过程的流水步距。

第五节　工程网络计划技术

真题解析

一、2023 年考题

1. 如图所示，该网络计划中关键线路有（　　）条。

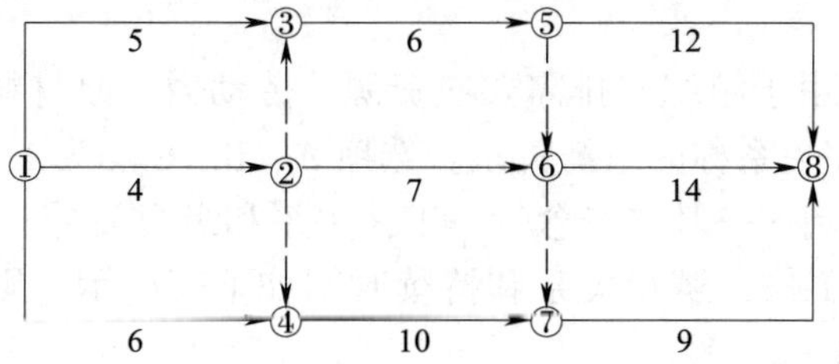

A. 1　　B. 2　　C. 3　　D. 4

【答案】 C

【解析】 列出所有线路，并计算出持续时间，其中持续时间最长的线路关键线路为关键线路，为 1–2–6–8、1–3–5–6–8、1–4–7–8，共 3 条。

【考点】 网络图绘制——基本概念——关键线路。

2. 某工程网络计划中，工作 M 的总时差为 6 天，自由时差为 3 天。该计划执行中，工作 M 的实际进度拖后 5 天。工作 M 实际进度产生的影响是（　　）。

A. 紧后工作最早开始时间推迟 1 天，但不影响总工期

B. 紧后工作最早开始时间推迟 2 天，但不影响总工期

C. 紧后工作最早开始时间推迟 3 天，影响总工期 1 天

D. 紧后工作最早开始时间推迟 3 天，影响总工期 2 天

【答案】 B

【解析】 首先要理解总时差和自由时差的概念，根据概念，5–3=2，影响紧后工作 2 天，5–6=–1，不影响总工期。

【考点】 网络时间参数计算——时间参数的基本概念——工作的六个时间参数——总时差和自由时差。

3. 工程网络计划工期优化过程中，为达到缩短工期的目的，应选择（　　）的关键工作作为压缩对象。

A. 单位时间消耗资源最少　　B. 缩短持续时间对质量和安全影响不大
C. 缩短持续时间所需增加费用最少　　D. 工作面可挖掘利用
E. 有充足备用资源
【答案】BCE
【解析】选择压缩对象时宜在关键工作中考虑下列因素：
（1）缩短持续时间对质量和安全影响不大的工作。
（2）有充足备用资源的工作。
（3）缩短持续时间所需增加的费用最少的工作。
【考点】网络计划优化——工期优化。

二、2022 年考题

1. 某两段施工过程，顺序都为基坑开挖→基础砌筑→土方回填，下列属于组织关系的是（　　）。
A. 基坑开挖 1 →基础砌筑 1　　B. 基础砌筑 2 →土方回填 2
C. 基坑开挖 1 →土方回填 1　　D. 基坑开挖 1 →基坑开挖 2
【答案】D
【解析】工作之间由于组织安排需要或资源（劳动力、原材料、施工机具等）调配需要而规定的先后顺序关系称为组织关系。选项 A、B、C 均为工艺关系。
【考点】网络图绘制——基本概念——工艺关系和组织关系。

2. 某项目有 6 项工作，逻辑关系和持续时间如下表所示，则该项目有（　　）条关键线路，总工期为（　　）。

工作名称	K	L	M	P	Q	R
紧前工作	—	—	—	K	P	K、L、M
持续时间	6	6	5	4	3	8

A. 1、13　　B. 1、14　　C. 2、13　　D. 2、14
【答案】D
【解析】如下图所示，该项目有①③④⑥、①②③④⑥两条关键线路，总工期为 6+8=14。

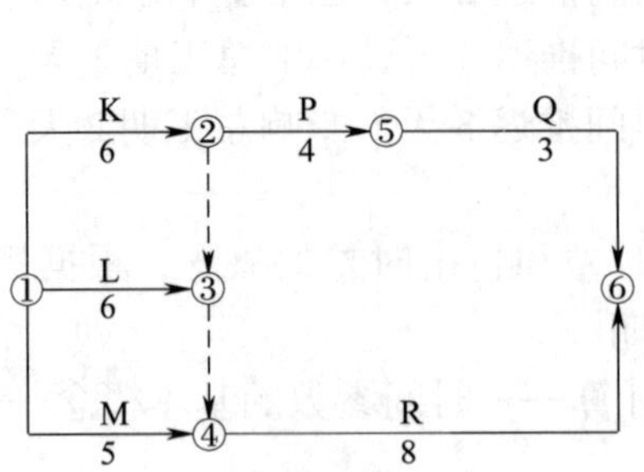

【考点】网络计划时间参数计算——关键线路、总工期。

3. 双代号时标网络计划中，某工作有 3 项紧后工作，这 3 项紧后工作所谓总时差分别为 3、5、2，该工作与 3 项紧后工作的时间间隔为 2、1、2，则该工作的总时差是（ ）。

A. 2　　B. 4　　C. 5　　D. 6

【答案】B

【解析】该工作总时差等于其紧后工作的总时差加本工作与该紧后工作之间的时间间隔所得之和的最小值，即：

$$TF_{i-j}=\min\{TF_{j-k}+LAG_{i-j,\ j-k}\}=\min\{3+2，5+1，2+2\}=4$$

【考点】网络计划时间参数计算——工作总时差。

4. 实际进度延后影响总工期，需调整进度计划，有效的调整方式是（ ）。

A. 加强管理，提高关键工作质量控制，减少返工

B. 不增加投入，将关键工作顺序作业改为搭接作业

C. 不增加投入，将关键工作平行作业改为顺序作业

D. 增加投入，缩短关键工作持续时间

E. 增加投入，缩短非关键工作持续时间

【答案】BD

【解析】当实际进度偏差影响到后续工作、总工期而需要调整进度计划时，其调整方法主要有两种。

（1）改变某些工作之间的逻辑关系。当工程项目实施中产生的进度偏差影响到总工期，且有关工作的逻辑关系允许改变时，可以改变关键线路和超过计划工期的非关键线路上的有关工作之间的逻辑关系，达到缩短工期的目的。例如，将顺序进行的工作改为平行作业、搭接作业以及分段组织流水作业等（选项 B），都可以有效地缩短工期。

（2）缩短某些工作的持续时间。这种方法是不改变工程项目中各项工作之间的逻辑关系，而通过采取增加资源投入、提高劳动效率等措施来缩短某些工作的持续时间，使工程进度加快，以保证按计划工期完成该工程项目。这些被压缩持续时间的工作是位于关键线路（选项 D）和超过计划工期的非关键线路上的工作。同时，这些工作又是其持续时间可被压缩的工作。这种调整通常可以在网络计划图上直接进行。

选项 A，不是进度计划调整的工作；选项 C，将关键工作平行作业改为顺序作业会延长作业时间；选项 E，增加投入，压缩超过计划工期的非关键线路上的工作。

【考点】网络计划执行中的控制——网络计划调整。

三、2021 年考题

1. 下表为工作和紧前工作内容，用双代号网络图绘制，至少有（ ）条虚箭线。

工作名称	A	B	C	D	E	F	G	H
紧前工作	—	—	—	A	A、B、C	C	D、E	E、F

A. 1　　B. 2　　C. 4　　D. 6

【答案】C

【解析】根据双代号网络图的绘图方法，依据逻辑关系表绘图如下。

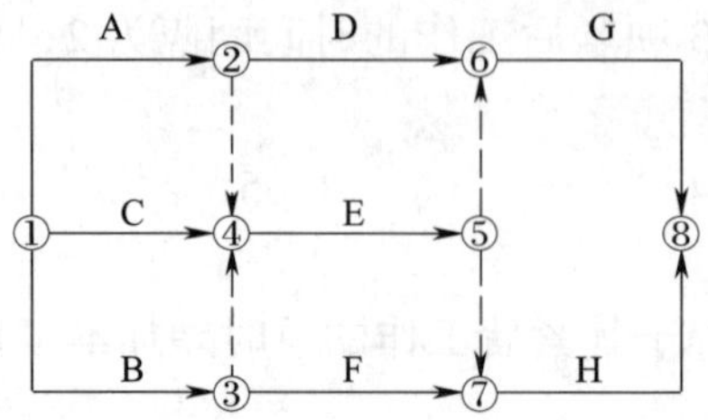

【考点】网络图绘制——网络图的绘制规则与方法——双代号网络图的绘制规则和方法。

2. 已知某工作最早开始时间为 15，最早完成为 19，最迟完成为 22，紧后工作的最早开始时间为 20，则该工作最迟开始时间和自由时差为（　　）。

A. 18；1　　B. 18；3　　C. 19；1　　D. 19；3

【答案】A

【解析】该工作的持续时间 =19−15=4，因此，最迟开始时间 =22−4=18，自由时差 = 20−19=1。

【考点】网络计划时间参数计算——双代号网络计划时间参数的计算方法。

3. 某工程项目由 A、B、C、D、E、F、G 工作组成。逻辑关系和持续时间见下表。用单代号进行进度计划，时间间隔的最大值是（　　）。

项目	A	B	C	D	E	F	G
紧前工作	—	—	A	A、B	B	C、D	D、E
持续时间	5	7	8	9	13	10	8

A. 1　　B. 2　　C. 3　　D. 4

【答案】D

【解析】如下图所示，相邻两项工作之间的时间间隔是指其紧后工作的最早开始时间与本工作最早完成时间的差值，A 工作的最早开始时间为 0，最早完成时间是 5；B 工作的最早开始时间是 0，最早完成时间是 7；C 工作的最早开始时间是 5，最早完成

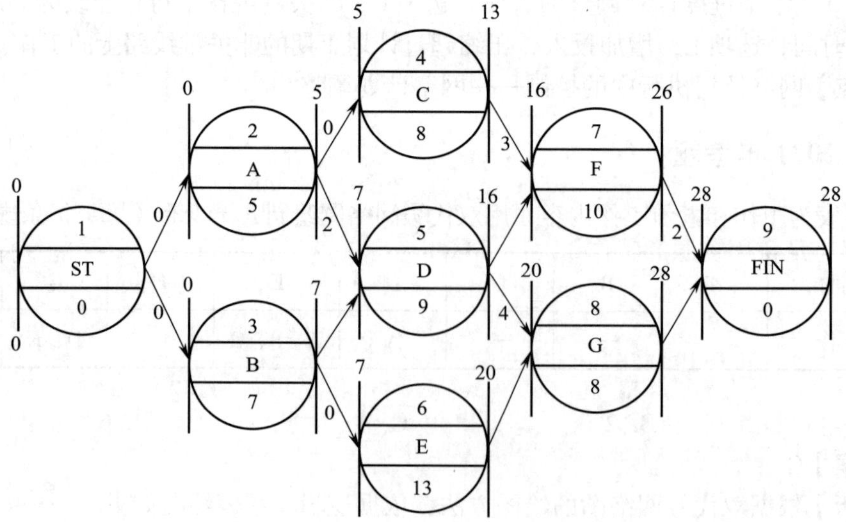

时间是 13，A 工作与 C 工作的时间间隔为 5-5=0；D 工作的最早开始时间为 7，最早完成时间为 16，D 工作与 A 工作的时间间隔为 7-5=2，D 工作与 B 工作的时间间隔为 7-7=0；E 工作的最早开始时间为 7，最早完成时间为 20，E 工作与 B 工作的时间间隔为 7-7=0；F 工作的最早开始时间为 16，最早完成时间为 26，F 工作与 C 工作的时间间隔为 16-13=3，F 工作与 D 工作的时间间隔为 16-16=0；G 工作的最早开始时间为 20，最早完成时间为 28，G 工作与 D 工作的时间间隔为 20-16=4，G 工作与 E 工作的时间间隔为 20-20=0。比较各个时间间隔，时间间隔的最大值为 4。

【考点】网络计划时间参数计算——单代号网络计划时间参数的计算方法。

4. 工程项目网络计划的费用优化是寻求工程总成本最低时的工期安排或按要求工期寻求最低成本的计划安排的过程，该优化过程通常假定工作的直接费与其持续时间之间的关系可被近似地认为是（ ）。

A. 一条平行于横坐标的直线　　B. 一条下降的直线

C. 一条上升的直线　　D. 一条上凸的曲线

【答案】B

【解析】工作的直接费与持续时间之间的关系类似于工程直接费与工期之间的关系，工作的直接费随着持续时间的缩短而增加，如下图所示。为简化计算，工作的直接费与持续时间之间的关系被近似地认为呈直线关系。

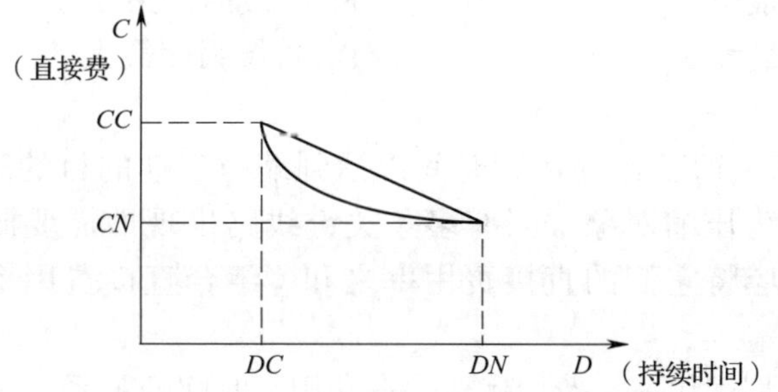

DN—工作的正常持续时间；*CN*—按正常持续时间完成工作时所需的直接费；
DC—工作的最短持续时间；*CC*—按最短持续时间完成工作时所需的直接费

【考点】网络计划优化——费用优化——费用与时间的关系。

5. 当工程项目网络计划的计算工期不能满足要求工期时，需压缩关键工作的持续时间，此时可选的关键工作有（ ）。

A. 持续时间长的工作　　B. 紧后工作较多的工作

C. 对质量和安全影响不大的工作　　D. 所需增加的费用最少的工作

E. 有充足备用资源的工作

【答案】CDE

【解析】选择压缩对象时，宜在关键工作中考虑下列因素：

（1）缩短持续时间对质量和安全影响不大的工作。

（2）有充足备用资源的工作。

（3）缩短持续时间所需增加的费用最少的工作。

【考点】网络计划优化——工期优化。

四、2020 年考题

1. 某工程网络计划执行过程中，工作 M 的实际进度拖后的时间已超过其自由时差，但未超过总时差，则工作 M 实际进度拖后产生的影响是（　　）。

A. 既不影响后续工作的正常进行，也不影响总工期

B. 影响紧后工作的最早开始时间，但不影响总工期

C. 影响紧后工作的最迟开始时间，同时影响总工期

D. 影响紧后工作的最迟开始时间，但不影响总工期

【答案】B

【解析】工作的自由时差是指在不影响其紧后工作最早开始时间的前提下，本工作可以利用的机动时间。工作的总时差是指在不影响总工期的前提下，本工作可以利用的机动时间。根据概念，工作 M 的实际进度拖后的时间已超过其自由时差，说明影响紧后工作的最早开始时间，但未超过总时差，说明不影响总工期。

【考点】网络计划时间参数计算——时间参数的基本概念——工作的六个时间参数。

2. 工程网络计划费用优化中，应将（　　）的关键工作作为压缩持续时间的对象。

A. 直接费用率最小　　B. 持续时间最长

C. 直接费用率最大　　D. 资源强度最大

【答案】A

【解析】在压缩关键工作的持续时间以达到缩短工期的目的时，应将直接费用率最小的关键工作作为压缩对象。当有多条关键线路出现而需要同时压缩多个关键工作的持续时间时，应将它们的直接费用率之和（组合直接费用率）最小者作为压缩对象。

【考点】网络计划优化——费用优化——费用与时间的关系。

五、2019 年考题

1. 双代号网络计划中，关于关键节点的说法正确的是（　　）。

A. 关键工作两端等节点必然是关键节点

B. 关键节点的最早时间与最迟时间必然相等

C. 关键节点组成的线路必然是关键线路

D. 两端口关键节点的工作必然是关键工作

【答案】A

【解析】关键工作两端的节点必为关键节点，但两端为关键节点的工作不一定是关键工作。关键节点的最迟时间与最早时间的差值最小。特别是当网络计划的计划工期等于计算工期时，关键节点的最早时间与最迟时间必然相等。关键节点必然处在关键线路上，但由关键节点组成的线路不一定是关键线路。

【考点】网络计划时间参数计算——关键线路与关键工作。

2. 工程网络计划优化是指（　　）的过程。

A. 寻求工程总成本最低时工期安排
B. 使计算工期满足要求工期
C. 按要求工期寻求最低成本
D. 在工期保持不变的条件下使资源需用量最少
E. 在满足资源限制条件下使工期延长最少

【答案】ABCE

【解析】所谓工期优化，是指网络计划的计算工期不满足要求工期时，通过压缩关键工作的持续时间以满足要求工期目标的过程。费用优化又称工期成本优化，是指寻求工程总成本最低时的工期安排，或按要求工期寻求最低成本的计划安排的过程。资源是指为完成一项计划任务所需投入的人力、材料、机械设备和资金等。完成一项工程任务所需要的资源量基本上是不变的，不可能通过资源优化将其减少。资源优化的目的是通过改变工作的开始时间和完成时间，使资源按照时间的分布符合优化目标。在通常情况下，网络计划的资源优化分为两种，即“资源有限，工期最短”的优化和“工期固定，资源均衡”的优化。前者是通过调整计划安排，在满足资源限制条件下，使工期延长最少的过程；而后者是通过调整计划安排，在工期保持不变的条件下，使资源需用量尽可能均衡的过程。

【考点】网络计划优化——工期优化、费用优化、资源优化。

考点统计

本节主要考查对网络图绘制、网络计划时间参数计算、双代号时标网络计划、网络计划优化、网络计划执行中的控制的理解和掌握情况。2019—2023 年共考核 16 道题，见表 3.5.1。

表 3.5.1　第三章第五节考点考核频次表

序号	知识点	具体考点	考核频次
1	网络图的绘制	工艺关系和组织关系	1
		双代号网络图的绘图方法	1
		关键线路	1
2	网络计划时间参数	工作的总时差、自由时差	5
		关键工作、关键线路	2
3	网络计划优化	网络计划优化的含义	1
		工期优化	2
		费用优化	2
4	网络计划执行中的控制	网络计划调整	1

知识点凝练

一、网络图的绘制

（一）基本概念

（1）网络图和工作。网络图是由箭线和节点组成，用来表示工作流程的有向、有序网状图形。

（2）工艺关系和组织关系。工艺关系和组织关系是工作之间先后顺序关系——逻辑关系的组成部分。

（3）紧前工作、紧后工作和平行工作。

（4）先行工作和后续工作。

（5）线路、关键线路和关键工作。

1）线路。网络图中从起点节点开始，沿箭头方向顺序通过一系列箭线与节点，最后到达终点节点的通路称为线路。

2）关键线路和关键工作。在关键线路法（CPM）中，线路上所有工作的持续时间总和称为该线路的总持续时间。总持续时间最长的线路称为关键线路，关键线路的长度就是网络计划的总工期。

说明：在网络计划中，关键线路可能不止一条，而且在网络计划执行过程中，关键线路还会发生转移。

关键线路上的工作称为关键工作。在网络计划的实施过程中，关键工作的实际进度提前或拖后，均会对总工期产生影响。

（二）网络图的绘制规则和方法

在绘制双代号网络图时，一般应遵循以下基本规则：

（1）网络图必须按照已定的逻辑关系绘制。

（2）网络图中严禁出现从一个节点出发，顺箭头方向又回到原出发点的循环回路。

（3）网络图中的箭线（包括虚箭线，以下同）应保持自左向右的方向，不应出现箭头指向左方的水平箭线和箭头偏向左方的斜向箭线。若遵循该规则绘制网络图，就不会出现循环回路。

（4）网络图中严禁出现双向箭头和无箭头的连线。

（5）网络图中严禁出现没有箭尾节点的箭线和没有箭头节点的箭线。

（6）严禁在箭线上引入或引出箭线。

（7）应尽量避免网络图中工作箭线的交叉。

（8）网络图中应只有一个起点节点和一个终点节点（任务中部分工作需要分期完成的网络计划除外）。

二、网络计划时间参数的计算

（一）时间参数的基本概念

所谓时间参数，是指网络计划、工作及节点所具有的各种时间值。

1. 工作持续时间和工期

（1）工作持续时间。工作持续时间是指一项工作从开始到完成的时间。在双代号网络计划中，工作 i–j 的持续时间用 D_{i-j} 表示；在单代号网络计划中，工作 i 的持续时间用 D_i 表示。

（2）工期。工期泛指完成一项任务所需要的时间。在网络计划中，工期一般有以下三种：

1）计算工期。计算工期是根据网络计划时间参数计算而得到的工期，用 T_c 表示。

2）要求工期。要求工期是任务委托人所提出的指令性工期，用 T_r 表示。

3）计划工期。计划工期是指根据要求工期和计算工期所确定的作为实施目标的工期，用 T_p 表示。

当已规定了要求工期时，计划工期不应超过要求工期，即 $T_p \leqslant T_r$。

当未规定要求工期时，可令计划工期等于计算工期，即 $T_p=T_c$。

2. 工作的六个时间参数

除工作持续时间外，网络计划中工作的六个时间参数是：最早开始时间、最早完成时间、最迟完成时间、最迟开始时间、总时差和自由时差。

（1）最早开始时间和最早完成时间。工作的最早开始时间是指在其所有紧前工作全部完成后，本工作有可能开始的最早时刻。工作的最早完成时间是指在其所有紧前工作全部完成后，本工作有可能完成的最早时刻。工作的最早完成时间等于本工作的最早开始时间与其持续时间之和。

（2）最迟完成时间和最迟开始时间。工作的最迟完成时间是指在不影响整个任务按期完成的前提下，本工作必须完成的最迟时刻。工作的最迟开始时间是指在不影响整个任务按期完成的前提下，本工作必须开始的最迟时刻。工作的最迟开始时间等于本工作的最迟完成时间与其持续时间之差。

（3）总时差和自由时差。工作的总时差是指在不影响总工期的前提下，本工作可以利用的机动时间。在双代号网络计划中，工作 i–j 的总时差用 TF_{i-j} 表示；在单代号网络计划中，工作 i 的总时差用 TF_i 表示。

从总时差和自由时差的定义可知，对于同一项工作而言，自由时差不会超过总时差。当工作的总时差为零时，其自由时差必然为零。

在网络计划的执行过程中，工作的自由时差是该工作可以自由使用的时间。如果利用某项工作的总时差，则有可能使该工作后续工作的总时差减小。

3. 节点最早时间和最迟时间

（1）节点最早时间。节点最早时间是指在双代号网络计划中，以该节点为开始节点的各项工作的最早开始时间。节点 i 的最早时间用 ET_i 表示。

（2）节点最迟时间。节点最迟时间是指在双代号网络计划中，以该节点为完成节点的各项工作的最迟完成时间。节点 j 的最迟时间用 LT_j 表示。

4. 相邻两项工作之间的时间间隔

相邻两项工作之间的时间间隔是指本工作的最早完成时间与其紧后工作最早开始时间之间可能存在的差值。工作 i 与工作 j 之间的时间间隔用 $LAG_{i,j}$ 表示。

（二）双代号网络计划时间参数的计算方法

1. 按工作计算法

（1）计算工作的最早开始时间和最早完成时间。

1）以网络计划起点节点为开始节点的工作，当未规定其最早开始时间时，其最早开始时间为零。

2）$EF_{i-j}=ES_{i-j}+D_{i-j}$。

3）$ES_{i-j}=\max\{EF_{h-i}\}=\max\{ES_{h-i}+D_{h-i}\}$。

4）$T_c=\max\{EF_{i-n}\}=\max\{ES_{i-n}+D_{i-n}\}$。

（2）确定网络计划的计划工期。

（3）计算工作的最迟完成时间和最迟开始时间。工作最迟完成时间和最迟开始时间的计算应从网络计划的终点节点开始，逆着箭线方向依次进行。

1）$LF_{i-n}=T_p$。

2）$LS_{i-j}=LF_{i-j}-D_{i-j}$。

3）$LF_{i-j}=\min\{LS_{j-k}\}=\min\{LF_{j-k}-D_{j-k}\}$。

（4）计算工作的总时差。$TF_{i-j}=LF_{i-j}-EF_{i-j}=LS_{i-j}-ES_{i-j}$。

（5）计算工作的自由时差。工作自由时差的计算应按以下两种情况分别考虑：

1）对于有紧后工作的工作，$FF_{i-j}=\min\{ES_{j-k}-EF_{i-j}\}=\min\{ES_{j-k}-ES_{i-j}-D_{i-j}\}$。

2）对于无紧后工作的工作，需要指出的是，对于网络计划中以终点节点为完成节点的工作，其自由时差与总时差相等。此外，由于工作的自由时差是其总时差的构成部分，所以，当工作的总时差为零时，其自由时差必然为零，可不必进行专门计算。

（6）确定关键工作和关键线路。在网络计划中，总时差最小的工作为关键工作。特别地，当网络计划的计划工期等于计算工期时，总时差为零的工作就是关键工作。

2. 按节点计算法

按节点计算法，实际上不用单独学习，只要掌握前面所学习的节点的最早时间和节点的最迟时间的概念，将工作时间可以直接换算为节点时间。

按节点计算法确定关键线路和关键工作。在双代号网络计划中，关键线路上的节点称为关键节点。关键工作两端的节点必为关键节点，但两端为关键节点的工作不一定是关键工作。关键节点的最迟时间与最早时间的差值最小。特别地，当网络计划的计划工期等于计算工期时，关键节点的最早时间与最迟时间必然相等。关键节点必然处在关键线路上，但由关键节点组成的线路不一定是关键线路。

3. 标号法

标号法的计算过程如下：

（1）网络计划起点节点的标号值为零。

（2）其他节点的标号值应根据下式确定：

$$b_j=\max\{b_i+D_{i-j}\}$$

（3）网络计划的计算工期就是网络计划终点节点的标号值。

（4）关键线路应从网络计划的终点节点开始，逆着箭线方向按源节点确定。

（三）单代号网络计划时间参数的计算方法

单代号网络计划时间的计算一般不作为考试内容。

确定网络计划的关键线路：

（1）利用关键工作确定关键线路。如前所述，总时差最小的工作为关键工作。将这些关键工作相连，并保证相邻两项关键工作之间的时间间隔为零而构成的线路就是关键线路。

（2）利用相邻两项工作之间的时间间隔确定关键线路。从网络计划的终点节点开始，逆着箭线方向依次找出相邻两项工作之间时间间隔为零的线路就是关键线路。

三、双代号时标网络计划

（一）时标网络计划的绘制方法

时标网络计划宜按各项工作的最早开始时间编制。

（二）时标网络计划中时间参数的判定

1. 关键线路和计算工期的判定

（1）关键线路的判定。时标网络计划中的关键线路可从网络计划的终点节点开始，逆着箭线方向进行判定。凡自始至终不出现波形线的线路即为关键线路。因为不出现波形线，就说明在这条线路上相邻两项工作之间的时间间隔全部为零，也就是在计算工期等于计划工期的前提下，这些工作的总时差和自由时差全部为零。

（2）计算工期的判定。网络计划的计算工期应等于终点节点所对应的时标值与起点节点所对应的时标值之差。

2. 相邻两项工作之间时间间隔的判定

除以终点节点为完成节点的工作外，工作箭线中波形线的水平投影长度表示工作与其紧后工作之间的时间间隔。

3. 工作六个时间参数的判定

（1）工作最早开始时间和最早完成时间的判定：

1）工作箭线左端节点中心所对应的时标值为该工作的最早开始时间。

2）当工作箭线中不存在波形线时，其右端节点中心所对应的时标值为该工作的最早完成时间。

3）当工作箭线中存在波形线时，工作箭线实线部分右端点所对应的时标值为该工作的最早完成时间。

（2）工作总时差的判定。工作总时差的判定应从网络计划的终点节点开始，逆着箭线方向依次进行。

1）以终点节点为完成节点的工作，其总时差应等于计划工期与本工作最早完成时间之差。

2）其他工作的总时差等于其紧后工作的总时差加本工作与该紧后工作之间的时间间隔所得之和的最小值，即：$TF_{i-j}=\min\{TF_{j-k}+LAG_{i-j,\ j-k}\}$。

（3）工作自由时差的判定。

1）以终点节点为完成节点的工作，其自由时差应等于计划工期与本工作最早完成时间之差。事实上，以终点节点为完成节点的工作，其自由时差与总时差必然相等。

2）其他工作的自由时差就是该工作箭线中波形线的水平投影长度。但当工作之后只紧接虚工作时，则该工作箭线上一定不存在波形线，而其紧接的虚箭线中波形线水平投影长度的最短者为该工作的自由时差。

（4）工作最迟开始时间和最迟完成时间的判定。

1）工作的最迟开始时间等于本工作的最早开始时间与其总时差之和。

2）工作的最迟完成时间等于本工作的最早完成时间与其总时差之和。

四、网络计划的优化

（一）工期优化

所谓工期优化，是指网络计划的计算工期不满足要求工期时，通过压缩关键工作的持续时间以满足要求工期目标的过程。

（二）费用优化

费用优化又称工期成本优化，是指寻求工程总成本最低时的工期安排，或按要求工期寻求最低成本的计划安排的过程。

（三）资源优化

完成一项工程任务所需要的资源量基本上是不变的，不可能通过资源优化将其减少。资源优化的目的是通过改变工作的开始时间和完成时间，使资源按照时间的分布符合优化目标。

在通常情况下，网络计划的资源优化分为两种，即“资源有限，工期最短”的优化和“工期固定，资源均衡”的优化。前者是通过调整计划安排，在满足资源限制条件下，使工期延长最少的过程；而后者是通过调整计划安排，在工期保持不变的条件下，使资源需用量尽可能均衡的过程。

这里所讲的资源优化，其前提条件是：

（1）在优化过程中，不改变网络计划中各项工作之间的逻辑关系。

（2）在优化过程中，不改变网络计划中各项工作的持续时间。

（3）网络计划中各项工作的资源强度（单位时间所需资源数量）为常数，而且是合理的。

（4）除规定可中断的工作外，一般不允许中断工作，应保持其连续性。

五、网络计划执行中的控制

（一）实际进度与计划进度的比较方法

在工程网络计划执行过程中，常用的进度比较方法有前锋线法和列表比较法。

（1）前锋线法。关键是理解教材中的例 3.5.3，掌握前锋线法两个用途：一是判断某一工作的进度；二是判断对总工期的影响，在实际考试中往往都是从“用途”视角出题。

（2）列表比较法。关键是理解教材中的例 3.5.4，掌握列表比较法的用途。

（二）网络计划的调整

（1）改变某些工作间的逻辑关系。

（2）缩短某些工作的持续时间。

第六节　工程项目合同管理

真题解析

一、2023 年考题

1. 某工程施工合同签订后，项目监理机构于 2023 年 6 月 20 日发出开工通知，载明的开工日期是 7 月 18 日。施主单位因其施工机械不能按时进场，于 7 月 10 日向项目监理机构提出延迟开工申请，实际开工时间为 2023 年 8 月 10 日，该工程的开工日期应是（　　）。

A. 2023 年 6 月 20 日　　B. 2023 年 7 月 10 日

C. 2023 年 7 月 18 日　　D. 2023 年 8 月 10 日

【答案】C

【解析】根据《最高人民法院关于审理建设工程施工合同纠纷案件适用法律问题的解释（一）》（法释〔2020〕25 号），开工日期为发包人或者监理人发出的开工通知载明的开工日期：开工通知发出后，尚不具备开工条件的，以开工条件具备的时间为开工日期；因承包人原因导致开工时间推迟的，以开工通知载明的时间为开工日期。

【考点】工程施工合同管理——工程施工合同履行——工程施工合同法律解释。

2. 根据《标准设计招标文件》（2017 年版），在工程设计合同组成文件中，解释顺序排在“通用合同条款”之后的有（　　）。

A. 设计费用清单　　B. 设计方案

C. 中标通知书　　D. 专用合同条款

E. 发包人要求

【答案】ABE

【解析】合同文件解释顺序。合同协议书与下列文件一起构成合同文件：

（1）中标通知书。

（2）投标函及投标函附录。

（3）专用合同条款。

（4）通用合同条款。

（5）发包人要求。

（6）设计费用清单。

（7）设计方案。

（8）其他合同文件。

【考点】工程勘察设计合同管理——工程设计合同示范文本——合同文件解释顺序。

二、2022 年考题

1. 承包人对工程的照管和维护到（　　）为止。

A. 工程结算　　B. 履约证书签发

C. 工程接收证书颁发　　D. 缺陷责任期满

【答案】C

【解析】工程接收证书颁发前，承包人应负责照管和维护工程。工程接收证书颁发时尚有部分未竣工工程的，承包人还应负责该未竣工工程的照管和维护工作，直至竣工后移交给发包人为止。

【考点】工程施工合同管理——工程合同履行——承包人义务。

2. 合同文件的解释顺序从高到低，正确的是（　　）。

A. 中标通知书，投标函及附录，专用合同条款

B. 投标函及附录，中标通知书，专用合同条款

C. 专用合同条款，中标通知书，投标函及附录

D. 中标通知书，专用合同条款，投标函及附录

【答案】A

【解析】建设工程合同文件均包括中标通知书、投标函及附录、专用合同条款等，按照发改委等发布的相关标准招标文件，合同文件的解释顺序从高到低是中标通知书、投标函及附录、专用合同条款。

【考点】工程施工合同管理——工程施工合同订立——合同文件的优先解释顺序。

三、2021 年考题

1.《标准设计招标文件》中合同文件的组成：①投标函及投标函附录；②通用合同条款；③专用合同条款；④发包人要求；⑤设计方案；⑥设计费用清单；⑦中标通知书。当存在不一致或矛盾时，正确的优先解释顺序是（　　）。

A. ①⑦②③④⑥⑤　　B. ①⑦③②④⑤⑥

C. ⑦①④⑤⑥③②　　D. ⑦①③②④⑥⑤

【答案】D

【解析】合同文件解释顺序：中标通知书→投标函及投标函附录→专用合同条款→通用合同条款→发包人要求→设计费用清单→设计方案→其他合同文件。

【考点】工程勘察设计合同管理——工程勘察合同订立——工程设计合同示范文本。

2. 某建设单位与供应商签订 350 万元的采购合同，供应商延迟 35 天交货，建设单位延迟支付合同价款 185 天，根据《材料采购招标合同》通用合同条款，建设单位实际支付供应商违约金为（　　）万元。

A. 25.20　　B. 35　　C. 42　　D. 51.8

【答案】B

【解析】迟延付款违约金 =350×0.08%×（185−35）=42（万元），但由于迟延付款违约金的总额不得超过合同价的 10%，即 350×10%=35（万元），所以建设单位实际支付供应商违约金为 35 万元。

【考点】材料设备采购合同管理——材料采购合同履行——违约责任。

3. 根据《标准设计施工总承包招标文件》，下列情形中，属于发包人违约的有（　　）。

A. 发包人拖延批准付款申请

B. 设计图纸不符合合同约定

C. 监理人无正当理由未在约定期限内发出复工通知

D. 恶劣气候原因造成停工

E. 在工程接收证书颁发前，未对工程照管和维护

【答案】AC

【解析】在合同履行中发生下列情形的，属发包人违约：

（1）发包人未能按合同约定支付价款，或拖延、拒绝批准付款申请和支付凭证，导致付款延误。

（2）发包人原因造成停工。

（3）监理人无正当理由没有在约定期限内发出复工指示，导致承包人无法复工。

（4）发包人无法继续履行或明确表示不履行或实质上已停止履行合同。

（5）发包人不履行合同约定其他义务。

【考点】工程总承包合同管理——工程总承包合同履行——违约责任。

四、2020 年考题

1. 根据《标准施工招标文件》中的通用合同条款，下列工作中，属于发包人义务的是（　　）。

A. 发出开工通知　　B. 编制施工组织总设计

C. 组织设计交底　　D. 施工期间照管工程

【答案】C

【解析】选项 C，发包人在合同履行过程中的一般义务包括：应根据合同进度计划，组织设计单位向承包人进行设计交底。选项 A，应委托监理人按合同约定的时间向承包人发出开工通知。选项 B、D，属于承包人义务。

【考点】工程施工合同管理——工程施工合同履行——发包人义务。

2. 某工程项目完工后，承包商于 2019 年 8 月 8 日向业主方提交了竣工验收报告。业主方为尽早投入使用，在未组织竣工验收的情况下于 2019 年 9 月 1 日开始使用该工程。后经承包商再三催促，业主方于 2019 年 11 月 12 日进行竣工验收，2019 年 11 月 13 日参与工程竣工验收的各方签署了竣工验收合格意见。该工程实际竣工日期应为 2019 年（　　）。

A. 8 月 8 日　　B. 9 月 1 日

C. 11 月 12 日　　D. 11 月 13 日

【答案】B

【解析】根据《最高人民法院关于审理建设工程施工合同纠纷案件适用法律问题的解释（一）》，当事人对建设工程实际竣工日期有争议的，按照以下情形分别处理：建设工程经竣工验收合格的，以竣工验收合格之日为竣工日期；承包人已经提交竣工验收

报告，发包人拖延验收的，以承包人提交验收报告之日为竣工日期；建设工程未经竣工验收，发包人擅自使用的，以转移占有建设工程之日为竣工日期。根据题意，选项 C、D 明显错误，比较选项 A 与选项 B，提前占用该工程早于拖延竣工验收，所以选择选项 B。

【考点】工程施工合同管理——工程施工合同履行——工程施工合同法律解释。

五、2019 年考题

1. 根据《标准设计施工总承包招标文件》(2012 年版)，合同文件包括下列内容：①发包人要求；②中标通知书；③承包人建议，仅就上述三项内容而言，合同文件优先解释顺序为（　　）。

A. ①②③　　B. ②①③

C. ③①②　　D. ③②①

【答案】B

【解析】合同文件解释顺序：中标通知书→投标函及附录→专用合同条款→通用合同条款→发包人要求→价格清单→承包人建议→其他合同文件。

【考点】工程总承包合同管理——工程总承包合同订立。

2. 根据《标准材料采购招标文件》和《标准设备采购招标文件》，关于当事人义务的说法，正确的有（　　）。

A. 迟延交付违约金的总额不得超过合同价格的 5%

B. 支付迟延交货违约金不能免除卖方继续交付合同材料的义务

C. 采购合同订立时的卖方营业地为标的物交付地

D. 卖方在交货时应将产品合格证随同产品交买方据以验收

E. 迟延付款违约金的总额不得超过合同价格的 10%

【答案】BDE

【解析】选项 A 错误，选项 E 正确，卖方未能按时交付合同材料的，应向买方支付迟延交货违约金。迟延付款违约金的总额不得超过合同价格的 10%。选项 B，卖方支付迟延交货违约金，不能免除其继续交付合同材料的义务。选项 C，合同双方当事人应当约定交付标的物的地点，如果当事人没有约定交付地点或者约定不明确，事后没有达成补充协议，也无法按照合同有关条款或者交易习惯确定，则适用下列规定：标的物需要运输的，卖方应当将标的物交付给第一承运人以运交给买方；标的物不需要运输的，买卖双方在订立合同时知道标的物在某一地点的，卖方应当在该地点交付标的物；不知道标的物在某一地点的，应当在卖方合同订立时的营业地交付标的物。选项 D，卖方在交货时，应将产品合格证随同产品交买方据以验收。

【考点】材料设备采购合同管理——材料设备采购合同履行。

考点统计

本节主要考查对不同类型工程项目合同的认识和理解。2019—2023 年共考核 11 道题，见表 3.6.1。

表 3.6.1 第三章第六节考点考核频次表

序号	知识点	具体考点	考核频次
1	工程勘察设计合同管理	工程设计合同（文件的优先解释顺序）	2
2	工程施工合同管理	合同订立（文件解释顺序）	1
		发包人义务	1
		承包人义务	1
		工程施工合同法律解释	2
3	材料设备采购合同管理	合同履行	2
4	工程总承包合同管理	合同订立（文件解释顺序）	1
		合同履行（违约责任）	1

知识点凝练

工程项目合同有多种类型，这里主要阐述工程勘察、设计、施工、材料设备采购及工程总承包合同管理。针对这部分内容，考生要从以下三个方面掌握考点：

1. 相关概念

合同文件的解释顺序、有关时间的界定和合同条款中涉及的相关概念。

2. 合同义务、违约责任

对应的发包人和承包人合同义务、违约责任。

3. 工程施工合同法律解释

为更好地审理建设工程施工合同纠纷案件，最高人民法院审判委员会于 2020 年 12 月 25 日通过了《最高人民法院关于审理建设工程施工合同纠纷案件适用法律问题的解释（一）》（法释〔2020〕25 号），自 2021 年 1 月 1 日起施行。其中有很多条款与工程造价管理密切相关。

（1）开工日期争议解决。当事人对建设工程开工日期有争议的，人民法院应当分别按照以下情形予以认定：

1）开工日期为发包人或者监理人发出的开工通知载明的开工日期；开工通知发出后，尚不具备开工条件的，以开工条件具备的时间为开工日期；因承包人原因导致开工时间推迟的，以开工通知载明的时间为开工日期。

2）承包人经发包人同意已经实际进场施工的，以实际进场施工时间为开工日期。

3）发包人或者监理人未发出开工通知，亦无相关证据证明实际开工日期的，应当综合考虑开工报告、合同、施工许可证、竣工验收报告或者竣工验收备案表等载明的时间，并结合是否具备开工条件的事实，认定开工日期。

（2）实际竣工日期争议解决。当事人对建设工程实际竣工日期有争议的，人民法院应当按照以下情形予以认定：

1）建设工程经竣工验收合格的，以竣工验收合格之日为竣工日期。

2）承包人已经提交竣工验收报告，发包人拖延验收的，以承包人提交验收报告之日为竣工日期。

3）建设工程未经竣工验收，发包人擅自使用的，以转移占有建设工程之日为竣工日期。

（3）顺延工期争议解决。当事人约定顺延工期应当经发包人或者监理人签证等方式确认，承包人虽未取得工期顺延的确认，但能够证明在合同约定的期限内向发包人或者监理人申请过工期顺延且顺延事由符合合同约定，承包人以此为由主张工期顺延的，人民法院应予支持。当事人约定承包人未在约定期限内提出工期顺延申请视为工期不顺延的，按照约定处理，但发包人在约定期限后同意工期顺延或者承包人提出合理抗辩的除外。

建设工程竣工前，当事人对工程质量发生争议，工程质量经鉴定合格的，鉴定期间为顺延工期期间。

（4）工程量争议解决。当事人对工程量有争议的，按照施工过程中形成的签证等书面文件确认。承包人能够证明发包人同意其施工，但未能提供签证文件证明工程量发生的，可以按照当事人提供的其他证据确认实际发生的工程量。

（5）工程计价标准及方法争议解决。当事人对建设工程的计价标准或者计价方法有约定的，按照约定结算工程价款。因设计变更导致建设工程的工程量或者质量标准发生变化，当事人对该部分工程价款不能协商一致的，可以参照签订建设工程施工合同时当地建设行政主管部门发布的计价标准或者计价方法结算工程价款。

（6）工程价款利息争议解决。当事人对欠付工程价款利息计付标准有约定的，按照约定处理。没有约定的，按照同期同类贷款利率或者同期贷款市场报价利率计息。

当事人对垫资和垫资利息有约定，承包人请求按照约定返还垫资及其利息的，人民法院应予支持，但是约定的利息计算标准高于垫资时的同类贷款利率或者同期贷款市场报价利率的部分除外。当事人对垫资没有约定的，按照工程欠款处理。当事人对垫资利息没有约定，承包人请求支付利息的，人民法院不予支持。

利息从应付工程价款之日开始计付。当事人对付款时间没有约定或者约定不明的，下列时间视为应付款时间：

1）建设工程已实际交付的，为交付之日。

2）建设工程没有交付的，为提交竣工结算文件之日。

3）建设工程未交付，工程价款也未结算的，为当事人起诉之日。

（7）工程价款结算争议解决。当事人签订的建设工程施工合同与招标文件、投标文件、中标通知书载明的工程范围、建设工期、工程质量、工程价款不一致，一方当事人请求将招标文件、投标文件、中标通知书作为结算工程价款的依据的，人民法院应予支持。

当事人约定，发包人收到竣工结算文件后，在约定期限内不予答复，视为认可竣工结算文件的，按照约定处理。承包人请求按照竣工结算文件结算工程价款的，人民法院应予支持。

当事人约定按照固定价结算工程价款，一方当事人请求对建设工程造价进行鉴定的，人民法院不予支持。

（8）工程质量保证金争议解决。有下列情形之一，承包人请求发包人返还工程质量保证金的，人民法院应予支持：

1）当事人约定的工程质量保证金返还期限届满。

2）当事人未约定工程质量保证金返还期限的，自建设工程通过竣工验收之日起满 2 年。

3）因发包人原因建设工程未按约定期限进行竣工验收的，自承包人提交工程竣工验收报告 90 日后当事人约定的工程质量保证金返还期限届满；当事人未约定工程质量保证金返还期限的，自承包人提交工程竣工验收报告 90 日后起满 2 年。

发包人返还工程质量保证金后，不影响承包人根据合同约定或者法律规定履行工程保修义务。

（9）无效合同的价款结算争议解决。当事人就同一建设工程订立的数份建设工程施工合同均无效，但建设工程质量合格，一方当事人请求参照实际履行的合同关于工程价款的约定折价补偿承包人的，人民法院应予支持。

实际履行的合同难以确定，当事人请求参照最后签订的合同关于工程价款的约定折价补偿承包人的，人民法院应予支持。

（10）咨询意见效力。当事人在诉讼前共同委托有关机构、人员对建设工程造价出具咨询意见，诉讼中一方当事人不认可该咨询意见申请鉴定的，人民法院应予准许，但双方当事人明确表示受该咨询意见约束的除外。

（11）已达成协议后请求鉴定的处理。当事人在诉讼前已经对建设工程价款结算达成协议，诉讼中一方当事人申请对工程造价进行鉴定的，人民法院不予准许。

（12）施工合同争议鉴定。当事人对工程造价、质量、修复费用等专门性问题有争议，人民法院认为需要鉴定的，应当向负有举证责任的当事人释明。当事人经释明未申请鉴定，虽申请鉴定但未支付鉴定费用或者拒不提供相关材料的，应当承担举证不能的法律后果。

第七节　工程项目信息管理

真题解析

一、2023 年考题

工程项目各参与方中，作为工程项目信息管理的“发动机”和推动实现数字交付主体的是（　）。

A. 总承包单位　　B. 工程监理单位

C. 设计单位　　D. 建设单位

【答案】D

【解析】建设单位不同于一般的工程建设参与者，建设单位是工程项目生产过程的总集成者，是推动工程项目信息管理的“发动机”，是工程项目信息管理的关键。同时，信息交流是一个双向或多向过程，只有强调全员参与，才能使信息交流顺畅，产生应有效果。

【考点】工程项目管理实施模式及策略——工程项目信息管理实施策略。

二、2022 年考题

基于互联网的工程项目信息平台的基本功能有（　　）。

A. 集成电子商务功能　　B. 视频会议功能

C. 在线项目管理　　D. 工作流程管理

【答案】D

【解析】基本功能包括：变更与桌面管理；日历和任务管理；文档管理；项目沟通与讨论；工作流程管理；网站管理与报告。选项 A、B、C 属于拓展功能。本题目与 2021 年对应考点考题基本一样。

【考点】基于互联网的工程项目信息平台——基于互联网的工程信息平台功能。

三、2021 年考题

下列基于互联网的工程项目信息平台的功能中，属于基本功能的是（　　）。

A. 在线项目管理、任务管理、多媒体信息交互管理

B. 工作流程管理、电子采购、任务管理

C. 工作流程管理、项目沟通与讨论、文档管理

D. 在线项目管理、项目沟通与讨论、文档管理

【答案】C

【解析】基于互联网的工程项目信息平台的基本功能：变更与桌面管理；日历和任务管理；文档管理；项目沟通与讨论；工作流程管理；网站管理与报告。在线项目管理、多媒体信息交互管理和电子采购属于拓展功能。

【考点】基于互联网的工程项目信息平台——基于互联网的工程项目信息平台功能。

四、2019 年考题

保证工程项目管理信息系统正常运行的基础是（　　）。

A. 结构化数据　　B. 信息管理制度

C. 计算机网络环境　　D. 非结构化数据

【答案】B

【解析】信息管理制度是工程项目管理信息系统得以正常运行的基础。

【考点】工程项目信息管理实施模式及策略——工程项目信息管理实施策略。

考点统计

本节内容主要是对工程项目信息管理的认识。至 2022 年，共考核 4 道题，考核点为信息管理实施策略及基于互联网的工程项目信息平台功能，见表 3.7.1。

表 3.7.1　第三章第七节考点考核频次表

序号	知识点	具体考点	考核频次
1	工程项目信息管理实施模式及策略	工程项目信息管理实施策略	2
2	基于互联网的工程项目信息平台	基于互联网的工程项目信息平台功能	2

知识点凝练

一、工程项目信息管理实施模式及策略

工程项目信息管理实施模式主要有三种，即自行开发、直接购买和租用服务。

工程项目信息管理实施模式的特点比较见表 3.7.2。

表 3.7.2　工程项目信息管理实施模式的特点比较

实施模式	自行开发	直接购买	租用服务
优点	对项目的针对性最强 安全性和可靠性最好	对项目的针对性较强 安全性和可靠性较好	实施费用最低 实施周期最短 维护工作量最小
缺点	开发费用最高 实施周期最长 维护工作量较大	购买费用较高 维护费用较高	对项目的针对性较差 安全性和可靠性较差
适用范围	大型工程项目 复杂性程度高的工程项目 对系统要求高的工程项目	大型工程项目	中小型工程项目 复杂性程度低的工程项目 对系统要求低的工程项目

二、工程项目管理数智化

随着数字化、智能化技术飞速发展，工程项目管理数智化应运而生。所谓工程项目管理数智化，是指在工程建设各方主体及全过程广泛应用数字化、智能化技术，不断开发和利用信息资源，促进工程项目管理水平不断提高的过程。工程项目管理数智化是新一代信息技术与工程项目管理科学深度融合的产物，是工程项目管理信息化的升级和发展。通过将数字化、智能化技术深入应用于工程项目管理，可创新项目管理理念，突破传统项目管理瓶颈，充分发挥技术要素、数据要素的使能作用和乘数效应，实现工程项目管理可视化、精细化和智能化，不仅有利于提升工程建设管理水平，而且为建设工程运营管理精益化、智能化提供有力支撑。

1. 工程项目管理数智化的意义

（1）有利于实现智能辅助决策和精细化管理。

（2）有利于实现信息共享和组织协同。

（3）有利于实现项目管理可视化和运维管理智能化。

2. 工程项目管理数智化实施策略

推动工程项目管理数智化，需要有科学先进的发展理念，融合应用新一代信息技术，建立数智化管控平台，并进行工程项目管理流程再造，还要以系统完整的工程数据为支撑。

（1）战略导向，文化先行。

（2）高层支持，流程保障

（3）平台支撑，数据驱动。

（4）敏捷创变，持续改进。

本章考分统计

本章考分统计表

节	年份				
	2023	2022	2021	2020	2019
第一节	4	6	2	5	4
第二节	4	4	2	3	3
第三节	2	4	6	7	4
第四节	2	5	5	1	4
第五节	4	5	6	2	3
第六节	3	2	4	2	3
第七节	1	1	1	0	1

本章考点点评

第一节：分部工程和分项工程的构成是考核的重点内容，工程项目建设程序中重点掌握“项目投资决策管理制度”中内容、施工图审查机构对施工图审查的内容和办理质量监督手续应该提交的资料，其他内容近几年没有考核。在“工程项目管理类型、任务和相关制度”方面，近几年突出在“环保与节能”和“信息化趋势”考核，“项目法人责任制”始终是重点考核内容。

第二节：业主方项目管理组织模式是2017年加入教材的，截至2020年只考核过一次，内容简单，建议考生了解PMC的相关概念、工程代建制的相关概念和工程代建制与项目法人责任制的区别；工程项目发承包模式的特点是重点考核的内容，特别关注CM模式；工程项目管理组织机构形式中的几个具体形式的概念和特点是历年考核的具体内容。

第三节：关于“工程项目计划体系”，重点区别建设单位计划体系中总进度计划和年度进度计划的具体表格，重点区别承包单位计划体系中项目管理规划大纲和项目管理实施规划的编制主体、时间和作用；“工程项目施工组织设计”中内容较多，分析近几年考题，每年只考核一道题，建议考生参考近几年考题解析，了解具体考核的知识内容；“工程项目目标控制的内容、措施和方法”的考核主要集中在“工程项目目标控制方法”的考核，相应的具体考点参见近几年考题解析。

第四节：自2009年开始，本节的考核主要集中在流水施工参数、不同流水施工组织方式的特点和流水施工工期的相关计算。

第五节：本节的内容应该全面掌握，以支持本门课程考核和案例分析科目的考核，仅就本门课程考核而言，多集中在“关键路线、关键工作、总时差和自由时差”的概念，考题灵活，建议考生参考近几年考题解析了解具体的考核知识点和考核方式；网络图的绘图规则和网络计划优化也几乎是每年都考核的知识点。

第六节：这是2019年加入本门课程的内容，内容偏多，合同条款的任何一句话都可以出选择题，但鉴于应试学习的特殊性要求，建议考生突出重点掌握“工程施工合同管理”的内容，尽可能多熟悉一些其他合同条款。

第七节：这是2019年加入本门课程的内容，2019—2023年每年考核1分，预计以后年份考核分数不会高于2分，考生可以选择熟悉的内容学习。

第四章

工程经济

第一节　资金的时间价值及其计算

真题解析

一、2023年考题

1. 工程经济分析中，利息可以被理解为资金的（　　）。

A. 机会成本　　B. 沉没成本　　C. 变动成本　　D. 固定成本

【答案】A

【解析】在工程经济分析中，利息还被理解为资金的一种机会成本。这是因为，如果债权人放弃资金的现时使用权利，也就放弃了现期消费的权利。

【考点】现金流量和资金的时间价值——资金的时间价值——利息。

2. 某公司在5年内每年初投资1 000万元，若年利率为10%，按年复利计息，则该公司在第5年末能收回本利和是（　　）万元。

A. 5 550.09　　B. 6 105.01　　C. 6 715.61　　D. 7 105.01

【答案】C

【解析】1 000×（1+10%）×（F/A，10%，5）=6 715.61（万元）。

【考点】等值计算——等额支付——终值计算。

3. 某公司在年初贷款5 000万元，贷款期限为6年，按半年复利计息，年名义利率为7.2%，贷款在第2年末、第4年末、第6年末分三期等额偿还，每期需偿还（　　）万元。

A. 2 119.35　　B. 2 168.13　　C. 2 186.92　　D. 2 197.02

【答案】D

【解析】根据题干给出条件，可以理解为计息周期为半年，利率周期为两年。两年的实际利率：i_{eff}=（1+7.2%×2/4）^{4}−1=15.20%。

每两年的年金：A=5 000×（A/P，15.20%，3）=2 197.02（万元）。

需要说明的是，本题目是近十年来解题相对复杂的题目，可以通过绘制现金流量图细心计算。

【考点】等值计算——等额支付——现值计算。

二、2022 年考题

1. 某企业年初借款 3 000 万元，年复利率为 10%，接下来的 8 年每年年末等额偿还，则每年年末应还（　　）万元。

A. 374.89　　B. 447.09　　C. 488.24　　D. 562.33

【答案】D

【解析】$A=P(A/P, i, n)$ =562.33。本题考核的是等值计算里的资金回收计算，已知 P 求 A。这是 20 余年来针对等值计算最简单的考题。

【考点】等值计算——等额支付系列情况。

2. 某公司向银行贷款 1 000 万元，年名义利率为 12%，按季度复利计息，1 年后贷款本利和为（　　）万元。

A. 1 120　　B. 1 124　　C. 1 125.51　　D. 1 126.83

【答案】C

【解析】按季度复利计息，季利率 $i=r/m=12\% \div 4=3\%$。一年后贷款本利和为：

$$F=P\times(1+i)^n=1\ 000\times(1+3\%)^4=1\ 125.51\text{（万元）}$$

【考点】名义利率和有效利率——有效利率。

3. 影响资金等值的因素有（　　）。

A. 资金数额　　B. 发生时间

C. 借贷风险　　D. 期限长短

E. 供求情况

【答案】AB

【解析】影响资金等值的因素有三个：资金数额、资金发生时间、利率（或折现率）大小。

【考点】等值计算——影响资金等值的因素。

三、2021 年考题

1. 某建设单位从银行获得一笔建设贷款，建设单位和银行分别绘制现金流量图时，该笔贷款表示为（　　）。

A. 建设单位现金流量图时间轴的上方箭线，银行现金流量图时间轴的上方箭线

B. 建设单位现金流量图时间轴的下方箭线，银行现金流量图时间轴的下方箭线

C. 建设单位现金流量图时间轴的上方箭线，银行现金流量图时间轴的下方箭线

D. 建设单位现金流量图时间轴的下方箭线，银行现金流量图时间轴的上方箭线

【答案】C

【解析】与时间轴相连的垂直箭线代表不同时点的现金流入或现金流出。在时间轴上方的箭线表示现金流入，在时间轴下方的箭线表示现金流出。

【考点】现金流量和资金的时间价值——现金流量——现金流量图。

2. 如果每年年初存入银行 100 万元，年利率为 3%，按年复利计算，则第三年末的本利和为（　　）万元。

A. 109.27　　B. 309.09　　C. 318.36　　D. 327.62

【答案】C

【解析】第三年末的本利和为：100×（1+3%）×（F/A，3%，3）=318.36（万元），或 100×（1+3%）^{3}+100×（1+3%）^{2}+100×（1+3%）=318.36（万元）。

【考点】等值计算——等值计算方法——一次支付情形——终值计算。

3. 某企业向银行申请贷款，期限一年，四家银行年利率、计息方式见下表，不考虑其他因素，该企业宜选择（　　）银行。

银行	年利率 / %	计息方式
甲	4.5	每年计息一次
乙	4	每 6 个月计息一次，年末付
丙	4.5	每 3 个月计息一次，年末付
丁	4	每个月计息一次，年末付

A. 甲　　B. 乙　　C. 丙　　D. 丁

【答案】B

【解析】甲银行年实际利率为 4.5%；乙银行年实际利率 =（1+4%/2）^{2}−1=4.04%；丙银行年实际利率 =（1+4.5%/4）^{4}−1=4.58%；丁银行年实际利率 =（1+4%/12）^{12}−1=4.07%。选择最低的年实际利率。

【考点】等值计算——名义利率与有效利率——有效利率。

4. 现金流量图的要素有（　　）。

A. 大小　　B. 方向

C. 来源　　D. 作用点

E. 时间价值

【答案】ABD

【解析】现金流量图是一种反映经济系统资金运动状态的图式，运用现金流量图可以形象、直观地表示现金流量的三要素：大小（资金数额）、方向（资金流入或流出）和作用点（资金流入或流出的时间点）。

【考点】现金流量和资金的时间价值——现金流量——现金流量图。

四、2020 年考题

1. 现金流量图中表示现金流量的三要素是（　　）。

A. 利率、利息、净现值　　B. 时长、方向、作用点

C. 现值、终值、计算期　　D. 大小、方向、作用点

【答案】D

【解析】现金流量图是一种反映经济系统资金运动状态的图式，运用现金流量图可以形象、直观地表示现金流量的三要素：大小（资金数额）、方向（资金流入或流出）和作用点（资金流入或流出的时间点）。

【考点】现金流量和资金的时间价值——现金流量——现金流量图。

2. 某公司年初借款 1 000 万元，年利率为 5%，按复利计息，若在 10 年内等额偿还

本息，则每年末应偿还（　　）万元。

A. 129.50　　B. 140.69　　C. 150.00　　D. 162.89

【答案】A

【解析】已知 P 求 A，$A=P(A/P, i, n)$，$A=1\,000\times[5\%\times(1+5\%)^{10}]/[(1+5\%)^{10}-1]=129.50$（万元）。

【考点】等值计算——等值计算方法——等额支付系列——资金回收计算。

3. 假设名义利率为 5%，计息周期为季度，则年有效利率为（　　）。

A. 5%　　B. 5.06%　　C. 5.09%　　D. 5.12%

【答案】C

【解析】$i_{\text{eff}}=(1+r/m)^{m}-1=(1+5\%/4)^{4}-1=5.09\%$。

【考点】等值计算——名义利率与有效利率——有效利率。

4. 影响利率高低的主要因素有（　　）。

A. 借贷资本供求情况　　B. 借贷风险

C. 借贷期限　　D. 内部收益率

E. 行业基准收益率

【答案】ABC

【解析】利率的高低主要由以下因素决定：①社会平均利润率；②借贷资本供求情况；③借贷风险；④通货膨胀；⑤借贷期限。

【考点】现金流量和资金时间价值——资金的时间价值——利息和利率——影响利率的主要因素。

五、2019 年考题

1. 借款 1 000 万元，借款期为 4 年，年利率为 6%，年末付息，则第四年末需向银行支付（　　）万元。

A. 1 030　　B. 1 060　　C. 1 240　　D. 1 262

【答案】B

【解析】年末付息指每年末结算一次利息。第四年末支付的本利和 $=1\,000\times(1+6\%)=1\,060$（万元）。

【考点】利息计算方法——单利计算。

2. 某笔借款年利率为 6%，每季度复利计息一次，则该笔借款的年实际利率为（　　）。

A. 6.03%　　B. 6.05%　　C. 6.14%　　D. 6.17%

【答案】C

【解析】$i_{\text{eff}}=(1+r/m)^{m}-1=(1+6\%/4)^{4}-1=6.14\%$。

【考点】等值计算——名义利率与有效利率——有效利率。

3. 某人向银行申请住房按揭贷款 50 万元，期限为 10 年，年利率为 4.8%，还款方式为按月等额本息还款，复利计息。关于该项贷款的说法，正确的有（　　）。

A. 宜采用偿债基金系数直接计算每月还款额

B. 借款年名义利率为 4.8%

C. 借款的还款期数为 120 期

D. 借款期累计支付利息比按月等额本金还款少

E. 该项借款的月利率为 0.4%

【答案】BCE

【解析】偿债基金计算（已知 F 求 A）。偿债基金计算是等额支付系列终值计算的逆运算，根据题目给出的条件，为资金回收计算（已知 P 求 A）。等额支付系列资金回收计算是等额支付系列现值计算的逆运算。因此，选项 A 错误。年利率为 4.8%，即为年名义利率，选项 B 正确。期限为 10 年，按月还款，所以还款期限为 $10 \times 12=120$（期），选项 C 正确。借款期累计支付利息比按月等额本金还款多，因为是复利计算，利息也会产出利息，选项 D 错误。月利率为 $4.8\% \div 12=0.4\%$，选项 E 正确。

【考点】等值计算——等额支付系列情形。

考点统计

本节主要考查对现金流量和资金时间价值的理解，对利息计算方法和等值计算的掌握情况。2019—2023 年共考核 17 道题，见表 4.1.1。

表 4.1.1　第四章第一节考点考核频次表

序号	知识点	具体考点	考核频次
1	现金流量和资金时间价值	现金流量图	3
		利息	1
		影响利率的主要因素	1
2	利息的计算方法	单利计算	1
3	等值计算	影响资金等值的因素	1
		一次支付（终值计算）	1
		等额支付	5
		有效利率	4

知识点凝练

一、现金流量与资金的时间价值

（一）现金流量

（1）现金流量的含义。

（2）现金流量图。现金流量图是一种反映经济系统资金运动状态的图式，运用现金流量图可以全面、形象、直观地表示现金流量的三要素：大小（资金数额）、方向（资金流入或流出）和作用点（资金的发生时间点）。

（二）资金的时间价值

1. 资金时间价值的概念

资金在运动中，会随着时间的推移而变动。变动的这部分资金就是原有资金的时间价值。

2. 利息与利率

利息是资金时间价值的一种重要表现形式。通常，用利息额作为衡量资金时间价值的绝对尺度，用利率作为衡量资金时间价值的相对尺度。

（1）利息。

$$\text{利息 } I=\text{目前应付（应收）总金额 } F-\text{本金 } P$$

在工程经济分析中，利息是指占用资金所付的代价或者是放弃使用资金所得的补偿。

（2）利率。利率是指在单位时间内（如年、半年、季、月、周、日等）所得利息额与借贷款金额（本金）之比，通常用百分数表示，即：

$$\text{利率 } i=\frac{\text{单位时间内所得的利息额 } I_t}{\text{本金 } P}\times 100\%$$

（3）影响利率的主要因素。利率的高低主要由以下因素决定：

1）社会平均利润率。利率随社会平均利润率的变化而变化。在通常情况下，平均利润率是利率的最高界限。因为如果利率高于利润率，无利可图就不会有人去借款。

2）借贷资本的供求情况。在平均利润率不变的情况下，借贷资本供过于求，利率便下降；反之，供不应求，利率便上升。

3）借贷风险。借出资本要承担一定的风险，风险越大，利率也就越高。

4）通货膨胀。通货膨胀对利息的波动有直接影响，资金贬值往往会使利息无形中成为负值。

5）借出资本的期限长短。贷款期限长，不可预见因素多，风险大，利率就高；反之，贷款期限短，不可预见因素少，风险小，利率就低。

二、利息计算方法

利息计算有单利和复利之分。当计息周期在一个以上时，就需要考虑单利与复利的问题。

1. 单利计算

计算式为 $I_t=Pi_d$。

2. 复利计算

计算式为 $I_t=iF_{t-1}$。

三、等值计算

1. 影响资金等值的因素

如前所述，由于资金的时间价值，使得金额相同的资金发生在不同时间，会产生不同的价值。反之，不同时点金额不等的资金在时间价值的作用下，却可能具有相等的价值。这些不同时期、不同数额但其“价值等效”的资金称为等值，也称为等效值。

影响资金等值的因素有三个：资金的多少、资金发生的时间及利率（或折现率）的大小。其中，利率是一个关键因素，在等值计算中，一般是以同一利率为依据的。

在工程经济分析中，等值是一个十分重要的概念，它为我们确定某一经济活动的有效性或者进行方案比选提供了可能。

2. 等值计算方法

常用的资金等值计算主要包括两大类，即一次支付和等额支付。要求考生掌握六个等值计算公式，并能灵活应用，其应用可以参考真题解析。

3. 名义利率与有效利率

这部分内容相对难以理解，考生应重点掌握名义利率与有效利率的概念，并能灵活应用，其应用可以参考真题解析。

第二节 投资方案经济效果评价

真题解析

一、2023 年考题

1. 总投资收益率是达到设计生产能力的（ ）与总投资的比值。

A. 年净利率　　B. 年息税前利润

C. 利润总额　　D. 年净收益

【答案】B

【解析】总投资收益率：*ROI=EBIT/TI*。*EBIT* 是项目达到设计生产能力后正常年份的年息税前利润或运营期内年平均息税前利润，*TI* 是总投资。

【考点】经济效果评价的内容及指标体系——经济效果评价指标体系——投资收益率。

2. 采用投资回收期指标评价投资方案经济效果的不足是（ ）。

A. 不能映投资方案获取收益的能力

B. 不能考虑资金时间的价值

C. 不能反映资本的周转速度

D. 不能准确衡量投资方案在整个计算期内的经济效果

【答案】D

【解析】采用投资回收期指标不足的是，投资回收期没有全面考虑投资方案整个计算期内的现金流量，即只间接考虑投资回收之前的效果，不能反映投资回收之后的情况，即无法准确衡量方案在整个计算期内的经济效果。

【考点】经济效果评价的内容及指标体系——经济效果评价指标体系——投资回收期。

3. 某建设项目寿命期为 8 年，各年末净现金流量如下表所示，基准收益率为 12%，该项目的净年值是（　　）。

计算期	0	1	2	3	4	5	6	7	8
净现金流量	–220	0	60	60	60	60	60	60	60

A. 3.061　　B. 4.929　　C. 9.674　　D. 15.713

【答案】B

【解析】净年值 =［–220+60（P/A，12%，7）×（P/F，12%，1）］×（A/P，12%，8）= 4.929。

需要说明的是，本题目是近十年来解题相对复杂的题目，可以通过绘制现金流量图细心计算。

【考点】经济效果评价的内容及指标体系——经济效果评价指标体系——净年值。

4. 某投资项目有甲、乙、丙三个寿命期相同、投资额依次递增的互斥建设方案，基准收益为 9%。按照增量投资内部收益率法计算，甲方案与乙方案的△*IRR* 为 23%，乙方案与丙方案的△*IRR* 为 20%，甲方案与丙方案的△*IRR* 为 22%。下列推测结论中正确的是（　　）。

A. 丙方案净现值最大

B. 甲方案净现值大于乙方案净现值

C. 方案内部收益率大于丙方案内部收益率

D. 甲方案净现值

【答案】A

【解析】甲方案与乙方案的△*IRR* 为 23%，大于基准收益为 9%，保留乙方案，即乙方案净现值大于甲方案；乙方案与丙方案的△*IRR* 为 20%，大于基准收益为 9%，保留丙方案，即丙方案净现值大于乙方案；甲方案与丙方案的△*IRR* 为 22%，保留丙方案，即丙方案净现值大于甲方案。

【考点】经济效果评价方法——互斥方案评价——动态评价方法（增量投资内部收益率法）。

5. 进行某建设项目不确定性分析时，用生产能力利用率表示的盈亏平衡点为 40%。若年固定成本为 300 万元，单位产品可变成本为 400 元，单位产品销售税金及附加为 50 元，年正常产销量为 5 万件，则单位产品销售价格是（　　）元。

A. 450　　B. 500　　C. 550　　D. 600

【答案】D

【解析】*BEP*（*Q*）=*BEP*（%）× 设计生产能力（年正常产销量）=2 万件。

通过公式：

$$BEP(Q)=\frac{\text{年固定总成本}}{\text{单位产品销售价格}-\text{单位产品可变成本}-\text{单位产品销售税金及附加}}$$

代入题干已知条件，计算得到单位产品销售价格是 600 元。

【考点】不确定性分析与风险分析——盈亏平衡分析。

6. 净现值作为评价指标对投资项目进行敏感性分析时，若产品价格的敏感性系数为 14.87%，临界值为 –6.72%，在其他因素保持不变的条件下，关于该项目产品价格敏感性的说法，正确的是（　　）。

A. 产品价格每上升 14.87%，净现值增加 1%

B. 产品价格每下降 1%，净现值减少 6.72%

C. 产品价格下降幅度超过 6.72% 时，净现值将由正值变为负值

D. 产品价格下降幅度超过 14.87% 时，净现值将由正值变为负值

【答案】C

【解析】临界点（转换值），系指不确定性因素的变化使项目由可行变为不可行的临界数值，一般采用不确定性因素相对基本方案的变化率或其对应的具体数值表示。临界值为 –6.72%，说明产品价格下降幅度超过 6.72% 时，净现值将由正值变为负值。

【考点】不确定性分析与风险分析——敏感性分析。

7. 投资方案经济效果评价需要分析的内容有（　　）。

A. 财务生存能力

B. 再投资能力

C. 偿债能力

D. 抗风险能力

E. 社会影响力

【答案】ACD

【解析】投资方案经济效果评价的内容主要包括盈利能力分析、偿债能力分析、财务生存能力分析和抗风险能力分析。

【考点】经济效果评价的内容及指标体系——经济效果评价内容。

8. 对于具有常规现金流量的投资项目，经济效果评价指标的特点有（　　）。

A. 只能计算出唯一的内部收益率

B. 净现值大于零时，内部收益率大于基准收益率

C. 基准收益率升高时，净现值会增大

D. 基准收益率升高时，动态投资回收期会缩短

E. 基准收益率降低时，净年值会增大

【答案】ABE

【解析】选项 A，常规现金流量是指在计算期内，开始有支出而后才有收益，且方案的净现金流量序列的符号只改变一次的现金流量，即现金流量由负变正的过程，因此内部收益率是唯一的，非常规现金流量序列的符号可能有多次正负变化，其内部收益率往往不是唯一的，在某些情况下甚至不存在；选项 B，净现值大于零意味着方案可行，内部收益率大于基准收益率；选项 C，基准收益率和净现值呈反方向变化，基准收益率升高，净现值变小；选项 D，基准收益率升高，动态投资回收期会增长；选项 E，基准收益率降低时，净年值会增大。

本题是历年来考核范围大、综合性比较强的题目，应注意对基本概念、原理的理解和训练。

【考点】经济效果评价的内容及指标体系——经济效果评价指标体系。

9. 工程项目投资方案经济效果评价中，采用盈亏平衡分析法进行不确定性分析的不足有（　　）。

A. 不能反映项目对市场变化的适应能力

B. 不能反映项目的抗风险能力

C. 不能揭示项目风险产生的根源

D. 不能揭示项目风险因素发生的概率

E. 不能给出提高项目安全性的有效途径

【答案】CDE

【解析】选项 A、B，盈亏平衡分析反映项目对市场变化的适应能力，盈亏平衡点越低，项目适应市场能力越强，抵御风险能力越强；选项 C、D、E，盈亏平衡分析没有揭示项目风险产生的根源，没有揭示项目风险因素发生的概率，也就不能给出提高项目安全性的有效途径。

【考点】不确定性分析与风险分析——盈亏平衡分析。

二、2022 年考题

1. 投资方案经济效果评价中，利息备付率是指（　　）。

A. 息税前利润与当期应付利息金额之比

B. 息税前利润与当期应还本付息金额之比

C. 税前利润与当期应付利息金额之比

D. 税前利润与当期应还本付息金额之比

【答案】A

【解析】利息备付率也称已获利息倍数，是指投资方案在借款偿还期内的息税前利润与当期应付利息的比值。

【考点】经济效果评价指标体系——偿债能力指标——利息备付率。

2. 若项目动态投资回收期小于寿命周期，则下列说法正确的是（　　）。

A. 净现值率 <0　　B. 净现值 <0

C. 内部收益率 > 基准收益率　　D. 静态投资回收期 > 动态投资回收期

【答案】C

【解析】对于单方案评价，是评价方案是否可行，评价准则为：动态投资回收期小于寿命周期，则说明该方案在经济上是可行的，方案可行对应的是内部收益率大于基准收益率、净现值 >0、净现值率 >0。

【考点】经济效果评价指标体系——内部收益率。

3. 某项目有甲、乙、丙、丁四个互斥方案，根据下表所列数据，应选择的是（　　）方案。

方案	甲	乙	丙	丁
寿命期 / 年	10	10	18	18
净现值 / 万元	40	45	50	58
净年值	5.96	6.71	5.34	6.19

A. 甲　　B. 乙　　C. 丙　　D. 丁

【答案】B

【解析】当项目的寿命周期不同时，净现值不具有可比性，可以采用净年值比选，净年值最大的为优选方案，所以应选择乙方案。

【考点】经济效果评价方法——互斥方案的评价——动态评价方法——计算期不同的互斥方案经济效果评价。

4. 在下列（　　）情况下，为保证盈亏平衡，需要增加销售量。

A. 固定成本降低　　B. 销售单价提高

C. 单位可变成本降低　　D. 销售税金及附加增加

【答案】D

【解析】依据：

$$BEP(Q)=\frac{\text{年固定总成本}}{\text{单位产品销售价格}-\text{单位产品可变成本}-\text{单位产品销售税金及附加}}$$

当销售税金及附加增加时，导致用产量表示的盈亏平衡点 $BEP(Q)$ 增加，或者根据题意表述，为保证盈亏平衡，需要增加销售量；而选项 A、B、C 导致用产量表示的盈亏平衡点 $BEP(Q)$ 降低。

【考点】不确定性分析与风险分析——盈亏平衡分析。

5. 下列三个因素：产品价格、经营成本、投资额分别变化 –5%、3%、4%，对应 NPV 分别变化 24%、10%、14%。按敏感性从高到低排序为（　　）。

A. 产品价格、经营成本、投资额　　B. 产品价格、投资额、经营成本

C. 经营成本、投资额、产品价格　　D. 投资额、经营成本、产品价格

【答案】B

【解析】计算产品价格、经营成本、投资额三个因素的敏感度系数分别为 –4.8%、3.3% 和 3.5%。敏感度系数绝对值大的相对敏感，因此按敏感性从高到低排序为产品价格、投资额、经营成本。

【考点】不确定性分析与风险分析——敏感性分析。

6. 敏感性因素分析用于项目风险分析的作用是（　　）。

A. 初步识别风险因素　　B. 确定风险因素发生概率的分布范围

C. 确定风险的综合等级　　D. 多方案比选并提出应对方案

【答案】A

【解析】按照教材解释，敏感性分析是初步识别风险因素的重要手段。选项 A、B、C 分别是风险估计、风险评价和风险应对阶段的工作，这些工作是风险识别后的工作。

【考点】不确定性分析与风险分析——敏感性分析。

7. 投资方案经济效果评价的主要内容有（　　）。

A. 盈利能力分析　　B. 偿债能力分析

C. 营运能力分析　　D. 发展能力分析

E. 财务生存能力分析

【答案】ABE

【解析】投资方案经济效果评价的内容主要包括盈利能力分析、偿债能力分析、财务生存能力分析和抗风险能力分析。

【考点】经济效果评价的内容及指标体系——经济效果评价的内容。

三、2021 年考题

1. 在评价一个投资方案的经济效果时，利息备付率属于（　　）指标。

A. 抗风险能力　　B. 财务生存能力

C. 盈利能力　　D. 偿债能力

【答案】D

【解析】利息备付率属于偿债能力指标，利息备付率从付息资金来源的充裕性角度反映投资方案偿付债务利息的保障程度。

【考点】经济效果评价的内容及指标体系——经济效果评价指标体系——偿债能力指标。

2. 投资项目的内部收益率是项目对（　　）的最大承担能力。

A. 贷款利率　　B. 资本金净利润率

C. 利息备付率　　D. 偿债备付率

【答案】A

【解析】项目的内部收益率是项目到计算期末正好将未收回的资金全部收回来的折现率，是项目对贷款利率的最大承担能力。

【考点】经济效果评价的内容及指标体系——经济效果评价指标体系——内部收益率。

3. 两个工程项目投资方案互斥，但计算期不同，经济效果评价时可以采用的动态评价方法为（　　）。

A. 增量投资收益率法、增量投资回收期法、年折算费用法

B. 增量投资内部收益率法、净现值法、净年值法

C. 增量投资收益率法、净现值法、综合总费用法

D. 增量投资回收期法、净年值法、综合总费用法

【答案】B

【解析】增量投资内部收益率法、净现值法、净年值法都是动态评价方法，而增量投资收益率法、增量投资回收期法、年折算费用法和综合总费用法属于静态评价方法。

【考点】经济效果评价方法——互斥型方案的评价——动态评价方法。

4. 某房地产开发商估计新建住宅销售价为 1.5 万元 /m^2，综合开发可变成本为 9 000 元 /m^2，固定成本为 3 600 万元，住宅综合销售税率为 12%，如果住宅综合销售税率按 25% 计算，则该开发商的住宅开发量盈亏平衡点应提高（　　）m^2。

A. 6 000　　B. 7 249　　C. 8 571　　D. 16 000

【答案】B

【解析】按住宅综合销售税率 25% 计算盈亏平衡点：Q=3 600 ÷（1.5−0.9−1.5 × 25%）= 16 000（m^2）。

按住宅综合销售税率 12% 计算盈亏平衡点：Q=3 600 ÷（1.5−0.9−1.5 × 12%）=8 751（m^2）。

住宅综合销售税率从 12% 提升为 25% 后，该开发商的住宅开发量盈亏平衡点应提高 16 000−8 751=7 249（m^2）。

【考点】不确定性分析与风险分析——盈亏平衡分析。

5. 下列风险等级属于必须要改变设计或采取补偿措施的是（　　）。

A. 风险很强（K级）　　B. 风险强（M级）
C. 风险较强（T级）　　D. 风险适度（R级）

【答案】B

【解析】K级：风险很强，出现这类风险就要放弃项目。

M级：风险强，修正拟议中的方案，通过改变设计或采取补偿措施等。

T级：风险较强，设定某些指标的临界值，指标达到临界值，就要变更设计或对负面影响采取补偿措施。

R级：风险适度（较小），适当采取措施后不影响项目。

I级：风险弱，可忽略。

【考点】不确定性分析与风险分析——风险分析——风险评价。

6. 对于非政府投资项目，投资者自行确定基准收益率的基础有（　　）。

A. 资金成本　　B. 存款利率
C. 投资机会成本　　D. 通货膨胀
E. 投资风险

【答案】AC

【解析】非政府投资项目，可由投资者自行确定基准收益率。确定基准收益率时应考虑以下因素：资金成本和投资机会成本，投资风险，通货膨胀。其中，资金成本和投资机会成本是确定基准收益率的基础，投资风险和通货膨胀是确定基准收益率必须考虑的影响因素。

【考点】经济效果评价的内容及指标体系——经济效果评价指标体系——净现值——基准收益率。

四、2020年考题

1. 采用投资回收期指标评价投资方案的优点是（　　）。

A. 能够考虑投资期内的现金流量　　B. 能够反应计算期内的经济效果
C. 能够考虑投资方案的偿债能力　　D. 能够反应资本的周转速度

【答案】D

【解析】资本周转速度越快，回收期越短，风险越小，盈利越多，因此项目投资回收期在一定程度上显示了资本的周转速度。

【考点】经济效果评价的内容及指标体系——经济效果评价指标体系——投资回收期。

2. 进行投资方案经济评价时，基准收益率的确定应以（　　）为基础。

A. 行业平均收益率　　B. 社会平均折现率
C. 项目资金成本率　　D. 社会平均利润率

【答案】A

【解析】基准收益率的确定一般以行业的平均收益率为基础，同时综合考虑资金成本、投资风险、通货膨胀以及资金限制等影响因素。

【考点】经济效果评价的内容及指标体系——经济效果评价指标体系——净现值——基准收益率。

3. 某工业项目年设计能力为60万件。单位产品售价为200元。单位产品可变成本为 160 元。年固定成本为 600 万元。项目的销售税金及附加的合并税率为产品价格的 5%。其盈亏平衡点为（　　）万件。

A. 30　　B. 20　　C. 15　　D. 10

【答案】B

【解析】根据公式 $B=pQ-C_VQ-C_F-tQ=0$，将题干数据代入计算得 $Q=20$ 万件。

【考点】不确定性分析与风险分析——盈亏平衡分析。

4. 对某投资方案进行单因素敏感性分析时，在相同初始条件下，产品价格下降幅度超过 6.28% 时，净现值由正变负；投资额增加幅度超过 9.76% 时，净现值由正变负；经营成本上升幅度超过 14.35% 时，净现值由正变负。按净现值对各个因素的敏感程度由大到小排列，正确的顺序是（　　）。

A. 产品价格—投资额—经营成本　　B. 经营成本—投资额—产品价格

C. 投资额—经营成本—产品价格　　D. 投资额—产品价格—经营成本

【答案】A

【解析】产品价格下降幅度超过 6.28% 时，净现值由正变负；投资额增加幅度超过 9.76% 时，净现值由正变负；经营成本上升幅度超过 14.35% 时，净现值由正变负，即临界点最小的是产品价格，临界点依次增加的是投资额和经营成本。临界点小的因素相对敏感。所以，按净现值对各个因素的敏感程度由大到小排列，正确的顺序是产品价格—投资额—经营成本。

【考点】不确定性分析与风险分析——敏感性分析。

5. 下列投资方案指标中，属于静态评价指标的有（　　）。

A. 资产负债率　　B. 内部收益率

C. 偿债备付率　　D. 净现值率

E. 投资收益率

【答案】ACE

【解析】选项 A、C、E 属于静态评价指标，选项 B、D 属于动态评价指标。

【考点】经济效果评价的内容和指标体系——经济效果评价指标体系。

6. 进行投资项目互斥方案静态分析可采用的评价方法有（　　）。

A. 净年值　　B. 增量投资收益率

C. 综合总费用　　D. 增量投资内部收益率

E. 增量投资回收期

【答案】BCE

【解析】选项 B、C、E 属于互斥方案静态分析可采用的评价方法，选项 A、D 属于动态评价方法。

【考点】经济效果评价方法——互斥型方案的评价——静态评价方法。

五、2019 年考题

1. 将投资方案经济效果评价方法划分为静态评价方法和动态评价方法的依据是计算是否考虑了（　　）。

A. 通货膨胀　　B. 资金时间价值　　C. 建设期利息　　D. 建设期长短

【答案】B

【解析】按是否考虑资金时间价值，经济效果评价方法可分为静态评价方法和动态评价方法。

【考点】经济效果评价方法——互斥型方案的评价——静态评价方法。

2. 某项目建设期为 2 年，第一年投资 500 万元，第二年投资 600 万元（含流动资金 200 万元），第三年投产，投产后各年现金流量见下表，自建设开始年算起，该项目静态投资回收期为（　　）年。

投产后年份	1	2	3	4	5
现金流入 / 万元	500	700	800	800	900
现金流出 / 万元	200	300	460	400	500

A. 2.65　　B. 3.15　　C. 4.65　　D. 5.15

【答案】D

【解析】易错点：一是包括建设期 2 年，二是不扣除流动资金 200 万元。

年份	建设期 1	建设期 2	投产 1	投产 2	投产 3	投产 4	投产 5
现金流入 / 万元			500	700	800	800	900
现金流出 / 万元	500	600	200	300	460	400	500
净现金流量 / 万元	–500	–600	300	400	340	400	400
累计净现金流量 / 万元	–500	–1 100	–800	–400	–60	340	740

静态投资回收期 =6–1+60/400=5.15（年）。

【考点】经济效果评价的内容及指标体系——经济效果评价指标体系——投资回收期。

3. 关于投资方案内部收益率的说法，正确的是（　　）。

A. 内部收益率就是项目初期投资的收益率

B. 任何项目的内部收益率都存在

C. 内部收益率能够反映项目投资过程的收益程度

D. 内部收益率能够用于互斥方案的比选

【答案】C

【解析】内部收益率容易被人误解为是项目初期投资的收益率，而内部收益率的经济含义是投资方案占用的尚未回收资金的获利能力，取决于项目内部，选项 A 错误。对于具有非常规现金流量的项目来说，内部收益率往往不是唯一的，在某些情况下甚至不存在，选项 B 错误。内部收益率可以反映投资过程的收益程度，而且其大小不受外部参数影响，完全取决于投资过程的现金流量，选项 C 正确。内部收益率不能够用于互斥方案的比选，选项 D 错误。

【考点】经济效果评价的内容及指标体系——经济效果评价指标体系——内部收益率。

4. 某方案采用财务净现值进行敏感性分析，得到的初始结果见下表，最敏感的因素为（　　）。

因素	−20%	−10%	0	+10%	+20%
投资额	367.475	247.475	127.35	7.475	−112.525
产品价格	−303.904	−88.215	127.35	343.165	558.854
汇率	−151.402	−44.102	127.35	173.083	272.473
经营成本	299.535	213.505	127.35	−44.585	−6.749%

A. 投资额　B. 产品价格　C. 汇率　D. 经营成本

【答案】B

【解析】投资额、产品价格、汇率、经营成本四个因素分别增加10%，财务净现值变动幅度分别为7.475−127.35=−119.875，343.165−127.35=215.815，173.083−127.35=45.733，−44.585−127.35=−171.935，绝对值最大的为215.815，对应因素为产品价格。如表中数据各因素增加20%、减少10%、减少20%，结果相同，都是产品价格对应的财务净现值变动幅度最大，即产品价格因素最敏感。

【考点】不确定性分析与风险分析——敏感性分析。

5. 利用净现值法进行互斥方案比选，甲和乙两个方案的计算期分别为3年、4年，则在最小公倍数法下，甲方案的循环次数是（　　）次。

A. 3　B. 4　C. 7　D. 12

【答案】B

【解析】甲、乙两方案计算期的最小公倍数为12，所以甲方案循环12÷3=4（次）。

【考点】经济效果评价方法——互斥型方案的评价——动态评价方法——净现值法。

6. 关于投资方案基准收益率的说法，正确的有（　　）。

A. 所有投资项目均应使用国家发布的行业基准收益率

B. 基准收益率反映投资资金应获得的最低盈利水平

C. 确定基准收益率不应考虑通货膨胀的影响

D. 基准收益率是评价投资方案在经济上是否可行的依据

E. 基准收益率一般等于商业银行贷款基准利率

【答案】BD

【解析】选项A，对于政府投资项目，进行经济评价时使用的基准收益率是由国家组织测定并发布的行业基准收益率；非政府投资项目，可由投资者自行确定基准收益率。选项B和选项D，基准收益率也称基准折现率，是企业或行业或投资者以动态的观点所确定的、可接受的投资方案最低标准的收益水平。它表明投资决策者对项目资金时间价值的估价，是投资资金应当获得的最低盈利率水平，也是评价和判断投资方案在经济上是否可行的依据。选项C，基准收益率的确定一般以行业的平均收益率为基础，同时综合考虑资金成本、投资风险、通货膨胀以及资金限制等影响因素。选项E，贷款基准利率是金融市场上具有普遍参照作用的利率，不能作为基准收益率。

【考点】经济效果评价的内容及指标体系——经济效果评价指标体系——净现值——基准收益率。

考点统计

本节主要考查对经济效果评价指标体系的理解，对经济效果评价方法的理解和应用，以及对不确定性分析与风险分析的方法的掌握情况，2019—2023 年共考核 34 道题（见表 4.2.1），属于考核的重点章节。

表 4.2.1 第四章第二节考点考核频次表

序号	知识点	具体考点	考核频次
1	经济效果评价的内容及指标体系	经济效果评价的内容	2
		经济效果评价指标体系	1
		投资收益率	3
		投资回收期	3
		偿债能力指标	2
		基准收益率	3
		净年值	1
		内部收益率	3
2	经济效果评价方法	静态评价方法	2
		动态评价方法	3
3	不确定性分析与风险分析	盈亏平衡分析	5
		敏感性分析	5
		风险分析	1

知识点凝练

一、经济效果评价内容及指标体系

经济效果评价内容及指标体系见表 4.2.2。

表 4.2.2 经济效果评价内容及指标体系表

评价内容	盈利能力分析	分析和测算项目计算期的盈利能力和盈利水平
	清偿能力分析	分析、测算项目偿还贷款的能力和投资的回收能力
	财务生存能力分析	分析和测算投资方案各期的现金流量，判断投资方案能否持续运行。财务生存能力是非经营项目财务分析的主要内容

续表 4.2.2

评价内容	抗风险能力分析	分析项目在建设和生产期可能遇到的不确定性因素和随机因素，对项目经济效果的影响程度，考察项目承受各种投资风险的能力，提高项目投资的可靠性和盈利性	
评价体系	静态评价指标	投资收益率	全部投资利润率
			自有投资利润率
		静态投资回收期	静态投资回收期
		偿债能力指标	资产负债率
			利息备付率
			偿债备付率
	动态评价指标	净现值	
		内部收益率	
		净年值	
		净现值率	
		动态投资回收期	

1. 静态评价指标

（1）投资收益率见表 4.2.3。

表 4.2.3　投资收益率表

评价指标		公式	评价准则	计算	优点与不足
投资收益率	定义	投资收益率 $R=\dfrac{\text{年净收益或年平均收益率}}{\text{投资总额}}\times100\%$	（1）若 $R\geqslant R_e$，则方案可以考虑接受；（2）若 $R<R_e$，则方案是不可行的	按公式计算	投资收益率指标的经济意义明确、直观，计算简便，在一定程度上反映了投资效果的优劣，可适用于各种投资规模。但不足的是，没有考虑投资收益的时间因素，忽视了资金具有时间价值的重要性；指标计算的主观随意性太强
	总投资收益率（*ROI*）	$ROI=\dfrac{EBIT}{TI}\times100\%$		按公式计算	
	资本金净利润率（*ROE*）	$ROE=\dfrac{NP}{EC}\times100\%$			

（2）静态投资回收期见表 4.2.4。

表 4.2.4 静态投资回收期

评价指标	公式	评价准则	计算	优点与不足
静态投资回收期	$\sum_{t=0}^{P_t}(CI-CO)_t=0$	（1）若 $P_t \leq R_e$，则方案可以考虑接受；（2）若 $P_t > R_e$，则方案是不可行的	P_t=（累计净现金流量出现正值的年份 −1）+（上一年累计净现金流量的绝对值/当年净现金流量）	指标容易理解，计算比较简便；不足的是没有全面地考虑投资方案整个计算期内现金流量，只考虑了投资回收之前的效果

（3）偿债能力指标见表 4.2.5。

表 4.2.5 偿债能力指标

评价指标	公式	评价准则	计算	优点与不足
利息备付率	$ICR=\frac{EBIT}{PI}$	利息备付率越高，表明利息偿付的保障程度越高。利息备付率应大于 1，并结合债权人的要求确定	按公式计算。注意公式中各个符号的含义	利息备付率从付息资金来源的充裕性角度反映投资方案偿付债务利息的保障程度
偿债备付率	$DSCR=\frac{EBITDA-T_{AX}}{PD}$	偿债备付率应分年计算。偿债备付率越高，表明可用于还本付息的资金保障程度越高。偿债备付率应大于 1，并结合债权人的要求确定	按公式计算。注意公式中各个符号的含义	偿债备付率表示可用于还本付息的资金偿还借款本息的保障程度
资产负债率	$LOAR=\frac{TL}{TA}\times 100\%$	适度的资产负债率，表明企业经营安全、稳健，具有较强的筹资能力，也表明企业和债权人的风险较小	按公式计算	

2. 动态评价指标

这部分是难点，内容很多，建议考生按照表 4.2.6 梳理相关内容；公式是必须理解的内容，星号是常常考核的知识点。

表 4.2.6 动态评价指标

评价指标	公式	经济含义	计算	评价准则	特点	备注
NPV			*	*	*	I_c *
NAV						
NPVR						
IRR		*		*	*	
P'_t						

二、互斥型方案评价方法

1. 静态评价方法

互斥型方案静态评价方法常用增量投资收益率、增量投资回收期、年折算费用和综合总费用进行经济评价。考生应重点掌握四个方法的公式和静态评价方法的缺点。

2. 动态评价方法

动态评价方法见表 4.2.7。

表 4.2.7 动态评价方法

<table>
<tr><td rowspan="12">动态评价方法</td><td rowspan="6">寿命期相同</td><td rowspan="2">净现值法（NPV）</td><td rowspan="4">条件</td><td>各方案规模不同</td><td>净现值最大的方案为最佳方案</td></tr>
<tr><td>各方案规模相同</td><td>费用现值（PW）最小的方案为最佳方案</td></tr>
<tr><td rowspan="2">净年值法（NAV）</td><td>各方案规模不同</td><td>净年值最大的方案为最佳方案</td></tr>
<tr><td>各方案规模相同</td><td>费用年值（AC）最小的方案为最佳方案</td></tr>
<tr><td rowspan="2">增量内部收益率法（ΔIRR）</td><td>定义</td><td colspan="2">$\Delta NPV(\Delta IRR) = \sum_{t=0}^{n}(A_1 - A_2)_t(1 + \Delta IRR)^{-t} = 0$</td></tr>
<tr><td>步骤</td><td colspan="2">（1）计算各备选方案的 IRR_j，分别与基准收益率 i_c 比较，$IRR_j<i_c$ 的方案，即予淘汰；
（2）将 $IRR_j \geqslant i_c$ 的方案按初始投资额由小到大依次排列；
（3）按初始投资额由小到大依次计算相邻两个方案的增量内部收益率 ΔIRR，若 $\Delta IRR>i_c$，则说明初始投资大的方案优于初始投资小的方案，保留投资大的方案；反之，若 $\Delta IRR<i_c$，则保留投资小的方案。直至全部方案比较完毕，保留的方案就是最优方案</td></tr>
<tr><td rowspan="6">寿命期不同</td><td rowspan="3">净现值法（NPV）</td><td colspan="3">最小公倍数法：各备选方案计算期的最小公倍数作为进行方案比选的共同的计算期，以净现值较大的方案为最佳方案</td></tr>
<tr><td colspan="3">研究期法：研究期的确定一般以互斥方案中年限最短的方案的计算期作为互斥方案评价的共同研究期</td></tr>
<tr><td colspan="3">无限期计算法：如果评价方案的最小公倍数计算期很大，上述计算非常麻烦，则可取无穷大计算期法计算 NPV，NPV 最大者为最优方案</td></tr>
<tr><td>净年值法（NAV）</td><td colspan="3">通过分别计算各备选方案净现金流量的等额年值（NAV）并进行比较，以 $NAV \geqslant 0$，且 NAV 最大者为最优方案</td></tr>
<tr><td rowspan="2">增量内部收益率法（ΔIRR）</td><td>步骤</td><td colspan="2">评价步骤与“寿命期相同”增量内部收益率法一样</td></tr>
<tr><td>注意</td><td colspan="2">求解 ΔIRR 的方程可用令两方案净年值相等的方式建立，其中隐含了方案可重复实施的假定</td></tr>
</table>

三、不确定性分析与风险分析

1. 不确定性分析的概念

不确定性分析是项目经济评价中的一项重要内容。常用的不确定性分析方法有盈亏平衡分析、敏感性分析和概率分析。在具体应用时，要在综合考虑项目的类型、特点，决策者的要求，相应的人力、财力，以及项目对国民经济的影响程度等条件下来选择。一般来讲，盈亏平衡分析只适用于项目的财务评价，而敏感性分析和风险分析则可同时用于财务评价和国民经济评价。

2. 盈亏平衡分析

盈亏平衡分析见表 4.2.8。

表 4.2.8 盈亏平衡分析

<table>
<tr><td rowspan="6">盈亏平衡分析</td><td colspan="2">定义</td><td>盈亏平衡分析是在一定市场、生产能力及经营管理条件下，通过对产品产量、成本、利润相互关系的分析，判断企业对市场需求变化适应能力的一种不确定性分析方法。包括线性盈亏平衡分析和非线性盈亏平衡分析</td></tr>
<tr><td colspan="2">线性盈亏平衡分析前提条件</td><td>生产量等于销售量；产量变化，销售单价不变；产量变化，单位可变成本不变；只生产单一产品，或者生产多种产品，但可换算为单一产品计算</td></tr>
<tr><td colspan="2">基本损益方程式</td><td>利润 = 销售收入 − 总成本 − 税金，或 $B=pQ-C_VQ-C_F-tQ$</td></tr>
<tr><td rowspan="2">盈亏平衡点 BEP</td><td>数学关系式</td><td>用产量表示的盈亏平衡点：$BEP(Q)=C_F/(p-C_V-t)$
用生产能力利用率表示的盈亏平衡点：$BEP(\%)=BEP(Q)/Q_d$
用销售收入表示的盈亏平衡点：$BEP(S)=BEP(Q)p$
用销售单价表示的盈亏平衡点：$BEP(p)=C_F/Q_d+C_V+t$</td></tr>
<tr><td>经济含义</td><td>盈亏平衡点越低，项目适应市场变化的能力就越强，项目抗风险能力也越强。盈亏平衡分析的缺点是无法揭示风险产生的根源及有效控制风险的途径</td></tr>
</table>

3. 敏感性分析

敏感性分析见表 4.2.9。

表 4.2.9 敏感性分析

<table>
<tr><td rowspan="3">敏感性分析</td><td>定义</td><td colspan="2">敏感性分析是在确定性分析的基础上，通过进一步分析、预测项目主要不确定性因素的变化对评价指标的影响，从中找出敏感因素，确定该因素对评价指标的影响程度及项目对其变化的承受能力</td></tr>
<tr><td rowspan="2">种类</td><td>单因素敏感性分析</td><td>假设各不确定性因素之间相互独立，每次只考察一个因素，其他因素保持不变以分析这个可变因素对经济评价指标的影响程度和敏感程度</td></tr>
<tr><td>多因素敏感性分析</td><td>假设两个或两个以上互相独立的不确定性因素同时变化时，分析这些可变因素对经济评价指标的影响程度和敏感程度</td></tr>
</table>

续表 4.2.9

敏感性分析	敏感性分析的方法	敏感度系数（S_{AF}）	指项目评价指标变化率与不确定性因素变化率之比，可按下式计算： $$S_{AF}=\frac{\Delta A/A}{\Delta F/F}$$ 式中：$\Delta F/F$ 为不确定性因素 F 的变化率；$\Delta A/A$ 为不确定性因素 F 发生 ΔF 变化时，评价指标 A 的相应变化率
		临界点（转换值）	指不确定性因素的变化使项目由可行变为不可行的临界数值，一般采用不确定性因素相对基本方案的变化率或其对应的具体数值表示

4. 风险分析

风险分析见表 4.2.10。

表 4.2.10 风 险 分 析

风险识别	通过风险识别，找出潜在的各种风险因素，并对各种风险进行比较、分类。 影响项目实现预期经济目标的风险因素来源于法律法规及政策、市场供需、资源开发与利用、技术可靠性、工程方案、融资方案、组织管理、环境与社会、外部配套条件等多个方面
风险评估	风险估计应采用主观概率和客观概率的统计方法，确定风险因素的概率分布，运用数理统计分析方法，计算项目评价指标相应的概率分布或累计概率、期望值、标准差
风险评价	风险评价应根据风险识别和风险估计的结果，依据项目风险判别标准，找出影响项目成败的关键风险因素。 以评价指标作判别标准： （1）财务（经济）内部收益率大于或等于基准收益率的累计概率值越大，风险越小；标准差越小，风险越小。 （2）财务（经济）净现值大于或等于零的累计概率值越大，风险越小；标准差越小，风险越小
风险应对	风险应对应根据风险评价的结果，研究规避、控制与防范风险的措施，为项目全过程风险管理提供依据

第三节 价 值 工 程

真题解析

一、2023 年考题

1. 按照价值工程的工作程序，需要在“分析阶段”分析和解决的问题是（　　）。

A. 价值工程的研究对象是什么

B. 价值工程对象的功能是什么

C. 围绕价值工程对象需要做哪些准备工作
D. 价值工程活动的效果如何
【答案】B
【解析】

价值工程的工作程序

工作阶段	工作步骤	对应问题
一、准备阶段	对象选择 组成价值工程工作小组 制订工作计划	（1）价值工程的研究对象是什么？ （2）围绕价值工程对象需要做哪些准备工作
二、分析阶段	收集整理资料 功能定义 功能整理 功能评价	（3）价值工程对象的功能是什么？ （4）价值工程对象的成本是什么？ （5）价值工程对象的价值是什么
三、创新阶段	方案创造 方案评价 提案编写	（6）有无其他方法可以实现同样功能？ （7）新方案的成本是什么？ （8）新方案能满足要求吗
四、方案实施与评价阶段	方案审批 方案实施 成果评价	（9）如何保证新方案的实施？ （10）价值工程活动的效果如何

【考点】价值工程的基本原理和工作程序——工作程序。

2. 采用价值工程方法进行既有产品设计改进时，经分析得出的产品功能现实成本和功能重要性系数如下表所示，则功能区 $F_1 \sim F_4$ 的功能评价值（目标成本）分别是（　　）元。

功能区	功能现实成本 / 元	功能重要性系数
F_1	400	0.51
F_2	300	0.24
F_3	170	0.18
F_4	130	0.07
合计	1 000	1.00

A. 400，240，170，70　　B. 400，240，180，70
C. 510，240，180，70　　D. 510，300，180，130

【答案】A

【解析】

功能区	功能现实成本 / 元	功能重要性系数	重新分配功能区成本 / 元	目标成本（功能评价值）/ 元
F_1	400	0.51	510	400
F_2	300	0.24	240	240
F_3	170	0.18	180	170
F_4	130	0.07	70	70
合计	1 000	1.00		

按照教材的说法，新分配功能区成本可能有三种情况：

（1）功能区新分配的成本等于现实成本。此时应以现实成本作为功能评价值 F。

（2）新分配成本小于现实成本。如 F_2 和 F_4 就属于这种情况。此时应以新分配的成本作为功能评价值 F。

（3）新分配的成本大于现实成本。如 F_1 和 F_3 就属于这种情况。为什么会出现这种情况，需进行具体分析：①如果是因为功能重要性系数定高了，经过分析后可以将其适当降低。②因功能重要性系数确定过高可能会存在多余功能，如果是这样，先调整功能重要性系数，再定功能评价值。如因成本确实投入太少而不能保证必要功能，可以允许适当提高一些。③除此之外，即可用目前成本作为功能评价值 F。本题目题干没有说明具体是哪种情况，通过比较四个选项，我们只能按照“除此之外，即可用目前成本作为功能评价值 F”。

【考点】价值工程方法——功能评价——确定功能评价值 F。

3. 价值工程应用对产品部件进行价值分析，应将（　　）定为改进范围。

A. 功能评价值与功能现实成本比值低的功能区域

B. 功能评价值与功能现实成本差值低的功能区域

C. 复杂的功能区域

D. 成本改善期望值大的功能区域

E. 价值指数值高的功能区域

【答案】ACD

【解析】确定对象改进范围的原则如下：

（1）F/C 值低的功能区域。计算出来的 $V<1$ 的功能区域，基本上都应进行改进，特别是 V 值比 1 小得较多的功能区域，应力求使 $V=1$。

（2）$C-F$ 值大的功能区域。通过核算和确定对象的实际成本和功能评价值，分析、测算成本改善期望值从而排列出改进对象的重点及优先次序。

（3）复杂的功能区域，复杂的功能区域，说明其功能是通过采用很多零件来实现的。一般情况下，复杂的功能区域其价值系数或价值指数也较低。

【考点】价值工程方法——功能评价——确定 VE 对象改进范围。

二、2022 年考题

1. 能选择评价对象、确定功能重要性系数、方案评价的方法是（　　）。

A. 因素分析法　　B. ABC 分析法

C. 强制确定法　　D. 多比例评分法

【答案】C

【解析】强制确定法是可以用于价值工程评价对象选择、确定功能重要性系数和方案评价的方法。因素分析法和 ABC 分析法是价值工程评价对象选择的方法。多比例评分法是确定功能重要性系数的方法。

【考点】价值工程方法——对象的选择——对象选择的方法。

2. 功能价值 $V<1$ 的原因是（　　）。

A. 分配的成本较低　　B. 成本偏高，导致存在过剩功能

C. 功能重要，但成本较低　　D. 成本偏低，存在不必要功能

【答案】B

【解析】$V<1$。即功能现实成本大于功能评价值。表明评价对象的现实成本偏高，而功能要求不高。这时，一种可能是由于存在着过剩的功能，另一种可能是功能虽无过剩，但实现功能的条件或方法不佳，以致使实现功能的成本大于功能的现实需要。这两种情况都应列入功能改进的范围，并且以剔除过剩功能及降低现实成本为改进方向，使成本与功能比例趋于合理。

【考点】价值工程方法——功能评价——功能价值的计算与分析。

3. 价值工程中，属于创新阶段的工作有（　　）。

A. 功能评价　　B. 方案评价

C. 提案编写　　D. 成果评价

E. 方案创造

【答案】BCE

【解析】价值工程的工作程序包括四个阶段，其中创新阶段的工作包括：方案创造、方案评价、提案编写。选项 A，功能评价属于分析阶段工作。选项 D，成果评价属于方案实施与评价阶段的工作。

【考点】价值工程的基本原理和工程程序——工作程序。

三、2021 年考题

1. 选定对象应用价值工程的最终目标是（　　）。

A. 提高功能　　B. 降低成本

C. 提高价值　　D. 降低能耗

【答案】C

【解析】价值工程的目的是寻求产品最低的寿命周期成本，可靠地实现使用者功能以提高产品价值。

【考点】价值工程的基本原理和工作程序——基本原理——价值工程及其特点。

2. 某产品四种零部件的功能指数和成本指数见下表，按照成本降低幅度大优先改进原则，该产品的优先改进对象是（　　）。

零部件	功能系数	成本系数
甲	0.23	0.23
乙	0.24	0.27
丙	0.27	0.26
丁	0.26	0.24
合计	1.00	1.00

A. 甲　　B. 乙　　C. 丙　　D. 丁

【答案】B

【解析】求各个零部件的价值系数，甲：0.23/0.23=1；乙：0.24/0.27=0.89；丙：0.27/0.26=1.04；丁：0.26/0.24=1.08。选项 A，成本未变；选项 C、D，价值系数大于 1，目标成本大于现实成本；选项 B，价值系数小于 1，目标成本小于现实成本。根据题意，只有零部件乙成本降低，所以优先改进的对象为零部件乙。

【考点】价值工程方法——功能评价——功能价值的计算与分析。

3. 下列价值工程活动中，属于功能分析阶段工作内容的是（　　）。

A. 功能定义　　B. 方案评价

C. 功能改进　　D. 功能计量

E. 功能整理

【答案】ADE

【解析】功能分析包括功能定义、功能整理和功能计量等内容。

【考点】价值工程方法——功能的系统分析。

四、2020 年考题

1. 价值工程的核心是对产品进行（　　）分析。

A. 成本　　B. 结构

C. 价值　　D. 功能

【答案】D

【解析】价值工程的核心是对产品进行功能分析。

【考点】价值工程的基本原理和工作程序——基本原理——价值工程及其特点。

2. 按照价值工程的工作程序，需要在分析阶段进行的工作是（　　）。

A. 对象选择和功能定义　　B. 功能定义和功能整理

C. 功能整理和方案评价　　D. 方案创造和成果评价

【答案】B

【解析】价值工程的工作程序见下表。

工作阶段	工作步骤	对应问题
一、准备阶段	对象选择 组成价值工程工作小组 制订工作计划	（1）价值工程的研究对象是什么？ （2）围绕价值工程对象需要做哪些准备工作
二、分析阶段	收集整理资料 功能定义 功能整理 功能评价	（3）价值工程对象的功能是什么？ （4）价值工程对象的成本是什么？ （5）价值工程对象的价值是什么
三、创新阶段	方案创造 方案评价 提案编写	（6）有无其他方法可以实现同样功能？ （7）新方案的成本是什么？ （8）新方案能满足要求吗
四、方案实施与评价阶段	方案审批 方案实施 成果评价	（9）如何保证新方案的实施？ （10）价值工程活动的效果如何

【考点】价值工程的基本原理和工作程序——工作程序。

3. 下列分析方法中，可用来选择价值工程研究对象的是（　　）。

A. 价值指数法和对比分析法　　B. 百分比分析法和挣值分析法

C. 对比分析法和挣值分析法　　D. ABC 分析法和因素分析法

【答案】D

【解析】对象选择的方法有：因素分析法、ABC 分析法、强制确定法、百分比分析法、价值指数法。

【考点】价值工程方法——对象的选择——对象选择的方法。

4. 从价值工程实践来看，决定价值工程成败的关键是（　　）。

A. 方案创造　　B. 功能评价　　C. 功能定义　　D. 对象选择

【答案】A

【解析】按照教材的一句话解析：从价值工程实践来看，方案创造是决定价值工程成败的关键。这是一道典型的“语言表述逻辑”有错误的考题，“方案创造是决定价值工程成败的关键”，没有错误，但反过来说决定价值工程成败的关键是“方案创造”不一定合适。注意！决定价值工程成败的关键还可能有价值工程全过程的各个可能环节，比如：功能评价和功能定义没有做到位，也可能导致价值工程失败。2019 年也有类似的考题。

【考点】价值工程方法——方案创造及评价——方案创造。

5. 价值工程应用中方案创造可采用的方法有（　　）。

A. 头脑风暴法　　B. 专家意见法

C. 强制打分法　　D. 哥顿法

E. 功能成本法

【答案】ABD

【解析】方案创造的方法包括：头脑风暴法、哥顿法、专家意见法、专家检查法。
【考点】价值工程方法——方案创造及评价——方案创造。

五、2019 年考题

1. 价值工程应用中，对产品进行分析的核心是（　　）。
A. 产品的结构分析　　B. 产品的材料分析
C. 产品的性能分析　　D. 产品的功能分析
【答案】D
【解析】价值工程的核心是对产品进行功能分析。
【考点】价值工程的基本原理和工作程序——基本原理——价值工程及其特点。

2. 应用 ABC 分析法选择价格工程对象时，划分 A 类、B 类、C 类零部件的依据是（　　）。
A. 零部件数量及成本占产品零部件总数及总成本的比重
B. 零部件价值及成本占产品价值及总成本的比重
C. 零部件的功能重要性及成本占产品总成本的比重
D. 零部件的材质及成本占产品总成本的比重
【答案】A
【解析】ABC 分析法，又称重点选择法或不均匀分布定律法，是指应用数理统计分析的方法来选择对象。在价值工程中，这种方法的基本思路是：首先将一个产品的各种部件（或企业各种产品）按成本的大小由高到低排列起来，然后绘成费用累积分配图。然后将占总成本 70%~80% 而占零部件总数 10%~20% 的零部件划分为 A 类；将占总成本 5%~10% 而占零部件总数 60%~80% 的零部件划分为 C 类；其余为 B 类。其中 A 类零部件是价值工程的主要研究对象。
【考点】价值工程方法——对象的选择——对象选择的方法——ABC 分析法。

3. 某部件由 5 个零部件组成，产品的某项功能由其中 3 个零部件共同实现，3 个零部件共有 4 个功能，关于该功能成本的说法，正确的是（　　）。
A. 该项功能成本为产品总成本的 60%
B. 该项功能成本占全部功能成本比超过 50%
C. 该项功能成本为 3 个零部件相应成本之和
D. 该项功能成本为承担该功能的 3 个零部件成本之和
【答案】C
【解析】当一个零部件只具有一个功能时，该零部件的成本就是其本身的功能成本；当一项功能要由多个零部件共同实现时，该功能的成本就等于这些零部件的功能成本之和。当一个零部件具有多项功能或与多项功能有关时，就需要将零部件成本根据具体情况分摊给各项有关功能。选项 D 语义是指承担该功能的 3 个零部件成本之和，没有根据具体情况分摊，而选项 C 中 3 个零部件相应成本之和可以理解为分摊后的功能成本之和。
【考点】价值工程方法——功能评价——功能现实成本的计算。

4. 采用 0—1 评分法对 4 项功能重要性评分结果见下表，则功能 F_3 的重要性系数为（　　）。

功能区	F_1	F_2	F_3	F_4
F_1	×			
F_2	0	×		
F_3	1	1	×	
F_4	0	0	0	×

A. 0.4　　B. 0.5　　C. 0.3　　D. 0.1

【答案】A

【解析】

功能区	F_1	F_2	F_3	F_4	总分	修正总分	功能重要性系数
F_1	×	1	0	1	2	3	0.3
F_2	0	×	0	1	1	2	0.2
F_3	1	1	×	1	3	4	0.4
F_4	0	0	0	×	0	1	0.1
总计					6	10	1

【考点】价值工程法——功能评价——功能评价值的计算——强制评分法。

5. 价值工程应用中，研究对象的功能价值系数小于 1 时，可能的原因有（　　）。

A. 研究对象的功能现实成本小于功能评价值

B. 研究对象的功能比较重要，但分配的成本偏小

C. 研究对象可能存在过剩功能

D. 研究对象实现功能的条件或方法不佳

E. 研究对象的功能现实成本偏低

【答案】CD

【解析】功能价值系数小于 1，即功能现实成本大于功能评价值，表明评价对象的现实成本偏高，而功能要求不高。这时，一种可能是由于存在着过剩的功能，另一种可能是功能虽无过剩，但实现功能的条件或方法不佳，以致使实现功能的成本大于功能的现实需要。这两种情况都应列入功能改进的范围，并且以剔除过剩功能及降低现实成本为改进方向，使成本与功能比例趋于合理。

【考点】价值工程法——功能评价——功能价值的计算与分析。

考点统计

本节主要考查对价值工程基本原理和工程程序的理解以及对价值工程方法的理解和应用的掌握情况。2019—2023 年共考核 19 道题（见表 4.3.1），考核重点为功能评价部分。

表 4.3.1　第四章第三节考点考核频次表

序号	知识点	具体考点	考核频次
1	价值工程基本原理、工作程序	价值工程的特点	3
		工作程序	3
2	价值工程方法	对象选择的方法	4
		功能的系统分析	1
		功能评价	6
		方案创造	2

知识点凝练

一、价值工程的基本原理和工作程序

（一）基本原理

1. 价值工程及其特点

价值工程（Value Engineering，VE）是以提高产品或作业价值为目的，通过有组织的创造性工作，寻求用最低的寿命周期成本，可靠地实现使用者所需功能的一种管理技术。

价值工程具有以下特点：

（1）价值工程的目标是以最低的寿命周期成本，使产品具备它所必须具备的功能。

（2）价值工程的核心是对产品进行功能分析。

（3）价值工程将产品价值、功能和成本作为一个整体同时来考虑。

（4）价值工程强调不断改革和创新，开拓新构思和新途径，获得新方案，创造新功能载体，从而简化产品结构，节约原材料，节约能源，绿色环保，提高产品的技术经济效益。

（5）价值工程要求将功能定量化，即将功能转化为能够与成本直接相比的量化值。

（6）价值工程是以集体的智慧开展的有计划、有组织的管理活动。

2. 提高产品价值的途径

提高产品价值的途径有以下 5 种：

（1）在提高产品功能的同时，又降低产品成本，这是提高价值最为理想的途径。但对生产者要求较高，往往要借助科学技术的突破才能实现。

（2）在产品成本不变的条件下，通过提高产品的功能，提高利用资源的效果或效用，达到提高产品价值的目的。

（3）保持产品功能不变的前提下，通过降低产品的寿命周期成本，达到提高产品价值的目的。

（4）产品功能有较大幅度提高，产品成本有较少提高。

（5）在产品功能略有下降、产品成本大幅度降低的情况下，也可以达到提高产品价值的目的。

（二）工作程序

价值工程的工作程序一般可分为准备、分析、创新、方案实施与评价四个阶段（表4.3.2）。其工作步骤实质上就是针对产品的功能和成本提出问题、分析问题和解决问题的过程。

表4.3.2　价值工程的工作程序

工作阶段	工作步骤	对应问题
一、准备阶段	对象选择 组成价值工程工作小组 制订工作计划	（1）价值工程的研究对象是什么？ （2）围绕价值工程对象需要做哪些准备工作
二、分析阶段	收集整理资料 功能定义 功能整理 功能评价	（3）价值工程对象的功能是什么？ （4）价值工程对象的成本是多少？ （5）价值工程对象的价值是多少
三、创新阶段	方案创造 方案评价 提案编写	（6）有无其他方法可以实现同样功能？ （7）新方案的成本是多少？ （8）新方案能满足要求吗
四、方案实施与评价阶段	方案审批 方案实施 成果评价	（9）如何保证新方案的实施？ （10）价值工程活动的效果如何

二、价值工程方法

（一）对象选择方法

（1）因素分析法。又称经验分析法，是指根据价值工程对象选择应考虑的各种因素，凭借分析人员的经验集体研究确定选择对象的一种方法。

因素分析法是一种定性分析方法，依据分析人员经验做出选择，简便易行。特别是在被研究对象彼此相差比较大以及时间紧迫的情况下比较适用。在对象选择中还可以将这种方法与其他方法相结合，往往能取得更好效果。因素分析法的缺点是缺乏定量依据、准确性较差，对象选择的正确与否，主要决定于价值工程活动人员的经验及工作态度，有时难以保证分析质量。为了提高分析的准确程度，可以选择技术水平高、经验丰富、熟悉业务的人员参加，并且要发挥集体智慧，共同确定对象。

（2）ABC分析法。又称重点选择法或不均匀分布定律法，是指应用数理统计分析的方法来选择对象。在价值工程中，这种方法的基本思路是：首先将一个产品的各种部件（或企业各种产品）按成本的大小由高到低排列起来，然后绘成费用累积分配图。然后将占总成本70%～80%而占零部件总数10%～20%的零部件划分为A类；将占总成本5%～10%而占零部件总数60%～80%的零部件划分为C类；其余为B类。其中A类零部件是价值工程的主要研究对象。

ABC 分析法抓住成本比重大的零部件或工序作为研究对象，有利于集中精力重点突破，取得较大效果，同时简便易行，因此，广泛为人们所采用。但在实际工作中，有时由于成本分配不合理，造成成本比重不大但用户认为功能重要的对象可能被漏选或排序推后。ABC 分析法的这一缺点可以通过经验分析法、强制确定法等方法补充修正。

（3）强制确定法。是以功能重要程度作为选择价值工程对象的一种分析方法。具体做法是：先求出分析对象的成本系数、功能系数，然后得出价值系数，以揭示出分析对象的功能与成本之间是否相符。如果不相符，价值低的则被选为价值工程的研究对象。这种方法在功能评价和方案评价中也有应用。

强制确定法从功能和成本两方面综合考虑，比较适用、简便，不仅能明确揭示出价值工程的研究对象，而且具有数量概念。但这种方法是人为打分，不能准确反映功能差距的大小，只适用于部件间功能差别不太大且比较均匀的对象，而且一次分析的部件数目也不能太多，以不超过 10 个为宜。

（4）百分比分析法。这是一种通过分析某种费用或资源对企业的某个技术经济指标的影响程度的大小（百分比），来选择价值工程对象的方法。

（5）价值指数法。这是通过比较各个对象（或零部件）之间的功能水平位次和成本位次，寻找价值较低对象（零部件），并将其作为价值工程研究对象的一种方法。

（二）功能的系统分析

1. 功能分类

根据功能的不同特性，可将功能从不同的角度进行分类：

（1）按功能的重要程度分类。产品的功能一般可分为基本功能和辅助功能两类。

（2）按功能的性质分类。产品的功能可分为使用功能和美学功能。

（3）按用户的需求分类。功能可分为必要功能和不必要功能。必要功能是指用户所要求的功能以及与实现用户所需求功能有关的功能，价值工程中的功能，一般是指必要功能。使用功能、美学功能、基本功能、辅助功能等均为必要功能；不必要功能是不符合用户要求的功能，又包括三类：一是多余功能，二是重复功能，三是过剩功能。

（4）按功能的量化标准分类。产品的功能可分为过剩功能与不足功能。

2. 功能定义

任何产品都具有使用价值，即功能。功能定义就是以简洁的语言对产品的功能加以描述。

3. 功能整理

（1）功能整理的目的。功能整理是用系统的观点将已经定义了的功能加以系统化，找出各局部功能相互之间的逻辑关系，并用图表形式表达，以明确产品的功能系统，从而为功能评价和方案构思提供依据。

（2）功能整理的一般程序。功能整理的主要任务就是建立功能系统图。因此，功能整理的过程也就是绘制功能系统图的过程，其工作程序如下：

1）编制功能卡片。

2）选出最基本的功能。

3）明确各功能之间的关系。

4）对功能定义做必要的修改、补充和取消。

5）按上下位关系，将经过调整、修改和补充的功能，排列成功能系统图。

4. 功能计量

功能计量又分对整体功能的量化和对各级子功能的量化。

其中各级子功能的量化方法有理论计算法、技术测定法、统计分析法、类比类推法、德尔菲法等，可根据具体情况灵活选用。

（三）功能评价

通过功能分析与整理明确必要功能后，价值工程的下一步工作就是功能评价。功能评价，即评定功能的价值，是指找出实现功能的最低费用作为功能的目标成本（又称功能评价值），以功能目标成本为基准，通过与功能现实成本的比较，求出两者的比值（功能价值）和两者的差异值（改善期望值），然后选择功能价值低、改善期望值大的功能作为价值工程活动的重点对象。功能评价工作可以更准确地选择价值工程研究对象，同时，制定目标成本，有利于提高价值工程的工作效率，并增加工作人员的信心。功能评价方法见表 4.3.3。

表 4.3.3 功能评价方法

<table>
<tr><td rowspan="2">功能成本法</td><td>求价值</td><td>$V=F/C=C_{目标}/C$</td><td>（1）$V=1$
（2）$V<1$
（3）$V>1$</td><td>目的是探讨功能与成本是否匹配，若不匹配，如何改进</td></tr>
<tr><td>求成本改善期望值</td><td>$\Delta C=C-C_{目标}$</td><td>—</td><td>目的是探讨改进顺序（当 $\Delta C>0$，大者优先改进）</td></tr>
<tr><td rowspan="3">功能指数法</td><td>求价值系数</td><td>$V_I=F_I/C_I$</td><td>（1）$V_I=1$
（2）$V_I<1$
（3）$V_I>1$</td><td>探讨功能与成本是否匹配，若不匹配，如何改进</td></tr>
<tr><td rowspan="2">求成本改善期望值</td><td rowspan="2">$\Delta C_j=C-C_{j目标}$</td><td rowspan="2">$C_{j目标}=C_{目标}\times F_{jI}$</td><td>新产品设计（重新确定目标成本 $C_{目标}$）</td></tr>
<tr><td>既有产品改进设计（以现实成本作为目标成本 $C_{目标}$）</td></tr>
</table>

表 4.3.3 有下列考核重点：

（1）功能成本法探讨匹配与否，即如何改进：

1）$V=1$。即功能评价值等于功能现实成本。这表明评价对象的功能现实成本与实现功能所必需的最低成本大致相当。此时，说明评价对象的价值为最佳，一般无须改进。

2）$V<1$。即功能现实成本大于功能评价值。表明评价对象的现实成本偏高，而功能要求不高。这时，一种可能是由于存在着过剩的功能，另一种可能是功能虽无过剩，但实现功能的条件或方法不佳，以致使实现功能的成本大于功能的现实需要。这两种情况都应列入功能改进的范围，并且以剔除过剩功能及降低现实成本为改进方向，使成本与功能比例趋于合理。

3）$V>1$。即功能现实成本小于功能评价值，表明该部件功能比较重要，但分配的成本较少。此时，应进行具体分析，功能与成本的分配问题可能已较理想，或者有不必要的功能，或者应该提高成本。

（2）功能指数法探讨匹配与否，即如何改进：

1）$V_I=1$。此时评价对象的功能比重与成本比重大致平衡，可以认为功能的现实成本是比较合理的。

2）$V_I<1$。评价对象的成本比重大于其功能比重，表明相对于系统内的其他对象而言，目前所占的成本偏高，从而会导致该对象的功能过剩。应将评价对象列为改进对象，改善方向主要是降低成本。

3）$V_I>1$。此时评价对象的成本比重小于其功能比重。出现这种情况的原因可能有三种：第一，由于现实成本偏低，不能满足评价对象实现其应具有的功能的要求，致使对象功能偏低，这种情况应列为改进对象，改善方向是增加成本；第二，对象目前具有的功能已经超过其应该具有的水平，即存在过剩功能，这种情况也应列为改进对象，改善方向是降低功能水平；第三，对象在技术、经济等方面具有某些特征，在客观上存在着功能很重要而消耗的成本却很少的情况，这种情况一般不列为改进对象。

（3）功能重要性系数确定方法：确定功能重要性系数的关键是对功能进行打分，常用的打分方法有强制打分法（0—1 评分法或 0—4 评分法）、多比例评分法、逻辑评分法、环比评分法等。采用环比评分法和强制打分法确定功能重要性系数的应用。

（4）改进顺序两种情况：新产品设计（重新确定目标成本 $C_{目标}$），既有产品改进设计（以现实成本作为目标成本 $C_{目标}$）。

（四）方案创造及评价

1. 方案创造

方案创造常用的方法有以下几种：

（1）头脑风暴法（Brain Storming，BS）。头脑风暴法是指自由奔放地思考问题。这种方法可使获得的方案新颖、全面、富于创造性，并可以防止片面和遗漏。

（2）歌顿（Gorden）法。这是美国人歌顿在 1964 年提出的方法。这个方法也是在会议上提方案，但究竟研究什么问题、目的是什么，只有会议的主持人知道。当会议进行到一定时机时再宣布会议的具体要求，在此联想的基础上研究和提出各种新的具体方案。

（3）专家意见法。这种方法又称德尔菲（Delphi）法，是由组织者将研究对象的问题和要求，函寄给若干有关专家，使他们在互不商量的情况下提出各种建议和设想，专家返回设想意见，经整理分析后，归纳出若干较合理的方案和建议，再函寄给有关专家征求意见，再回收整理，如此经过几次反复后专家意见趋向一致，从而最后确定出新的功能实现方案。这种方法的特点是专家们彼此不见面，研究问题时间充裕，可以无顾虑、不受约束地从各种角度提出意见和方案。缺点是花费时间较长，缺乏面对面的交谈和商议。

（4）专家检查法。这个方法不是靠大家想办法，而是由主管设计的工程师做出设计，提出完成所需功能的办法和生产工艺，然后顺序请各方面的专家（如材料方面的、生产工艺的、工艺装备的、成本管理的、采购方面的）审查。这种方法先由熟悉的人进行审查，以提高效率。

2. 方案评价

方案评价包括概略评价和详细评价两个阶段。其评价内容都包括技术评价、经济评价、社会评价以及综合评价。

（五）方案实施与评价

在方案实施过程中，应该对方案的实施情况进行检查，发现问题及时解决。方案实施完成后，要进行总结评价和验收。

第四节　工程寿命周期成本分析

真题解析

一、2023 年考题

采用费用效率法进行工程寿命周期成本分析时，寿命周期成本投入后所取得的效果称为（　　）。

A. 购置效率　　B. 系统效率　　C. 固定效率　　D. 类比效率

【答案】B

【解析】投资的目的是多种多样的，当计算费用效率 *CE* 时，那些应作为投资所得的“成果”计入系统效率 *SE*。

【考点】工程寿命周期成本分析方法及其特点——费用效率法。

二、2022 年考题

采用费用效率（*CE*）法分析工程寿命周期成本时，包含的费用有（　　）。

A. 设置费和维持费　　B. 制造费和安装费

C. 制造费和维修费　　D. 研发费和试运转费

【答案】A

【解析】费用效率（*CE*）是指工程系统效率（*SE*）与工程寿命周期成本（*LCC*）的比值。其计算公式如下：

$$CE=\frac{SE}{LCC}=\frac{SE}{IC+SC}$$

式中：*CE*——费用效率；

SE——工程系统效率；

LCC——工程寿命周期成本；

IC——设置费；

SC——维持费。

【考点】工程寿命周期成本分析方法及其特点——工程寿命周期成本分析方法——费用效率法。

三、2021 年考题

下列各项费用中，属于费用效率法中设置费的是（　　）。

A. 试运转费　　B. 维修用设备费　　C. 运行动能费　　D. 项目报废费用

【答案】A

【解析】设置费包括：研究开发费、设计费、制造费、安装费、试运转费。选项 B、C、D 均属于工程寿命周期成本中的维持费。

【考点】工程寿命周期成本分析方法及其特点——工程寿命周期成本分析方法——费用效率法。

四、2020 年考题

采用权衡分析法权衡工程系统设置费中各项费用之间的关系时，可采取的措施是（　　）。

A. 进行节能设计，减少运行费用　　B. 改善设计材质，降低维修频度

C. 采用整体结构，减少安装费用　　D. 采用计划预修，降低停机损失

【答案】C

【解析】设置费中各项费用之间的权衡分析：进行充分的研制，降低制造费；将预制的维修系统装入机内，减少备件的购置量；购买专利的使用权，从而减少设计、试制、制造、试验费用；采用整体结构，减少安装费。

【考点】工程寿命周期成本分析方法及其特点——工程寿命周期成本分析方法——权衡分析法。

五、2019 年考题

对于已确定日供水量的城市供水项目，进行工程成本评价应采用（　　）。

A. 费用效率法　　B. 固定费用法

C. 固定效率法　　D. 权衡分析法

【答案】C

【解析】固定效率法是将效率值固定下来，然后选取能达到这个效率而费用最低的方案。如要建设一个供水系统，可以在完成供水任务的前提下选取费用最低的方案，这就是固定效率法。

【考点】工程寿命周期成本分析方法及其特点——工程寿命周期成本分析方法——固定效率法和固定费用法。

考点统计

本节主要考查对工程寿命周期成本的理解、对工程寿命周期成本分析方法的运用与对其特点的掌握，2019—2023 年共考核 5 道题，见表 4.4.1。

表 4.4.1　第四章第四节考点考核频次表

序号	知识点	具体考点	考核频次
1	工程寿命周期成本分析方法及其特点	费用效率法	3
		固定效率法	1
		权衡分析法	1

知识点凝练

一、工程寿命周期成本及其构成

（一）工程寿命周期成本的含义

工程寿命周期是指工程产品从研究开发、设计、建造、使用直到报废所经历的全部时间。在工程寿命周期成本（Life Cycle Cost，LCC）中，不仅包括经济意义上的成本，还包括环境成本和社会成本。

1. 工程寿命周期经济成本

工程寿命周期经济成本是指工程项目从项目构思到项目建成投入使用直至工程寿命终结全过程所发生的一切可直接体现为资金耗费的投入的总和，包括建设成本和使用成本。

2. 工程寿命周期环境成本

根据国际标准化组织环境管理体系（ISO 14000）精神，工程寿命周期环境成本是指工程产品系列在其全寿命周期内对于环境的潜在和显在的不利影响。

3. 工程寿命周期社会成本

工程寿命周期社会成本是指工程产品在从项目构思、产品建成投入使用直至报废不堪再用全过程中对社会的不利影响。

在工程寿命周期成本中，环境成本和社会成本都是隐性成本，它们不直接表现为量化成本，而必须借助于其他方法转化为可直接计量的成本，这就使得它们比经济成本更难以计量。考虑到各种因素，本书仍主要考虑工程寿命周期经济成本。

（二）工程寿命周期成本的构成

工程寿命周期成本是工程设计、开发、建造、使用、维修和报废等过程中发生的费用，也即该项工程在其确定的寿命周期内或在预定的有效期内所需支付的研究开发费、制造安装费、运行维修费、报废回收费等费用的总和。

二、工程寿命周期成本分析

工程寿命周期成本分析又称工程寿命周期成本评价，在系统的开发阶段将工程寿命周期成本作为设计的参数，而对系统进行彻底的分析比较后作出决策的方法。

（一）工程寿命周期成本分析方法

常用的工程寿命周期成本评价方法有费用效率（*CE*）法、固定效率法和固定费用法、权衡分析法等。

1. 费用效率（*CE*）法

费用效率（*CE*）是指工程系统效率（*SE*）与工程寿命周期成本（*LCC*）的比值。其计算公式如下：

$$CE=\frac{SE}{LCC}=\frac{SE}{IC+SC}$$

工程寿命周期成本为设置费和维持费的合计额，即系统在寿命周期内的总费用。

费用估算的方法有很多，常用的有：①费用模型估算法；②参数估算法；③类比估算法；④费用项目分别估算法。

2. 固定效率法和固定费用法

所谓固定费用法，是将费用值固定下来，然后选出能得到最佳效率的方案。反之，固定效率法是将效率值固定下来，然后选取能达到这个效率而费用最低的方案。

3. 权衡分析法

教材介绍了提高费用效率可采用的五种权衡分析的有效手段，是历年常考的内容，考分多为 1 分。但鉴于内容较多，分数不易取得，不建议作为重点复习的内容。

从评价方法的基本原理来看，可以认为：工程寿命周期成本评价方法≈权衡分析法。

（二）工程寿命周期成本分析法的特点和局限性

1. 工程寿命周期成本分析法的特点

（1）选择系统时，不仅考虑设置费，还要研究所有的费用。

（2）在系统开发的初期就考虑工程寿命周期成本。

（3）进行“费用设计”，将工程寿命周期成本作为系统开发的主要因素。

（4）进行设置费和维持费之间的权衡，系统效率和工程寿命周期成本之间的权衡，以及开发、设置所需的时间和工程寿命周期成本之间的权衡。

2. 工程寿命周期成本分析法的局限性

（1）假定项目方案有确定的工程寿命周期。

（2）在项目早期进行评价的准确性难以保证。

（3）进行工程寿命周期成本分析的高成本使得其未必适用于所有的项目。

本章考分统计

本章考分统计表

节	年份				
	2023	2022	2021	2020	2019
第一节	3	4	5	5	4
第二节	12	8	7	8	7
第三节	4	4	4	6	6
第四节	1	1	1	1	1

本章考点点评

第一节：分析过去的考题，主要考核的概念包括利息、利率、影响利率的因素、单利法、复利法、等值计算和名义利率与有效利率，考分在 3 分到 5 分之间。

第二节：这是考试的重点，分数在 8 分左右，2023 年达到 12 分，包括评价指标、评价方法和不确定性分析，近几年考题比较容易，具体考核的内容与方式可参见近几年考题解析。

第三节：这是本章考试的次重点内容，通常在6分左右，近几年主要是针对具体概念的考核，题目形式简单，个别题目有时候灵活一些。

第四节：考分为1分，考生可通过参考近几年考题解析重点掌握相应内容。

第五章

工程项目投融资

第一节　工程项目资金来源

真题解析

一、2023 年考题

1. 依据我国固定资产投资项目资本金制度，通过发行权益类金融工具等方式筹措的项目资本金在资本金总额中的占比上限是（　　）。

A. 30%　　B. 40%　　C. 50%　　D. 60%

【答案】C

【解析】通过发行金融工具等方式筹措的各类资金，按照国家统一的会计制度应当分类为权益工具的，可以认定为投资项目资本金，但不得超过资本金总额的 50%。

【考点】项目资本金制度——项目资本金比例。

2. 通过国际金融机构贷款方式筹集建设资金的特点是（　　）。

A. 利率高于商业银行贷款利率

B. 安排贷款期限较短

C. 通常不需要支付借款承诺费等附加费用

D. 通常要求设备采购进行国际招标

【答案】D

【解析】国际金融机构的贷款通常带有一定的优惠性，贷款利率低于商业银行贷款利率，贷款期限可以安排得很长，但也有可能需要支付某些附加费用，例如承诺费。国际金融机构贷款通常要求设备采购进行国际招标。

【考点】项目资金筹措渠道与方式——债务资金筹措渠道与方式——信贷方式融资（国际金融机构贷款）。

3. 进行追加筹资决策所依据的资金成本是（　　）。

A. 社会平均资金成本　　B. 边际资金成本

C. 账面综合资金成本　　D. 递减资金成本

【答案】B

【解析】项目公司为了扩大项目规模，增加所需资产或投资，往往需要追加筹集资金。在这种情况下，边际资金成本就成为比较选择各个追加筹资方案的重要依据。

【考点】资金成本与资本结构—资金成本——资金成本的作用。

4. 某企业采用融资租赁方式租入一套大型设备。设备的资产价值为800万元，租赁期为10年。按租赁合同约定，该公司每年需定期支付租金100万元。公司所得税税率为25%，该设备租赁成本率是（　　）。

A. 9.38%　　B. 12.50%　　C. 15.00%　　D. 16.67%

【答案】A

【解析】$K_L=E(1-T)/P_L=100\times(1-25\%)/800=9.38\%$。

【考点】资金成本与资本结构—资金成本——资金成本的计算。

5. 进行资本结构分析时，通常需要分析每股收益无差别点。每股收益无差别点的含义是（　　）。

A. 不同融资方式下每股收益均为零的销售水平

B. 不同融资方式下每股收益均为零的融资总额

C. 每股收益不受融资方式影响的销售水平

D. 每股收益不受融资方式影响的融资总额

【答案】C

【解析】每股收益分析是利用每股收益的无差别点进行的。所谓每股收益的无差别点，是指每股收益不受融资方式影响的销售水平。根据每股收益无差别点，可以分析判断不同销售水平下适用的资本结构。

【考点】资金成本与资本结构—资本结构——资本结构的比选方法。

6. 按照《国务院关于固定资产投资项目试行资本金制度的通知》，需要试行资本金的项是（　　）。

A. 国家投资的基础项目　　B. 房地产开发项目

C. 国家投资的技术改造　　D. 集体开发项目

E. 公益性投资项目

【答案】ABCD

【解析】为了建立投资风险约束机制，有效地控制投资规模，《国务院关于固定资产投资项目试行资本金制度的通知》（国发〔1996〕35号）规定，各种经营性固定资产投资项目，包括国有单位的基本建设、技术改造、房地产开发项目和集体投资项目，试行资本金制度，投资项目必须首先落实资本金才能进行建设。个体和私营企业的经营性投资项目参照规定执行。公益性投资项目不实行资本金制度。外商投资项目（包括外商投资、中外合资、中外合作经营项目）按现行有关法规执行。

选项B、D，是有争议的选项，笔者认为尽管没有提到是国家投资或集体投资，但仍然是经营性投资项目，不是公益项目，应试行资本金制度。

【考点】项目资本金制度。

二、2022年考题

1. 下列项目中，项目资本金占项目总投资最低比例最大的是（　　）。

A. 城市轨道交通项目　B. 保障房项目　　C. 普通商品房项目　　D. 机场项目

【答案】D

【解析】机场项目项目资本金占项目总投资最低比例为25%，选项A、B、C项目资本金占项目总投资最低比例为 20%。

【考点】项目资本金制度——项目资本金比例。

2. 关于债券方式筹集资金的说法正确的是（　　）。

A. 降低总成本　　B. 无法保障股东控制权

C. 可能发生财务杠杆负效应　　D. 筹资成本较高

【答案】C

【解析】债券筹资的优点：①筹资成本较低；②保障股东控制权；③发挥财务杠杆作用；④便于调整资本结构。

债券筹资的缺点：①可能产生财务杠杆负效应；②可能使企业总资金成本增大；③经营灵活性降低。

【考点】项目资金筹措渠道与方式——债务资金筹措渠道与方式——债券方式融资。

3. 贷款 1 000 万元，期限为 5 年，贷款利率为 9%，所得税税率为 25%，筹集费费率为 2%，则资金成本率为（　　）。

A. 6.89%　　B. 9.00%　　C. 11.76%　　D.11.0%

【答案】A

【解析】K=9%×（1–25%）/（1–2%）=6.89%。

【考点】资金成本与资本结构——资金成本——资金成本的计算。

4. 无差别点是指使不同资本结构的每股收益相等时的（　　）。

A. 息税前利润　　B. 税前净利润

C. 税后净利润　　D. 税前利润

【答案】A

【解析】所谓每股收益的无差别点，是指每股收益不受融资方式影响的销售水平，销售水平可以是销售额和息税前利润。如下图所示，纵坐标是每股收益，横坐标是息税前利润。

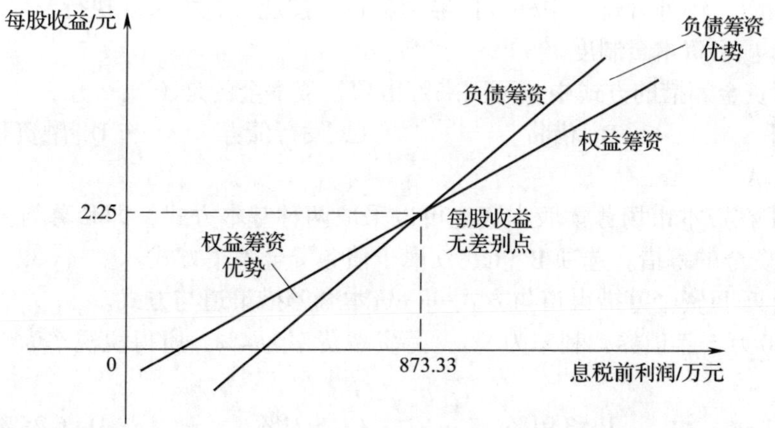

【考点】资金成本与资本结构——资本结构——资本结构的比选方法。

5. 通过每股收益的变化衡量资本结构是否合理，最优的是（　　）。

A. 每股收益的无差别点　　B. 价值最大

C. 每股收益增加的资本结构　　D. 提高利润

【答案】C

【解析】资本结构是否合理，一般是通过分析每股收益的变化来进行衡量的。凡是能够提高每股收益的资本结构就是合理的，反之则是不合理的。

【考点】资金成本与资本结构——资本结构——资本结构的比选方法。

6. 资本金筹措方式中，项目新设法人的筹措方式有（　　）。

A. 合资合作　　B. 公开募集

C. 融资租赁　　D. 私募

E. 政策性贷款

【答案】ABD

【解析】由初期设立的项目法人进行的资本金筹措形式主要有：①在资本市场募集股本资金，即私募与公开募集；②合资合作。选项 C、E 属于债务资金筹措方式。

【考点】项目资金筹措渠道与方式——资本金筹措渠道与方式——新设法人项目资本金筹措。

三、2021 年考题

1. 根据《国务院关于固定资产投资项目试行资本金制度的通知》，下列各类项目中，不实行资本金制度的固定资产投资项目是（　　）。

A. 外商投资项目　　B. 国有企业房地产开发项目

C. 国有企业技术改造项目　　D. 公益性投资项目

【答案】D

【解析】《国务院关于固定资产投资项目试行资本金制度的通知》规定，各种经营性固定资产投资项目，包括国有单位的基本建设、技术改造、房地产开发项目和集体投资项目，试行资本金制度，投资项目必须首先落实资本金才能进行建设。个体和私营企业的经营性投资项目参照规定执行。公益性投资项目不实行资本金制度。外商投资项目（包括外商投资、中外合资、中外合作经营项目）按现行有关法规执行。

【考点】项目资本金制度。

2. 下列资金筹措的方式中，可用来筹措项目资本金的是（　　）。

A. 私募　　B. 借贷　　C. 发行债券　　D. 融资租赁

【答案】A

【解析】在资本市场募集股本资金可以采取两种基本方式，即私募与公开募集。其他属于债务资金的筹措。选项 B、C、D 属于债务资金筹集方式。

【考点】项目资金筹措渠道与方式——资本金筹措渠道与方式。

3. 4 000 万 5 年债券，利率为 5%，筹资费费率为 4%，所得税税率为 25%，资金成本率为（　　）。

A. 3.16%　　B. 3.91%　　C. 5.21%　　D. 6.25%

【答案】B

【解析】$KB=i_b\times(1-T)/(1-f)=5\%\times(1-25\%)/(1-4\%)=3.91\%$。

【考点】资金成本与资本结构——资金成本——资金成本的计算——债券成本。

4. 在确定项目债务资金结构比例时，重要的是在（　　）之间取得平衡。

A. 债务期限和融资成本　　B. 融资成本和融资风险
C. 融资风险和债务额度　　D. 债务额度和债务期限

【答案】B

【解析】在确定项目债务资本结构比例时，需要在融资成本和融资风险之间取得平衡，既要降低融资成本，又要控制融资风险。

【考点】资金成本与资本结构——资本结构——项目债务资金结构。

5. 下列各项费用中，构成融资租赁租金的有（　　）。

A. 租赁资产的成本　　B. 承租人的使用成本
C. 出租人购买租赁资产的贷款利息　　D. 出租人的利润
E. 承租人承办租赁业务的费用

【答案】ACD

【解析】融资租赁的租金包括三大部分：

（1）租赁资产的成本：租赁资产的成本大体由资产的购买价、运杂费、运输途中的保险费等项目构成。

（2）租赁资产的利息：出租人所实际承担的购买租赁设备的贷款利息。

（3）租赁手续费：包括出租人承办租赁业务的费用以及出租人向承租人提供租赁服务所赚取的利润。

【考点】项目资金筹措渠道与方式——债务资金筹措渠道与方式——租赁方式融资——融资租赁。

四、2020 年考题

1. 根据固定资产投资项目资本金制度，作为计算资本金基数的总投资，是指投资项目的（　　）之和。

A. 建筑工程费和安装工程费　　B. 固定资产投资和铺底流动资金
C. 建筑工程费和设备工器具购置费　　D. 建筑工程费和建设工程其他费

【答案】B

【解析】作为计算资本金基数的总投资，是指投资项目的固定资产投资和铺底流动资金之和，具体核定时以经批准的动态概算为依据。

【考点】工程项目资金来源——项目资本金比例。

2. 福费廷（FORFEIT）作为一种专门的代理融资技术，其本质是以（　　）方式进行融资。

A. 债券　　B. 租赁　　C. 信贷　　D. 股权

【答案】C

【解析】福费廷是专门的代理融资技术。其本质是以信贷方式融资，不是债券和租赁等负债方式，也不是转移股权的资本金方式。

【考点】项目资金筹措渠道与方式——信贷方式融资——福费廷。

3. 根据《国务院关于调整和完善固定资产投资项目资本金制度的通知》，对于产能过剩行业中的水泥项目，项目资本金占项目总投资的最低比例为（　　）。

A. 40%　　B. 35%　　C. 30%　　D. 25%

【答案】B

【解析】水泥项目的项目资本金占项目总投资的最低比例为35%。

【考点】项目资本金制度——项目资本金比例。

4. 不同的资金成本形式有不同的作用，可作为追加筹资决策依据的资金成本是（　　）。

A. 边际资金成本　　B. 个别资金成本

C. 综合资金成本　　D. 加权资金成本

【答案】A

【解析】边际资金成本是追加筹资决策的重要依据。注意区别个别资金成本、边际资金成本和综合资金成本的作用。

【考点】资金成本与资本结构——资金成本——资金成本的作用。

5. 项目的资本结构是否合理，可通过分析（　　）来衡量。

A. 负债融资成本　　B. 权益融资成本

C. 每股收益变化　　D. 权益融资比例

【答案】C

【解析】资本结构是否合理一般是通过分析每股收益的变化来进行衡量的。

【考点】资金成本与资本结构——资本结构——资本结构的比选方法。

6. 既有法人筹措项目资本金的内部资金来源有（　　）。

A. 企业资产变现　　B. 企业产权转让

C. 企业发行债券　　D. 企业增资扩股

E. 企业发行股票

【答案】AB

【解析】内部资金来源主要包括以下几个方面：①企业的现金；②未来生产经营中获得的可用于项目的资金；③企业资产变现；④企业产权转让。选项C属于负债筹集资金的方式；选项D、E分别是外部资金来源的方式和新设法人项目资金来源方式。

【考点】项目资金筹措渠道与方式——资本金筹措渠道与方式——既有法人项目资本金筹措。

7. 关于融资租赁方式及其特点的说法，正确的有（　　）。

A. 由承租人选定所需设备

B. 由出租人购置所需设备

C. 由出租人计提固定资产折旧

D. 租赁期满后出租人收回设备所有权

E. 租金包括租赁设备的成本、利息及手续费

【答案】ABE

【解析】融资租赁又称金融租赁或财务租赁。采取这种租赁方式，通常由承租人选定需要的设备，由出租人购置后给承租人使用，承租人向出租人支付租金，承租人租赁取得的设备按照固定资产计提折旧，租赁期满，设备一般归承租人所有，由承租人以事先约定的很低的价格向出租人收购的形式取得设备的所有权。融资租赁的租金包括三大

部分：①租赁资产的成本；②租赁资产的利息；③租赁手续费。

【考点】项目资金筹措渠道与方式——债务资金筹措渠道与方式——租赁方式融资——融资租赁。

五、2019年考题

1. 根据《国务院关于决定调整固定资产投资项目资本金比例的通知》，投资项目最低资本金比例要求为40%的是（　　）。

A. 钢铁、电解铝项目　　B. 铁路、公路项目

C. 玉米深加工项目　　D. 普通商品住房项目

【答案】A

【解析】各行业的投资项目最低资本金比例分别是：钢铁、电解铝项目为40%，铁路、公路项目，玉米深加工项目，普通商品住房项目均为20%，其他详见本节知识点凝练中表5.1.2。

【考点】项目资本金制度——项目资本金比例。

2. 既有法人可用于项目资本金的外部资金来源是（　　）。

A. 企业在银行的存款　　B. 企业产权转让

C. 企业生产经营收入　　D. 国家预算内投资

【答案】D

【解析】外部资金来源，包括既有法人通过在资本市场发行股票和企业增资扩股，以及一些准资本金手段，如发行优先股来获取外部投资人的权益资金投入，同时也包括接受国家预算内资金为来源的融资方式。

【考点】项目资金筹措渠道与方式——资本金筹措渠道与方式——既有法人项目资本金筹措。

3. 企业通过发行债券进行筹资的优点是（　　）。

A. 降低企业总资金成本　　B. 发挥财务杠杆作用

C. 提升企业经营灵活性　　D. 减少企业财务风险

【答案】B

【解析】债券筹资的优点：①筹资成本较低；②保障股东控制权；③发挥财务杠杆作用；④便于调整资本结构。

【考点】项目资金筹措渠道与方式——债务资金筹措渠道与方式——债券方式融资。

4. 下列资金成本中，可用来比较建设工程各种融资方式优劣的是（　　）资金成本。

A. 综合　　B. 边际　　C. 个别　　D. 债务

【答案】C

【解析】个别资金成本的高低可作为比较各种融资方式优劣的一个依据。

【考点】资金成本与资本机构——资金成本——资金成本的作用。

5. 某公司发行优先股股票，票面额按正常市场价计算为400万元，筹资费费率为5%，每年股息率为15%，公司所得税税率为25%，则优先股资金成本率为（　　）。

A. 5.89%　　B. 7.84%　　C. 11.84%　　D. 15.79%

【答案】D

【解析】优先股资金成本率 =15%/（1–5%）=15.79%。

【考点】资金成本与资本结构——资金成本——资金成本的计算——优先股成本。

6. 关于融资中每股收益与资本结构、销售水平之间关系的说法，正确的是（　　）。

A. 受资本结构的影响，也受销售水平的影响

B. 受资本结构的影响，不受销售水平的影响

C. 不受资本结构的影响，受销售水平的影响

D. 不受资本结构的影响，也不受销售水平的影响

【答案】A

【解析】一般来说，每股收益受资本结构的影响，同样也受销售水平的影响。

【考点】资金成本与资本结构——资本结构——资本结构的比选方式。

7. 下列费用中，属于资金筹集成本的有（　　）。

A. 股票发行手续费入

B. 建设投资贷款利息

C. 债券发行公证费

D. 股东所得红利

E. 债券发行广告费

【答案】ACE

【解析】资金筹集成本是指在资金筹集过程中所支付的各项费用，如发行股票或债券支付的印刷费、发行手续费、律师费、资信评估费、公证费、担保费、广告费等。资金筹集成本一般属于一次性费用，筹资次数越多，资金筹集成本也就越大。

【考点】资金成本与资本机构——资金成本——资金成本及构成——资金筹集成本。

考点统计

本节主要考查对项目资本金制度、项目资金筹措渠道与方式、资金成本与资本结构的理解和掌握情况。2019—2023 年共考核 31 道题，见表 5.1.1。

表 5.1.1　第五章第一节考点考核频次表

序号	知识点	具体考点	考核频次
1	项目资本金制度	项目资本金制度	2
		项目资本金比例	5
2	项目资金筹措渠道与方式	既有法人项目资本金筹措	2
		新设法人项目资本金筹措	2
		信贷方式融资	2
		债券方式融资	2
		租赁方式融资	2

续表 5.1.1

序号	知识点	具体考点	考核频次
3	资金成本与资本结构	资金成本及构成	1
		资金成本的作用	3
		资金成本的计算	4
		项目债务资金结构	1
		资本结构的比选方法	5

知识点凝练

一、项目资本金制度

项目资本金是指在项目总投资中由投资者认缴的出资额。

（一）项目资本金的来源

项目资本金可以用货币出资，也可以用实物、工业产权、非专利技术、土地使用权作价出资。对作为资本金的实物、工业产权、非专利技术、土地使用权，必须经过有资格的资产评估机构依照法律、法规评估作价，不得高估或低估。以工业产权、非专利技术作价出资的比例不得超过投资项目资本金总额的20%，国家对采用高新技术成果有特别规定的除外。

（二）项目资本金的比例

目前，各类投资项目最低资本金比例见表 5.1.2。

表 5.1.2　各类投资项目最低资本金比例

序号	投资项目		最低资本金比例
1	城市和交通基础设施项目	城市轨道交通项目	20%
		港口、沿海及内河航运项目	
		铁路、公路项目	
		机场项目	25%
2	房地产开发项目	保障性住房和普通商品住房项目	20%
		其他项目	25%
3	产能过剩行业项目	钢铁、电解铝项目	40%
		水泥项目	35%
		煤炭、电石、铁合金、烧碱、焦炭、黄磷、多晶硅项目	30%

续表 5.1.2

序号	投资项目		最低资本金比例
4	其他工业项目	玉米深加工项目	20%
		化肥（钾肥除外）项目	25%
		电力等其他项目	20%

作为计算资本金基数的总投资，是指投资项目的固定资产投资与铺底流动资金之和，具体核定时以经批准的动态概算为依据。

（三）项目资本金的管理

投资项目的资本金一次认缴，并根据批准的建设进度按比例逐年到位。

凡资本金不落实的投资项目，一律不得开工建设。

二、项目资金筹措渠道与方式

（一）资本金筹措渠道与方式

根据项目资本金筹措的主体不同，可分为既有法人项目资本金筹措和新设法人项目资本金筹措。

1. 既有法人项目资本金筹措

既有法人作为项目法人进行项目资本金筹措，不组建新的独立法人，筹资方案应与既有法人公司（包括企业、事业单位等）的总体财务安排相协调。既有法人可用于项目资本金的资金来源分为内、外两个方面。

（1）内部资金来源。主要包括以下几个方面：

1）企业的现金。

2）未来生产经营中获得的可用于项目的资金。

3）企业资产变现。企业资产变现通常包括：短期投资、长期投资、固定资产、无形资产的变现。

4）企业产权转让。企业可将原拥有的产权部分或全部转让给他人，换取资金用作新项目的资本金。

（2）外部资金来源。

1）企业增资扩股。企业可以通过原有股东增资扩股以及吸收新股东增资扩股，包括国家股、企业法人股、个人股和外资股的增资扩股。

2）优先股。优先股与普通股相同的是没有还本期限，与债券特征相似的是股息固定。相对于其他借款融资，优先股的受偿顺序通常靠后，对于项目公司其他债权人来说，可视为项目资本金。而对于普通股股东来说，优先股通常要优先受偿，是一种负债。因此，优先股是一种介于股本资金与负债之间的融资方式。优先股股东不参与公司经营管理，没有公司控制权，不会分散普通股东的控股权。发行优先股通常不需要还本，只需支付固定股息，可减少公司的偿债风险和压力。但优先股融资成本较高，且股利不能像债券利息一样在税前扣除。

3）国家预算内投资。国家预算内投资是指以国家预算资金为来源并列入国家计划的固定资产投资。

2. 新设法人项目资本金筹措

新设法人项目资本金的形成分为两种形式：一种是在新法人设立时由发起人和投资人按项目资本金额度要求提供足额资金；另一种是由新设法人在资本市场上进行融资来形成项目资本金。

新设项目法人项目资本金通常以注册资本的方式投入。有限责任公司及股份公司的注册资本由公司的股东按股权比例认缴，合作制公司的注册资本由合作投资方按预先约定金额投入。如果公司注册资本的额度要求低于项目资本金额度的要求，股东按项目资本金额度要求投入企业的资金超过注册资本的部分，通常以资本公积的形式记账。有些情况下，投资者还可以准资本金方式投入资金，包括优先股、股东借款等。

由初期设立的项目法人进行的资本金筹措形式主要有：

（1）在资本市场募集股本资金。在资本市场募集股本资金可以采取两种基本方式：私募与公开募集。

（2）合资合作。

（二）债务资金筹措渠道与方式

债务资金是指项目投资中除项目资本金外，以负债方式取得的资金。债务资金是项目公司一项重要的资金来源。债务融资的优点是速度快、成本较低，缺点是融资风险较大，有还本付息的压力。

筹措债务资金应考虑债务期限、债务偿还、债务序列、债权保证、违约风险利率结构、货币结构与国家风险等主要因素。债务资金主要通过信贷、债券、租赁等方式进行筹措。

1. 信贷方式融资

信贷方式融资是项目负债融资的重要组成部分，是公司融资和项目融资中最基本和最简单，也是比重最大的债务融资形式。

（1）商业银行贷款。

（2）政策性银行贷款。

（3）出口信贷。

（4）银团贷款。

（5）国际金融机构贷款。与我国联系密切的四个金融机构：

1）国际货币基金组织（International Monetary Fund，IMF）。IMF的贷款只限于成员国的财政和金融当局，IMF不与任何企业发生业务，贷款用途用于弥补国际收支逆差或用于经常项目的国际支付，期限为1～5年。

2）世界银行（The World Bank）。世界银行主要提供用于确定工程项目的贷款，以鼓励较不发达国家生产与资源的开发。世界银行贷款仅限于会员国，凡参加世界银行的国家必须首先是国际货币基金组织的成员国，若贷款对象为非会员国的政府，则该贷款须由会员国政府、中央银行和世界银行认可的机构进行担保。贷款的发放和管理按照项目周期进行，必须专款专用，并接受世界银行的监督。贷款期限一般较长，最长可达30年。

3）亚洲开发银行贷款（Asian Development Bank，ADB）。ADB是类似于世界银行但只面向亚太地区的区域性政府间金融开发机构。ADB根据1990年人均国民生产总值的不同，将发展中国家成员分为A、B、C三类，对不同种类的国家或地区采用不同的贷款或捐赠条件。

4）亚洲基础设施投资银行（Asian Infrastructure Investment Bank，AIIB）。亚洲基础设施投资银行简称亚投行，是由中国倡议设立的一个政府间性质的亚洲区域多边开发机构，主要业务是援助亚太地区国家的基础设施建设，以促进亚洲区域的建设互联互通化和经济一体化进程，并加强中国与其他亚洲国家和地区的合作。

2. 债券方式融资

债券是债务人为筹集债务资金而发行的、约定在一定期限内还本付息的一种有价证券。企业债券融资是一种直接融资。

除一般债券融资外，还有可转换债券融资。可转换债的发行条件与一般企业债券类似，但由于附加有可转换为股权的权利，通常可转换债券的利率更低。

（1）债券筹资的优点：

1）筹资成本较低。发行债券筹资的成本要比股票筹资的成本低。这是因为债券发行费用较低，其利息允许在所得税前支付，可以享受扣减所得税的优惠，因此，企业实际上负担的债券成本一般低于股票成本。

2）保障股东控制权。债券持有人无权干涉管理事务，因此，发行企业债券不会像增发股票那样可能会分散股东对企业的控制权。

3）发挥财务杠杆作用。不论企业盈利水平如何，债券持有人只收取固定的利息，更多的收益可分配给股东，或留归企业以扩大经营。

4）便于调整资本结构。企业通过发行可转换债券，或在发行债券时规定可提前赎回债券，有利于企业主动、合理地调整资本结构确定负债与资本的合理比例。

（2）债券筹资的缺点：

1）可能产生财务杠杆负效应。债券必须还本付息，是企业固定的支付费用。随着这种固定支出的增加，企业的财务负担和破产可能性增大。一旦企业资产收益率下降到债券利息率之下，会产生财务杠杆的负效应。

2）可能使企业总资金成本增大。企业财务风险和破产风险会因其债务的增加而上升，这些风险的上升又导致企业债券成本、权益资金成本上升，从而增大了企业总资金成本。

3）经营灵活性降低。在债券合同中，各种保护性条款使企业在股息策略融资方式和资金调度等多方面受到制约，经营灵活性降低。

3. 租赁方式融资

租赁分为经营性租赁与融资性租赁两类。

（1）经营租赁。经营租赁是出租方以自己经营的设备租给承租方使用，出租方收取租金。承租方则通过租入设备的方式，节省了项目设备购置投资，或等同于筹集到了一笔设备购置资金，承租方只需为此支付一定的租金。当预计项目中使用设备的租赁期短于租入设备的经济寿命时，经营租赁可以节约项目运行期间的成本开支，并避免设备经济寿命在项目上的空耗。

（2）融资租赁。融资租赁又称金融租赁或财务租赁。采取这种租赁方式，通常由承租人选定需要的设备，由出租人购置后给承租人使用，承租人向出租人支付租金，承租人租赁取得的设备按照固定资产计提折旧，租赁期满，设备一般要由承租人所有，由承租人以事先约定的很低的价格向出租人收购的形式取得设备的所有权。

融资租赁作为一种融资方式，其优点主要有：

1）融资租赁是一种融资与融物相结合的融资方式，能够迅速获得所需资产的长期使用权。

2）融资租赁可以避免长期借款筹资所附加的各种限制性条款，具有较强的灵活性。

3）融资租赁的融资与进口设备都由有经验和对市场熟悉的租赁公司承担，可以减少设备进口费，从而降低设备取得成本。

融资租赁的租金包括以下三大部分：

租赁资产的成本：租赁资产的成本大体由资产的购买价、运杂费、运输途中的保险费等项目构成。

租赁资产的利息：承租人所实际承担的购买租赁设备的贷款利息。

租赁手续费：包括出租人承办租赁业务的费用以及出租人向承租人提供租赁服务所赚取的利润。

三、资金成本与资本结构

（一）资金成本

1. 资金成本及其构成

资金成本是指企业为筹集和使用资金而付出的代价资金成本一般包括资金筹集成本和资金使用成本两部分。

（1）资金筹集成本。资金筹集成本是指在资金筹集过程中所支付的各项费用，如发行股票或债券支付的印刷费、发行手续费、律师费、资信评估费、公证费、担保费、广告费等。资金筹集成本一般属于一次性费用，筹资次数越多，资金筹集成本也就越大。

（2）资金使用成本。资金使用成本又称为资金占用费，是指占用资金而支付的费用，它主要包括支付给股东的各种股息和红利、向债权人支付的贷款利息以及支付给其他债权人的各种利息费用等。资金使用成本一般与所筹集的资金多少以及使用时间的长短有关，具有经常性、定期性的特征，是资金成本的主要内容。

2. 资金成本的性质

资金成本是在商品经济社会中由于资金所有权与资金使用权相分离而产生的。

（1）资金成本是资金使用者向资金所有者和中介机构支付的占用费和筹资费。

（2）资金成本与资金的时间价值既有联系，又有区别。资金的时间价值与资金成本都基于同一个前提，即资金或资本参与任何交易活动都有代价。具体地说，资金的时间价值是资本所有者在一定时期内从资本使用者那里获得的报酬，资金成本则是资金的使用者由于使用他人的资金而付出的代价。它们都以利息、股利等作为表现形式。两者的区别主要表现在两个方面：第一，资金的时间价值表现为资金所有者的利息收入，而资金成本是资金使用人的筹资费用和利息费用；第二，资金的时间价值一般表现为时间的函数，而资金成本则表现为资金占用额的函数。

（3）资金成本具有一般产品成本的基本属性。资金成本是企业的耗费，企业要为占用资金而付出代价、支付费用，而且这些代价或费用最终也要作为收益的扣除额来得到补偿。但是资金成本只有一部分具有产品成本的性质，即这一部分耗费计入产品成本，而另一部分则作为利润的分配，不能列入产品成本。

3. 资金成本的作用

资金成本是比较筹资方式、选择筹资方案的依据。资金成本有个别资金成本、综合资金成本、边际资金成本等形式，它们在不同情况下具有各自的作用。

（1）个别资金成本主要用于比较各种筹资方式资金成本的高低，是确定筹资方式的重要依据。

（2）综合资金成本是项目公司资本结构决策的依据。

（3）边际资金成本是追加筹资决策的重要依据。

4. 资金成本的计算

（1）资金成本计算的一般形式。资金成本的表示方法有两种，即绝对数表示方法和相对数表示方法。资金成本通常以相对数表示。其计算公式如下：

$$K=\frac{D}{P-F}$$

或

$$K=\frac{D}{P（1-f）}$$

（2）个别资金成本。

1）权益资金成本。

优先股成本：优先股最大的一个特点是每年的股利不是固定不变的，当项目运营过程中出现资金紧张时可暂不支付。但因其股息是在税后支付，无法抵消所得税，因此，筹资成本大于债券，这对企业来说是必须支付的固定成本。优先股成本率计算公式为：

$$K_p=\frac{D_p}{P_0（1-f）}$$

或

$$K_p=\frac{P_0 \cdot i}{P_0（1-f）}=\frac{i}{1-f}$$

普通股成本：一般假定收益以固定的年增长率递增。普通股成本率的计算公式为：

$$K_s=\frac{D_c}{P_c（1-f）}+g=\frac{i_c}{1-f}+g$$

保留盈余成本：保留盈余又称为留存收益，是企业缴纳所得税后形成的，其所有权属于股东。股东将这一部分未分派的税后利润留在企业，实质上是对此追加投资。其计算公式为：

$$K_R=\frac{D_c}{P_c}+g=i+g$$

2）债务资金成本。

长期贷款成本：每年年末支付利息、贷款期末一次全部还本的借款。长期贷款成本率计算公式为：

$$K_g=\frac{I_t（1-T）}{G-F}=i_g \cdot \frac{1-T}{1-f}$$

债券成本：债券成本率可以按下列公式计算：

$$K_B = \frac{I_t(1-T)}{B(1-f)}$$

或

$$K_B = i_b \cdot \frac{1-T}{1-f}$$

租赁成本：租赁成本率计算公式为：

$$K_L = \frac{E}{P_L} \cdot (1-T)$$

（3）加权平均资金成本。计算公式为：

$$K_w = \sum_{i=1}^{n} W_i \cdot K_i$$

（二）资本结构

资本结构是指项目融资方案中各种资金来源的构成及其比例关系，又称为资金结构。在项目融资活动中，资本结构有广义和狭义之分。广义的资本结构是指项目公司全部资本的构成，不但包括长期资本，还包括短期资本，主要是短期债务资本。狭义的资本结构是指项目公司所拥有的各种长期资本的构成及其比例关系，尤其是指长期的股权资本与债务资本的构成及其比例关系。

1. 项目资本金与债务资金比例

项目建设资金的权益资金和债务资金结构是融资方案制订中必须考虑的一个重要方面。项目资本金比例越高，贷款的风险越低，贷款利率可以越低，如果权益资金过大，风险可能会过于集中，财务杠杆作用下滑。但如果项目资本金占的比例太少，会导致负债的难度提升和融资成本的提高。

2. 项目资本金结构

项目资本金内部结构比例是指项目投资各方的出资比例。投资方对项目不同的出资比例决定了投资各方对项目的建设和经营所享有的决策权、应承担的责任以及项目收益的分配。

3. 项目债务资金结构

在确定项目债务资本结构比例时，需要在融资成本和融资风险之间取得平衡，既要降低融资成本，又要控制融资风险。

选择债务融资的结构应该考虑以下几个方面：

（1）债务期限配比。在项目负债结构中，长短期负债借款需要合理搭配。短期借款利率低于长期借款，适当安排一些短期融资可以降低总的融资成本，但如果过多地采用短期融资，会使项目公司的财务流动性不足，项目的财务稳定性下降，产生过高的财务风险。长期负债融资的期限应当与项目的经营期限相协调。

（2）债务偿还顺序。长期债务需要根据一个事先确定下来的比较稳定的还款计划表来还本付息。对于从建设期开始的项目融资，债务安排中一般还有一定的宽限期。在此期间，贷款的利息可以资本化。

（3）境内外借款占比。

对于借款公司来讲，使用境外借款或国内银行外汇贷款，如果贷款条件一样，并没有什么区别。境内外借款主要决定于项目使用外汇的额度，同时可能主要由借款取得可能性及方便程度决定。

对于国家来讲，项目使用境外贷款，相对于使用国内银行的外汇贷款而言，国家的总体外汇收入增加，对当期的国家外汇平衡有利。但对境外贷款偿还期内的国家外汇平衡会产生不利影响。

从项目的资金平衡利益考虑，如果项目的产品销售不取得外汇，应当尽量不要使用外汇贷款。

（4）利率结构。项目融资中的债务资金利率主要为浮动利率、固定利率以及浮动/固定利率三种机制。评价项目融资中应该采用何种利率结构，需要综合考虑三方面的因素：

1）项目现金流量的特征起着决定性的作用。对于一些工程项目而言，项目的现金流量相对稳定，可预测性很强，采用固定利率机制有许多优点，有利于项目现金流量的预测，减少项目风险。

2）对进入市场中利率的走向分析在决定债务资金利率结构时也起到很重要的作用。

3）任何一种利率结构都有可能为借款人带来一定的利益，但也会相应增加一定的成本，最终取决于借款人如何在控制融资风险和减少融资成本之间的权衡。

（5）货币结构。项目融资债务资金的货币结构可以依据项目现金流量的货币结构加以设计，以减少项目的外汇风险。

4. 资本结构的比选方法

资本结构是否合理，一般是通过分析每股收益的变化来进行衡量的。凡是能够提高每股收益的资本结构就是合理的，反之则是不合理的。一般来说，每股收益受资本结构的影响，同样也受销售水平的影响。因此，可运用融资的每股收益分析方法分析三者的关系。

每股收益分析是利用每股收益的无差别点进行的。所谓每股收益的无差别点，是指每股收益不受融资方式影响的销售水平。根据每股收益的无差别点，可以分析判断不同销售水平下适用的资本结构。

第二节　工程项目融资

真题解析

一、2023 年考题

1. 与传统融资方式不同，项目融资主要以（　　）来安排融资。

A. 项目的资产、预期收益、预期现金流

B. 项目投资人的资信和拥有的资产

C. 项目发起人的资信和项目预期收益

D. 第三人为项目投资人提供的抵押担保

【答案】A

【解析】与其他融资过程相比，项目融资主要以项目的资产、预期收益、预期现金流等来安排融资，而不是以项目的投资者或发起人的资信为依据。

【考点】项目融资的特点和程序——项目融资的特点。

2. 按照项目融资程序，融资决策分析的前提工作是（　　）。

A. 进行融资谈判　　B. 设计融资结构

C. 草融资法律文件　　D. 初步确定项目投资结构

【答案】D

【解析】选项 A、B、C 是融资决策分析完成后的工作，融资决策分析前的阶段是投资决策分析阶段，在投资决策分析阶段工作之一是进行投资决策，以初步确定项目投资结构，如下图所示。

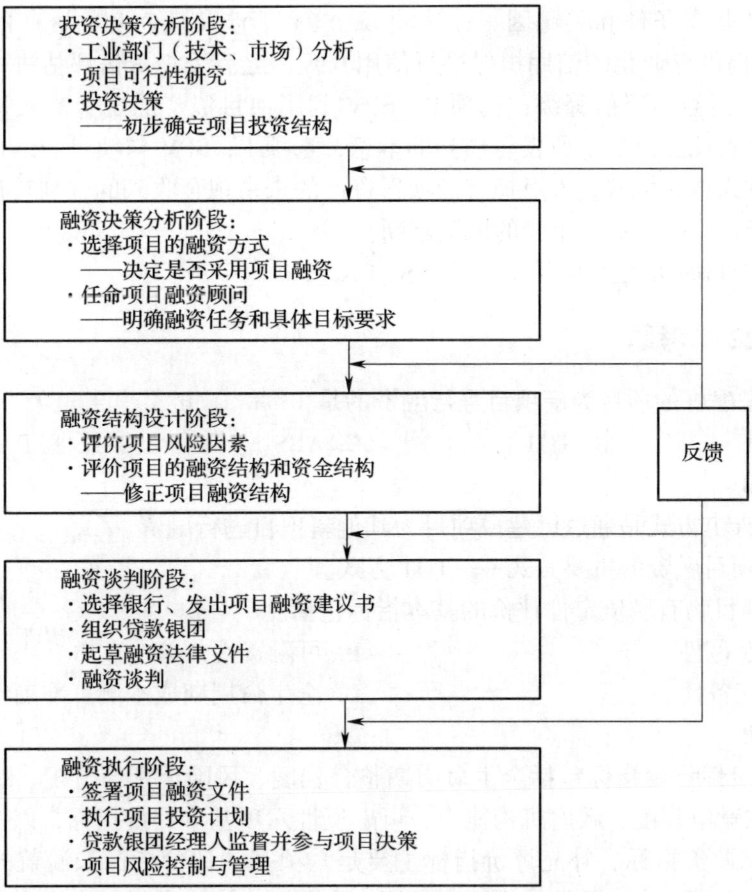

【考点】工程项目融资的特点和程序——项目融资程序。

3. 为保证政府和社会资本合作（PPP）规范发展，各地财政每一年度本级全部 PPP 项目从一般公共预算列支的财政支出比例上限是（　　）。

A. 8%　　B. 10%　　C. 15%　　D. 20%

【答案】B

【解析】每一年度全部 PPP 项目需要从预算中安排的支出责任，占一般公共预算支出比例应当不超过 10%。

【考点】项目融资的主要方式——PPP 方式。

4. 采用资产证券化（ABS）方式来进行项目融资时组建的特殊目的机构（SPV）在 ABS 项目运作中的作用有（　　）。

A. 充当 ABS 融资的载体

B. 负责将项目实物资产转让给第三方

C. 提供专业化的信用担保

D. 以项目资产的现金流入量清偿债券本息

E. 割断项目资产原始权益人本身的风险

【答案】ACDE

【解析】选项 A，由于 SPV 是进行 ABS 融资的载体，成功组建 SPV 是 ABS 方式能够成功运作的基本条件和关键因素；选项 B，SPV 不涉及任何实物资产的转让；选项 C，SPV 通过提供专业化的信用担保进行信用升级，之后委托资信评估机构进行信用评级，确定 ABS 债券的资信等级；选项 D，SPV 利用项目资产的现金流入量，清偿其在国际高等级投资证券市场上所发行债券的本息；选项 E，SPV 与项目的结合，就是以合同、协议等方式将原始权益人所拥有的项目资产的未来现金收入的权利转让给 SPV，转让的目的在于将原始权益人本身的风险割断。

【考点】项目融资的主要方式——ABS 方式。

二、2022 年考题

1. 利用已建好的项目为新项目进行融资的是（　　）方式。

A. BOT　　B. TOT　　C. ABS　　D. PPP

【答案】B

【解析】TOT 方式是通过已建成项目为其他新项目进行融资。

【考点】项目融资的主要方式——TOT 方式。

2. PPP 项目物有所值定性评价的基本指标包括（　　）。

A. 行业示范性　　B. 可融资性

C. 监管完备性　　D. 全生命周期成本测算准确性

【答案】B

【解析】定性评价指标包括全生命周期整合程度、风险识别与分配、绩效导向与鼓励创新、潜在竞争程度、政府机构能力、可融资性六项基本评价指标，以及根据具体情况设置的补充评价指标。补充评价指标主要是六项基本评价指标未涵盖的其他影响因素，包括项目规模大小、预期使用寿命长短、主要固定资产种类、全生命周期成本测算准确性、运营收入增长潜力、行业示范性等。

【考点】项目融资的主要方式——PPP 方式——物有所值评价方法。

3. PPP 项目运营补贴中政府付费模式是（　　）。

A. 政府承担全部用于补贴支出　　B. 根据可行性缺口补贴支出

C. 政府不承担支出　　　　D. 政府承担部分支出

【答案】A

【解析】不同付费模式下，政府承担的运营补贴支出责任不同。政府付费模式下，政府承担全部运营补贴支出责任；可行性缺口补助模式下，政府承担部分运营补贴支出责任；使用者付费模式下，政府不承担运营补贴支出责任。

【考点】项目融资的主要方式——PPP 方式。

4. 与传统贷款方式相比，项目融资模式的特点是（　　）。

A. 以项目投资人的资信为基础安排融资

B. 贷款人可以对项目投资人进行完全追索

C. 帮助投资人将贷款安排成非公司负债型融资

D. 信用结构安排灵活多样

E. 组织融资所需时间较长

【答案】CDE

【解析】项目融资主要具有项目导向、有限追索、风险分担、非公司负债型融资、信用结构多样化、融资成本高、可利用税务优势的特点。选项 A、B 属于传统贷款的特性。

【考点】项目融资的特点和程序——项目融资特点。

三、2021 年考题

1. 根据项目融资程序，分析项目所在行业状况、技术水平和市场情况，应在（　　）阶段完成。

A. 投资决策分析　　　　B. 融资结构设计

C. 融资决策分析　　　　D. 融资谈判

【答案】A

【解析】在进行项目投资决策之前，投资者需要对一个项目进行相当周密的投资决策分析，这些分析包括宏观经济形势的趋势判断，项目的行业、技术和市场分析，以及项目的可行性研究等标准内容。

【考点】项目融资的特点和程序——项目融资程序——投资决策分析。

2. PPP 项目物有所值的定性评价，六项基本评价指标权重为（　　）。

A. 60%　　B. 70%　　C. 80%　　D. 90%

【答案】C

【解析】六项基本评价指标权重为 80%，其中任一指标权重一般不超过 20%；补充评价指标权重为 20%，其中任一指标权重一般不超过 10%。

【考点】项目融资的主要方式——PPP 方式。

3. 论证 PPP 项目财务承受能力，支出测算完成后，紧接进行的工作是（　　）。

A. 责任识别　　　　B. 财政承受能力评估

C. 信息披露　　　　D. 投资风险预测

【答案】B

【解析】PPP 项目财政承受能力论证工作流程：责任识别；支出测算；能力评估；

信息披露。

【考点】项目融资的主要方式——PPP 方式。

4. 与 BOT 方式相比，TOT 方式的优点是（　　）。

A. 通过已建成项目与其他项目融资建设

B. 不影响东道国对国内基础设施的控制权

C. 投资者对移交项目拥有自主处置权

D. 投资者可规避建设超支、停建风险

E. 投资者的收益具有较高确定性

【答案】ABDE

【解析】选项 A，TOT 方式是通过转让已建成项目的产权和经营权来融资的；选项 B，TOT 方式避开了建造过程中所包含的大量风险和矛盾（如建设成本超支、延期、停建、无法正常运营等），并且不会威胁国内基础设施的控制权与国家安全；选项 C，投资人没有项目所有权，不拥有自主处置权；选项 D，TOT 方式可回避建设中的超支、停建或者建成后不能正常运营、现金流量不足以偿还债务等风险；选项 E，采用 TOT 方式，投资者购买的是正在运营的资产和对资产的经营权，资产收益具有确定性，也不需要太复杂的信用保证结构。

【考点】项目融资的主要方式——TOT 方式。

四、2020 年考题

1. 按照项目融资程序，选择项目融资方式是在（　　）阶段需要进行的工作。

A. 投资决策分析　　B. 融资结构设计

C. 融资方案执行　　D. 融资决策分析

【答案】D

【解析】融资决策分析阶段的主要内容就是项目投资者将决定采用何种融资方式为项目开发筹集资金。参见教材图 5.2.1。

【考点】项目融资的特点和程序——项目融资程序——融资决策分析。

2. 下列项目融资方式中，需要通过转让已建成项目的产权和经营权来进行拟建项目融资的是（　　）方式。

A. BOT　　B. TOT　　C. ABS　　D. PFI

【答案】B

【解析】从项目融资的角度看，TOT 方式是通过转让已建成项目的产权和经营权来融资的。

【考点】项目融资的主要方式——TOT 方式。

3. 下列项目融资方式中，通过证券市场发行债券进行筹集资金的是（　　）方式。

A. BOT　　B. TOT　　C. ABS　　D. PFI

【答案】C

【解析】ABS 方式是通过发行债券的方式进行融资的一种融资方式。

【考点】项目融资的主要方式——ABS 方式。

4. 为了判断能否采用 PPP 方式代替传统的政府投资运营方式提供公共服务项目，

应采用的评价方法是（　　）。

A. 项目经济评价　　B. 财政承受能力评价

C. 物有所值评价　　D. 项目财务评价

【答案】C

【解析】物有所值评价是判断是否采用 PPP 方式代替政府传统投资运营方式提供公共服务项目的一种评价方法。

【考点】项目融资的主要方式——PPP 方式。

五、2019 年考题

1. 为了减少项目投资风险，在工程建设方面可要求工程承包公司提供（　　）的合同。

A. 固定价格、可调工期　　B. 固定价格、固定工期

C. 可调价格、固定工期　　D. 可调价格、可调工期

【答案】B

【解析】在工程建设方面，为了减少风险，可以要求工程承包公司提供固定价格、固定工期的合同，或“交钥匙”工程合同，可以要求项目设计者提供工程技术保证等。

【考点】项目融资的特点和程序——项目融资的特点——信用结构多样化。

2. 按照项目融资程序，需要在融资决策分析阶段进行的工作是（　　）。

A. 任命项目融资顾问　　B. 确定项目投资结构

C. 评价项目融资结构　　D. 分析项目风险因素

【答案】A

【解析】在融资决策分析阶段进行的工作有：工业部门（技术、市场）分析，项目可行性研究，投资决策，初步确定项目投资结构。项目融资程序详见本节知识点凝练中图 5.2.1。

【考点】项目融资的特点和程序——项目融资程序——融资决策分析。

3. 下列项目融资方式中，需要利用信用增级手段使项目资产获得预期信用等级，进而在资本市场上发行债券募集资金的是（　　）方式。

A. BOT　　B. PPP　　C. ABS　　D. TOT

【答案】C

【解析】利用信用增级手段使项目资产获得预期的信用等级，为此，就要调整项目资产现有的财务结构，使项目融资债券达到投资级水平，达到 SPV 关于承包 ABS 债券的条件要求。SPV 通过提供专业化的信用担保进行信用升级，之后委托资信评估机构进行信用评级，确定 ABS 债券的资信等级。

【考点】项目融资的主要方式——ABS 方式。

4. 地方政府每一年度全部 PPP 项目预算支出占一般公共预算支出比例应当不超过（　　）。

A. 5%　　B. 10%　　C. 15%　　D. 20%

【答案】B

【解析】每一年度全部 PPP 项目需要从预算中安排的支出责任，占一般公共预算支出比例应当不超过 10%。

【考点】项目融资的主要方式——PPP 方式——财政承受能力论证。

5. 与 BOT 方式相比，ABS 方式的优点有（　　）。

A. 便于引入先进技术　　B. 融资成本低

C. 适用范围广　　D. 融资风险与项目未来收入无关

E. 风险分散度高

【答案】BCE

【解析】选项 B，ABS 方式风险由众多的投资者承担，而且债券可以在二级市场上转让，变现能力强。ABS 方式只涉及原始权益人、SPV、证券承销商和投资者，无须政府的许可、授权、担保等，采用民间的非政府途径，过程简单，降低了融资成本。选项 C，在 ABS 方式中，虽然在债券存续期内资产的所有权归 SPV 所有，但是资产的运营与决策权仍然归属原始权益人，SPV 不参与运营，不必担心外商或私营机构控制，因此应用更加广泛。选项 E，ABS 方式是在高等级的资本市场发行债券，风险分散度高。选项 A，ABS 方式只是单纯的融资，与引进先进技术无关。选项 D，融资风险与项目未来收入有关，所以 SPV 要求原始权益人提供充分担保。

【考点】项目融资的主要方式——ABS 方式。

考点统计

本节主要考查对项目融资特点和程序以及项目融资方式的掌握情况。2019—2023 年共考核 21 道题，见表 5.2.1。

表 5.2.1　第五章第二节考点考核频次表

序号	知识点	具体考点	考核频次
1	项目融资的特点和程序	项目融资特点	3
		项目融资程序	4
2	项目融资的主要方式	TOT 方式	3
		ABS 方式	4
		PPP 方式	7

知识点凝练

项目融资有广义和狭义两种理解。广义上讲，项目融资是指“为项目而融资”，包括新建项目、收购现有项目或对现有项目进行债务重组等。狭义的项目融资则是指一种有限追索（极端情况下为无追索）的融资活动，是以项目的资产、预期收益、预期现金流量等作为偿还贷款的资金来源。

一、工程项目融资的特点和程序

（一）项目融资的特点

与传统的贷款方式相比，项目融资有其自身的特点，在融资出发点、资金使用的关注点等方面均有所不同。项目融资主要具有项目导向、有限追索、风险分担、非公司负债型融资、信用结构多样化、融资成本高、可利用税务优势的特点，考生可以通过理解项目融资的概念理解项目融资特点。

（二）项目融资程序

项目融资大致可分为五个阶段：投资决策分析、融资决策分析、融资结构设计、融资谈判及融资执行。每一阶段的主要工作如图 5.2.1 所示。

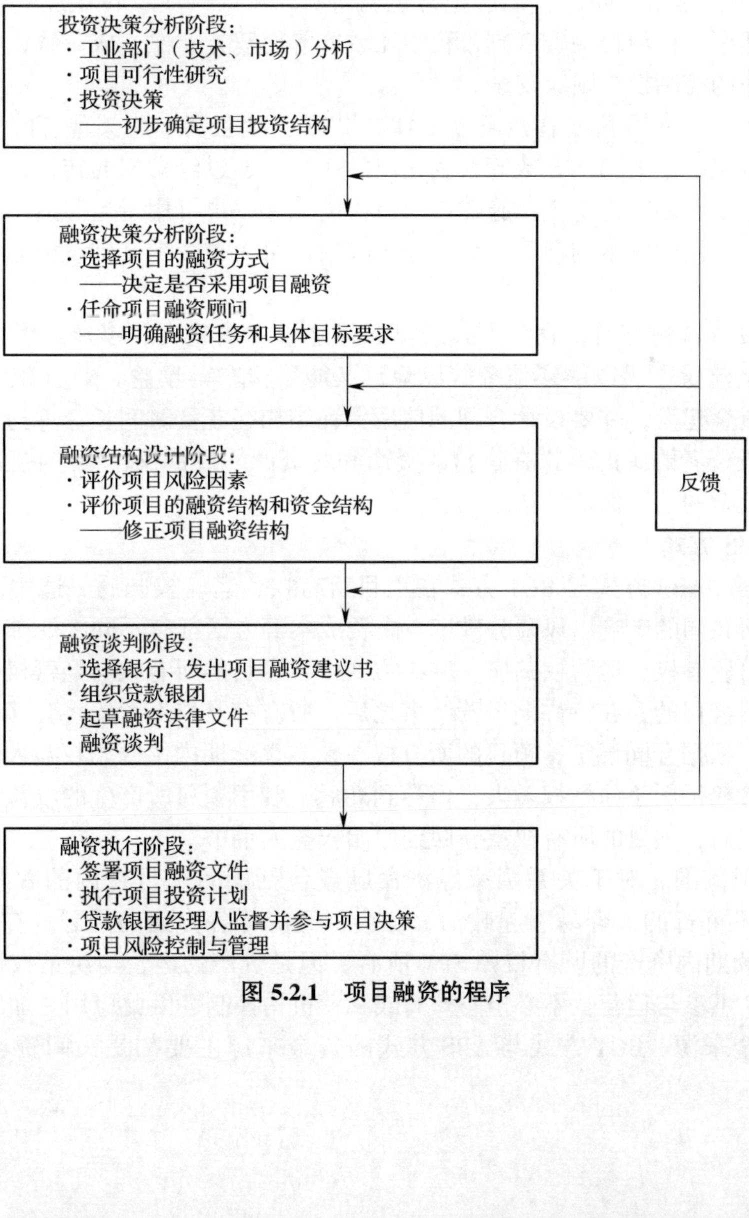

图 5.2.1　项目融资的程序

二、项目融资的主要方式

（一）BOT 方式

实际上 BOT 方式是一类项目融资方式的总称，通常所说的 BOT 方式主要包括典型 BOT 方式、BOOT 方式及 BOO 方式三种基本形式。

（二）TOT 方式

与 BOT 方式相比，TOT 方式主要有下列特点：

（1）从项目融资的角度看，TOT 方式是通过转让已建成项目的产权和经营权来融资的，而 BOT 方式是政府给予投资者特许经营权的许诺后，由投资者融资新建项目，即 TOT 方式是通过已建成项目为其他新项目进行融资，BOT 方式则是为筹建中的项目进行融资。

（2）从具体运作过程看，TOT 方式避开了建造过程中所包含的大量风险和矛盾（如建设成本超支、延期、停建、无法正常运营等），并且只涉及转让经营权，不存在产权、股权等问题，在项目融资谈判过程中比较容易使双方意愿达成一致，并且不会威胁国内基础设施的控制权与国家安全。

（3）从东道国政府角度看，通过 TOT 方式吸引社会资本购买现有的资产，将从两个方面进一步缓解中央和地方政府财政支出的压力：通过经营权的转让，得到一部分社会资本，可用于偿还因为基础设施建设而承担的债务，也可用于当前迫切需要建设而又难以吸引外资或民营资本的项目；转让经营权后，可大量减少基础设施运营的财政补贴支出。

（4）从投资者角度看，TOT 方式既可回避建设中的超支、停建或者建成后不能正常运营、现金流量不足以偿还债务等风险，又能尽快取得收益。采用 BOT 方式，投资者先要投入资金建设，并要设计合理的信用保证结构，花费时间长，承担风险大；采用 TOT 方式，投资者购买的是正在运营的资产和对资产的经营权，资产收益具有确定性，也不需要太复杂的信用保证结构。

（三）ABS 方式

具体而言，ABS 方式与 BOT 方式在项目所有权、运营权归属、适用范围、资金来源、对项目所在国的影响、风险分散度、融资成本等方面都有不同之处。

（1）项目所有权、运营权归属。BOT 方式中，项目的所有权与经营权在特许经营期内是属于项目公司的，在特许期经营结束之后，所有权及与经营权将会移交给政府；在 ABS 方式中，根据合同规定，项目的所有权在债券存续期内由原始权益人转至 SPV，而经营权与决策权仍属于原始权益人，债券到期后，利用项目所产生的收益还本付息并支付各类费用之后，项目的所有权重新回到原始权益人手中。

（2）适用范围。对于关系国家经济命脉或包括国防项目在内的敏感项目，采用 BOT 方式是不可行的，容易引起政治、社会、经济等各方面的问题；在 ABS 方式中，虽在债券存续期内资产的所有权归 SPV 所有，但是资产的运营与决策权仍然归属原始权益人，SPV 不参与运营，不必担心外商或私营机构控制，因此应用更加广泛。

（3）资金来源。BOT 方式与 ABS 方式的资金来源主要都是民间资本，可以是国内资金，也可以是外资，如项目发起人自有资金、银行贷款等；但ABS方式强调通过证券市场发行债券这一方式筹集资金，这是ABS方式与其他项目融资方式的较大区别。

（4）对项目所在国的影响。BOT方式会给东道国带来一定负面效应，如掠夺性经营、国家税收流失及国家承担价格、外汇等多种风险，ABS方式则较少出现上述问题。

（5）风险分散度。BOT方式风险主要由政府、投资者/经营者、贷款机构承担；ABS方式风险则由众多的投资者承担，而且债券可以在二级市场上转让，变现能力强。

（6）融资成本。BOT方式过程复杂、牵涉面广、融资成本因中间环节多而增加；ABS方式则只涉及原始权益人、SPV、证券承销商和投资者，无须政府的许可、授权、担保等，是民间的非政府途径，过程简单，降低了融资成本。

（四）PFI方式

PFI方式与BOT方式在本质上没有太大区别，但在一些细节上仍存在不同，主要表现在适用领域、合同类型、合同期满处理方式等方面。

（1）适用领域。BOT方式主要用于基础设施或市政设施，如机场、港口、电厂、公路、自来水厂等，以及自然资源开发项目。PFI方式的应用面更广，除上述项目之外，一些非营利性项目、公共服务设施项目（如学校、医院、监狱等）同样可以采用PFI方式。

（2）合同类型。两种融资方式中，政府与私营部门签署的合同类型不尽相同，BOT项目的合同类型是特许经营合同，而PFI项目签署的是服务合同，PFI项目的合同中一般会对设施的管理、维护提出特殊要求。

（3）合同期满处理方式。BOT项目在合同中一般会规定特许经营期满后，项目必须无偿交给政府管理及运营，而PFI项目的服务合同中往往规定，如果私营企业通过正常经营未达到合同规定的收益，可以继续保持运营权。

（五）PPP方式

1. PPP项目实施方案的内容

PPP项目实施方案包括的内容很多，考核的频次很低，不建议作为重点复习内容。

2. 物有所值（VFM）评价

（1）物有所值定性评价。定性评价指标包括全生命周期整合程度、风险识别与分配、绩效导向与鼓励创新、潜在竞争程度、政府机构能力、可融资性六项基本评价指标，以及根据具体情况设置的补充指标。

补充评价指标主要是六项基本评价指标未涵盖的其他影响因素，包括项目规模大小、预期使用寿命长短、主要固定资产种类、全生命周期成本测算准确性、运营收入增长潜力、行业示范性等。

物有所值定性评价一般采用专家打分法。在各项评价指标中，六项基本评价指标权重为80%，其中任一指标权重一般不超过20%；补充评价指标权重为20%，其中任一指标权重一般不超过10%。每项指标评分分为五个等级，即有利、较有利、一般、较不利、不利，对应分值分别为100～81、80～61、60～41、40～21、20～0分。原则上，评分结果在60分及以上的，可以认为通过定性评价；否则，认为未通过定性评价。

（2）物有所值定量评价。定量评价是在假定采用 PPP 方式与政府传统投资方式产出绩效相同的前提下，通过对 PPP 项目全寿命期内政府方净成本的现值（PPP 值）与公共部门比较值（PSC 值）进行比较，判断 PPP 方式能否降低项目全寿命期成本。

PPP 值可等同于 PPP 项目全生命周期内股权投资、运营补贴、风险承担和配套投入等各项财政支出责任的现值。

PSC 值是以下三项成本的全寿命现值之和：①参照项目的建设和运营维护净成本；②竞争性中立调整值；③项目全部风险成本。

PPP 值小于或等于 PSC 值的，认为通过定量评价；PPP 值大于 PSC 值的，认为未通过定量评价。

（3）物有所值评价报告。在物有所值评价结论形成后，完成物有所值评价报告编制工作，报省级财政部门备案，并将报告电子版上传 PPP 综合信息平台。

3. PPP 项目财政承受能力论证

PPP 项目财政承受能力论证内容很多历年考分很少，建议掌握下列内容。

根据《关于进一步推动政府和社会资本合作（PPP）规范发展、阳光运行的通知》（财金〔2022〕119 号），省级财政部门应压实辖内市县财政部门财政承受能力论证责任，指导市县财政部门规范开展财政承受能力论证工作，严守每一年度本级全部 PPP 项目从一般公共预算列支的财政支出责任不超过当年本级一般公共预算支出 10% 的红线。合理分担跨地区、跨层级项目财政支出责任，严禁通过“借用”未受益地区财政承受能力空间等方式，规避财政承受能力 10% 红线约束。审慎合理预测一般公共预算支出规模和增长率，严禁脱离项目实际通过“报小建大”等方式调整项目财政支出责任，规避财政承受能力 10% 红线约束。PPP 项目财政支出责任超过 10% 红线的地区，不得新上 PPP 项目；PPP 项目财政支出责任超过 5% 的地区，不得新上政府付费 PPP 项目。

第三节　与工程项目有关的税收及保险规定

真题解析

一、2023 年考题

1. 从事加工修理维修等劳务服务的一般纳税人，按（　　）的税率征收增值税。

A. 3%　　B. 6%　　C. 9%　　D. 13%

【答案】D

【解析】根据我国现行规定，一般纳税人增值税税率分为 13%、9%、6% 和零税率，其中提供服务（包括提供加工、修理、修理劳务）增值税税率为 13%。

【考点】与工程项目有关的税收规定——增值税——增值税税率。

2. 对于符合条件的小型微利企业，企业所得税应减按（　　）的税率征收。

A. 20%　　B. 15%　　C. 13%　　D. 10%

【答案】A

【解析】符合条件的小型微利企业，减按 20% 的税率征收企业所得税。

【考点】与工程项目有关的税收规定——所得税——计税依据和税率。

3. 与工程项目有关的税收中，按超率累进税率征收的是（ ）。

A. 城镇土地使用税　　B. 土地增值税

C. 城市维护建设税　　D. 增值税附加

【答案】B

【解析】土地增值税实行四级超率累进税率。

【考点】与工程项目有关的税收规定——土地增值税——计税依据和税率。

4. 投保建筑工程一切险时，如安装工程项目保额占总保险金额的比例超过（ ），则须另投保安装工程一切险。

A. 30%　　B. 40%　　C. 50%　　D. 60%

【答案】C

【解析】投保建筑工程一切险时，安装工程项目所占保额不应超过总保险金额的 20%。超过 20% 的，按安装工程一切险费率计收保费；超过 50% 的，则另投保安装工程一切险。

【考点】与工程项目有关的保险规定——建筑工程一切险——保险项目与保险金额。

5. 根据《工伤保险条例》，下列不同情形中，可认定为工伤的有（ ）。

A. 因工外出期间由于工作原因受到伤害的

B. 在工作岗位上突发疾病后 72 小时之内经抢救无效死亡的

C. 上下班途中受到非本人主要责任的交通事故伤害的

D. 工作时间前在工作场所从事预备性工作受到事故伤害的

E. 工作时间后在工作场所从事收尾性工作受到事故伤害的

【答案】ACDE

【解析】工伤责任范围。《工伤保险条例》明确规定了认定工伤的七种情形，具体包括：

（1）在工作时间和工作场所内，因工作原因受到事故伤害的。

（2）工作时间前后在工作场所内，从事与工作有关的预备性或者收尾性工作受到事故伤害的。

（3）在工作时间和工作场所内，因履行工作职责受到暴力等意外伤害的。

（4）患职业病的。

（5）因工外出期间，由于工作原因受到伤害或者发生事故下落不明的。

（6）在上下班途中，受到非本人主要责任的交通事故或者城市轨道交通、客运轮渡、火车事故伤害的。

（7）法律、行政法规规定应当认定为工伤的其他情形。

【考点】与工程项目有关的保险规定——工伤保险——责任范围。

二、2022 年考题

1. 企业发生年度亏损，可以用下一年度的税前利润弥补，下一年度所得不足以弥补的，可延续弥补的年限是（ ）。

A. 2 年　　B. 3 年　　C. 4 年　　D. 5 年

【答案】D

【解析】所得税又称为所得课税、收益税，是指国家对法人、自然人和其他经济组织在一定时期内的各种所得征收的一类税收。所得税主要包括企业所得税和个人所得税。企业所得税的计税依据为应纳税所得额，即企业每一纳税年度的收入总额，减除不征税收入、免税收入、各项扣除以及允许弥补的以前年度亏损后的余额。根据利润的分配顺序，企业发生的年度亏损，在连续 5 年内可以用税前利润弥补。

【考点】与工程项目有关的税收规定——所得税。

2. 小规模纳税人按照简易计税的，增值税应纳税额为（　　）。

A. 增值税税前 ×9%　　B. 增值税税后 ×9%

C. 增值税税前 ×3%　　D. 增值税税后 ×3%

【答案】C

【解析】小规模纳税人发生应税销售行为，实行按照销售额和征收率计算应纳税额的简易办法，并不得抵扣进项税额。应纳税额计算公式为：

$$应纳税额 = 销售额 \times 征收率$$

小规模纳税人的标准由国务院财政、税务主管部门规定。

小规模纳税人增值税征收率为 3%，国务院另有规定的除外。

增值税税前即含税销售额。

【考点】与工程项目有关的税收规定——增值税。

3. 教育费附加的计税依据是（　　）。

A. 增值税和消费税之和　　B. 增值税和所得税之和

C. 所得税和营业税之和　　D. 增值税和城市维护建设税之和

【答案】A

【解析】教育费附加以纳税人实际缴纳的增值税、消费税税额之和作为计税依据。

【考点】与工程项目有关的税收规定——城市维护建设税和教育费附加。

4. 与建筑工程一切险相比，安装工程一切险的特点是（　　）。

A. 保险费费率一般高于建筑工程一切险

B. 主要风险为人为事故损失

C. 对设计错误引起的直接损失应赔偿

D. 保险公司一开始就承担着全部货价的风险

E. 由于超荷载使用导致电气设备本身损失不赔偿

【答案】ABD

【解析】在一般情况下，建筑工程一切险承担的风险主要为自然灾害，而安装工程一切险承担的风险主要为人为事故损失（选项 B）。安装工程一切险的风险较大，保险费费率也要高于建筑工程一切险（选项 A）。建筑工程一切险的保险标的从开工以后逐步增加，保险额也逐步提高，而安装工程一切险的保险标的一开始就存放于工地，保险公司一开始就承担着全部货价的风险（选项 D）。

选项 C、E 属于保险责任和除外责任范畴。其中，选项 C，对设计错误引起的直接损失属于除外责任；选项 E，由于超荷载使用导致电气设备本身损失属于除外责任，不予赔偿，尽管选项 E 是正确的，但不应作为安装工程一切险的“特点”。

【考点】与工程项目有关的保险规定——安装工程一切险。

三、2021 年考题

1. 一般纳税人采用简易计税方法时，建筑业增值税征收率为（　　）。

A. 3%　　B. 6%　　C. 9%　　D. 10%

【答案】A

【解析】当采用简易计税方法时，建筑业增值税征收率为 3%。

【考点】与工程项目有关的税收规定——增值税——建筑业增值税计算办法。

2. 下列收入中，属于企业所得税免税收入的是（　　）。

A. 转让财产收入　　B. 接受捐赠收入

C. 国债利息收入　　D. 提供劳务收入

【答案】C

【解析】企业的下列收入为免税收入：国债利息收入；符合条件的居民企业之间的股息、红利等权益性投资收益；在中国境内设立机构、场所的非居民企业从居民企业取得与该机构、场所有实际联系的股息、红利等权益性投资收益；符合条件的非营利组织的收入。

【考点】与工程项目有关的税收规定——所得税——计税依据和税率——各项扣除。

3. 某项目处于市区，城市维护建设税税率为（　　）。

A. 1%　　B. 3%　　C. 5%　　D. 7%

【答案】D

【解析】城市维护建设税实行差别比例税率。按照纳税人所在地区的不同，设置了三档比例税率：纳税人所在地区为市区的，税率为 7%；纳税人所在地区为县城、镇的，税率为 5%；纳税人所在地区不在市区、县城或镇的，税率为 1%。

【考点】与工程项目有关的税收规定——城市维护建设税及教育费附加——城市维护建设税。

4. 对于投保建筑工程一切险的工程项目，下列情形中，保险人不承担赔偿责任的有（　　）。

A. 因台风使工地范围内建筑物损毁

B. 工程停工引起的任何损失

C. 因暴雨引起地面下陷，造成施工用吊车损毁

D. 因恐怖袭击引起的任何损失

E. 工程设计错误引起的损失

【答案】BDE

【解析】保险人对以下情况不承担赔偿责任：设计错误引起的损失和费用；战争、类似战争行为、敌对行为、武装冲突、恐怖活动、谋反、政变引起的任何损失、费用和责任；政府命令或任何公共当局的没收、征用、销毁或毁坏；罢工、暴动、民众骚乱引起的任何损失、费用和责任；工程部分停工或全部停工引起的任何损失、费用和责任。

【考点】与工程项目有关的保险规定——建筑工程一切险——保险责任与除外责任。

四、2020 年考题

1. 下列税种中，实行差别比例税率的是（　　）。

A. 土地增值税　　B. 城镇土地使用税

C. 建筑业增值税　　D. 城市维护建设税

【答案】D

【解析】城市维护建设税实行差别比例税率。

【考点】与工程项目有关的税收规定——城市维护建设税。

2. 企业发生的公益性捐赠支出，能够在计算企业所得税应纳税所得额时扣除的是在年度利润总额（　　）以内的部分。

A. 10%　　B. 12%　　C. 15%　　D. 20%

【答案】B

【解析】企业发生的公益性捐赠支出，在年度利润总额 12% 以内的部分，准予在计算应纳税所得额时扣除。

【考点】与工程项目有关的税收规定——所得税——计税依据和税率。

3. 对于投保建筑工程一切险，保险人不承担赔偿责任的有（　　）。

A. 因暴雨造成的物质损失　　B. 发生火灾引起的场地清理费用

C. 工程设计错误引起的损失　　D. 因地面下沉引起的物质损失

【答案】C

【解析】选项 A、D 属于自然灾害，选项 B 属于意外事故，保险人承担赔偿责任；选项 C 属于保险人的除外责任。

【考点】与工程项目有关的保险规定——建筑工程一切险——保险责任与除外责任。

五、2019 年考题

1. 对于国家需要重点扶持的高新技术企业，减按（　　）的税率征收企业所得税。

A. 10%　　B. 12%　　C. 15%　　D. 20%

【答案】C

【解析】国家需要重点扶持的高新技术企业，减按 15% 的税率征收企业所得税。

【考点】与工程项目有关的税收规定——所得税——计税依据和税率。

2. 下列税种中，采用超率累进税率进行计税的是（　　）。

A. 增值税　　B. 企业所得税　　C. 契税　　D. 土地增值税

【答案】D

【解析】土地增值税实行四级超率累进税率。

【考点】与工程项目有关的税收规定——土地增值税——计税依据和税率。

3. 可作为建筑工程一切险保险项目的是（　　）。

A. 施工用设备　　B. 公共运输车辆　　C. 技术资料　　D. 有价证券

【答案】A

【解析】施工用设备是保险项目中物质损失七项的其中一项。货币、票证、有价证券、文件、账簿、图表、技术资料，领有公共运输执照的车辆、船舶以及其他无法鉴定价值的财产，不能作为建筑工程一切险的保险项目。

【考点】与工程项目有关的保险规定——建筑工程一切险——保险项目与保险金额。

4. 关于建筑意外伤害保险的说法，正确的有（　　）。

A. 建筑意外伤害保险以工程项目为投保单位

B. 建筑意外伤害保险应实行记名制投保方式

C. 建筑意外伤害保险实行固定费率

D. 建筑意外伤害保险不只局限于施工现场作业人员

E. 建筑意外伤害保险期间自开工之日起最长不超过五年

【答案】ADE

【解析】建筑意外伤害保险是以工程项目作为投保单位的，选项 A 正确。有关文件规定，建筑意外伤害保险实行不记名的投保方式，选项 B 错误。施工单位和保险公司双方根据各类风险因素商定建筑意外伤害保险费率，实行差别费率和浮动费率，选项 C 错误。建筑意外伤害保险的范围应当覆盖工程项目，是指施工单位为施工现场从事施工作业和管理的人员受到的意外伤害，以及由于施工现场施工直接给其他人员造成的意外伤害。已在企业所在地参加工伤保险的人员，从事现场施工时仍可参加建筑意外伤害保险，选项 D 正确。建筑意外伤害保险期限应从施工工程项目被批准正式开工，并且投保人已缴付保险费的次日（或约定起保日）零时起，至施工合同规定的工程竣工之日二十四时止。提前竣工的，保险责任自行终止。工程因故延长工期或停工的，需书面通知保险人并办理保险期间顺延手续，但保险期间自开工之日起最长不超过五年，选项 E 正确。

【考点】与工程项目有关的保险规定——建筑意外伤害保险。

考点统计

本节主要考查与工程相关的税收及保险的相关规定。重点在纳税的对象以及计算依据和税率的考核；针对有关保险，重点在保险的项目、保险的金额以及保险责任和除外责任。2019—2023 年共考核 20 道题，见表 5.3.1。

表 5.3.1　第五章第三节考点考核频次表

序号	知识点	具体考点	考核频次
1	与工程项目有关的税收规定	增值税	3
		所得税	5
		城市维护建设税与教育费附加	3
		土地增值税	2
2	与工程项目有关的保险规定	建筑工程一切险	4
		安装工程一切险	1
		建筑意外伤害保险	1
		工伤保险	1

知识点凝练

一、与工程项目有关的税收规定

（一）增值税

2019 年 3 月，《财政部、税务总局、海关总署关于深化增值税改革有关政策的公告》再次调整了税率，详见表 5.3.2。

表 5.3.2 一般纳税人增值税税率

序号	增值税纳税行业		增值税税率
1	销售或进口货物（另有列举的货物除外）		13%
	提供服务	提供加工、修理、修配劳务	
		提供有形动产租赁服务	
2	销售或进口货物	粮食等农产品、食用植物油、食用盐	9%
		自来水、暖气、冷气、热气、煤气、石油液化气、天然气、沼气、居民用煤炭制品	
		图书、报纸、杂志、音像制品、电子出版物	
		粮食、食用植物油	
		饲料、化肥、农药、农机、农膜	
		国务院规定的其他货物	
	提供服务	转让土地使用权、销售不动产、提供不动产租赁、提供建筑服务、提供交通运输服务、提供邮政服务、提供基础电信服务	
3	提供服务	增值电信服务	6%
		金融服务	
		现代服务（租赁服务除外）	
		生活服务	
		销售无形资产（转让土地使用权除外）	
4	出口货物（国务院另有规定的除外）		0
	提供服务	国际运输服务、航天运输服务	
		向境外单位提供的完全在境外消费的相关服务	
		财政局和国家税务总局规定的其他服务	

建筑业增值税计算办法：

（1）一般计税方法。当采用一般计税方法时，建筑业增值税税率为 9%。计算公式为：

$$增值税销项税额 = 税前造价 \times 9\%$$

税前造价为人工费、材料费、施工机具使用费、企业管理费、利润和规费之和，各费用项目均以不包含增值税可抵扣进项税额的价格计算。

（2）简易计税方法。简易计税方法的应纳税额，是指按照销售额和增值税征收率计算的增值税额，不得抵扣进项税额。

当采用简易计税方法时，建筑业增值税征收率为 3%。计算公式为：

$$增值税 = 税前造价 \times 3\%$$

税前造价为人工费、材料费、施工机具使用费、企业管理费、利润和规费之和，各费用项目均以包含增值税进项税额的含税价格计算。

（二）所得税

（1）计税依据。企业所得税的计税依据为应纳税所得额，即企业每一纳税年度的收入总额，减除不征税收入、免税收入、各项扣除以及允许弥补的以前年度亏损后的余额。计算公式为：

$$应纳税所得额 = 收入总额 - 不征税收入 - 免税收入 - 各项扣除 - 弥补以前年度亏损$$

1）收入总额。是指企业以货币形式和非货币形式从各种来源取得的收入，包括：销售货物收入；提供劳务收入；转让财产收入；股息、红利等权益性投资收益；利息收入；租金收入；特许权使用费收入；接受捐赠收入；其他收入。

2）不征税收入。收入总额中的下列收入为不征税收入：①财政拨款；②依法收取并纳入财政管理的行政事业性收费、政府性基金；③国务院规定的其他不征税收入。

3）免税收入。企业的下列收入为免税收入：①国债利息收入；②符合条件的居民企业之间的股息、红利等权益性投资收益；③在中国境内设立机构、场所的非居民企业从居民企业取得与该机构、场所有实际联系的股息、红利等权益性投资收益；④符合条件的非营利组织的收入。

4）各项扣除。企业实际发生的与取得收入有关的、合理的支出，包括成本、费用、税金、损失和其他支出，准予在计算应纳税所得额时扣除。同时，企业发生的公益性捐赠支出，在年度利润总额 12% 以内的部分，准予在计算应纳税所得额时扣除。

5）弥补以前年度亏损。根据利润的分配顺序，企业发生的年度亏损，在连续 5 年内可以用税前利润弥补进行弥补。

6）在计算应纳税所得额时，不得扣除的支出为：①向投资者支付的股息、红利等权益性投资收益款项；②企业所得税税款；③税收滞纳金；④罚金、罚款和被没收财物的损失；⑤允许扣除范围以外的捐赠支出；⑥赞助支出；⑦未经核定的准备金支出；⑧与取得收入无关的其他支出。

（2）税率。企业所得税实行 25% 的比例税率。对于非居民企业取得的应税所得额，适用税率为 20%。

1）符合条件的小型微利企业，减按 20% 的税率征收企业所得税。

2）国家需要重点扶持的高新技术企业，减按 15% 的税率征收企业所得税。

3）此外，企业的下列所得可以免征、减征企业所得税：从事农、林、牧、渔业项目的所得；从事国家重点扶持的公共基础设施项目投资经营的所得；从事符合条件的环境保护、节能节水项目的所得；符合条件的技术转让所得。

（3）应纳税额计算：

$$应纳税额 = 应纳税所得额 \times 所得税税率 - 减免和抵免的税额$$

（三）城市维护建设税与教育费附加

1. 城市维护建设税

城市维护建设税的计税依据，是纳税人实际缴纳的增值税、消费税税额。

城市维护建设税实行差别比例税率。按照纳税人所在地区的不同，设置了三档比例税率：

（1）纳税人所在地区为市区的，税率为7%。

（2）纳税人所在地区为县城、镇的，税率为5%。

（3）纳税人所在地区不在市区、县城或镇的，税率为1%。

2. 教育费附加

教育费附加以纳税人实际缴纳的增值税、消费税税额之和作为计税依据。现行教育费附加征收比率为3%。

地方教育附加征收标准为单位和个人实际缴纳的增值税和消费税税额的2%。

（四）房产税

（1）从价计征。计税依据是房产原值一次减除10%～30%的扣除比例后的余值，税率为1.2%。房产原值是指纳税人按照会计制度规定，在账簿"固定资产"科目中记载的房屋原价。房产原值应包括与房屋不可分割的各种附属设备或一般不单独计算价值的配套设施。纳税人对原有房屋进行改建、扩建的，要相应增加房屋的原值。

需要注意的特殊问题：

1）以房产联营投资的，房产税计税依据应区别对待：①以房产联营投资，共担经营风险的，按房产余值为计税依据计征房产税；②以房产联营投资，不承担经营风险，只收取固定收入的，实际是以联营名义取得房产租金，因此，应由出租方按租金收入计征房产税。

2）融资租赁房屋的，以房产余值为计税依据计征房产税，租赁期内该税的纳税人，由当地税务机关根据实际情况确定。

3）新建房屋空调设备价值计入房产原值的，应并入房产税计税依据计征房产税。

（2）从租计征。计税依据为房产租金收入，税率为12%，对个人按市场价格出租的居民住房，暂按4%税率征收房产税。

（五）城镇土地使用税

城镇土地使用税以纳税人实际占用的土地面积（m^2）为计税依据。

城镇土地使用税采用定额税率。按大、中、小城市和县城、建制镇和工矿区分别规定每平方米土地使用税年应纳税额。具体标准为：

（1）大城市1.5～30元。

（2）中等城市1.2～24元。

（3）小城市0.9～18元。

（4）县城、建制镇和工矿区0.6～12元。

（六）土地增值税

1. 计税依据

土地增值税以纳税人转让房地产所取得的收入减除税法规定的扣除项目金额后的余额为计税依据。

2. 税率

土地增值税实行四级超率累进税率。具体税率见表 5.3.3。

表 5.3.3 土地增值税税率表

增值额占扣除项目金额比例	税率	速算扣除系数
50% 以下（含 50%）	30%	0
超过 50%～100%（含 100%）	40%	5%
超过 100%～200%（含 200%）	50%	15%
200% 以上	60%	35%

（七）契税

契税的计税依据是不动产的价格。依不动产的转移方式、定价方法不同，契税计税依据有以下几种情况：

（1）国有土地使用权出让、土地使用权出售、房屋买卖，以成交价格为计税依据。

（2）土地使用权赠与、房屋赠与，由征收机关参照土地使用权出售、房屋买卖的市场价格核定。

（3）土地使用权交换、房屋交换，以所交换的土地使用权、房屋的价格差额为计税依据。

（4）以划拨方式取得土地使用权，经批准转让房地产时，由房地产转让者补交契税，计税依据为补交的土地使用权出让费用或者土地收益。

（5）房屋附属设施征收契税的依据：

1）采取分期付款方式购买房屋附属设施土地使用权、房屋所有权的，应按合同规定的总价款计征契税；

2）承受的房屋附属设施权属如为单独计价的，按照当地确定的适用税率征收契税；如与房屋统一计价的，适用与房屋相同的契税税率。

契税实行 3%～5% 的幅度税率。

二、与工程项目有关的保险规定

（一）建筑工程一切险

建筑工程一切险是承保以土木建筑为主体的工程项目在整个建筑期间因自然灾害或意外事故造成的物质损失，以及依法应承担的第三者责任的保险。

1. 保险项目与保险金额

建筑工程一切险的保险项目包括物质损失部分、第三者责任及附加险三部分。

（1）物质损失。

1）建筑工程。包括永久和临时性工程及物料。这是建筑工程一切险的主要保险项目。该部分保险金额为承包工程合同的总金额，即建成该项工程的实际价格，包括设计费、材料设备费、施工费（人工及施工设备费）、运杂费、税款及其他有关费用。

2）业主提供的物料及项目。是指未包括在工程合同价格之内的，由业主提供的物料及负责建筑的项目。该项保险金额应按这一部分标的的重置价值确定。

3）安装工程项目。是指承包工程合同中未包含的机器设备安装工程项目。该项目的保险金额为其重置价值，所占保额不应超过总保险金额的20%，超过20%时，按安装工程一切险费率计收保费；超过50%时，则另投保安装工程一切险。

4）施工用机器、装置及设备。是指施工用的推土机、钻机、脚手架、吊车等机器设备。此类物品一般为承包商所有，其价值不包括在工程合同价之内，因而作专项承保。该项保险金额应按机器、装置及设备的重置价值确定。

5）场地清理费。是指发生承保风险所致损失后，为清理工地现场所必须支付的一项费用，不包括在工程合同价格之内。该项保险金额一般按大工程不超过其工程合同价格的5%，小工程不超过工程合同价格的10%计算。

6）工地内现成的建筑物。是指不在承保的工程范围内的，业主或承包单位所有的或由其保管的工地内已有的建筑物或财产。该项保险金额由双方共同商定，但最高不得超过该建筑物的实际价值。

7）业主或承包商在工地上的其他财产，是指上述五项范围之外的其他可保财产。该项保险金额由双方共同商定。

以上各部分之和为建筑工程一切险物质损失部分的总保险金额。货币、票证、有价证券、文件、账簿、图表、技术资料，领有公共运输执照的车辆、船舶以及其他无法鉴定价值的财产，不能作为建筑工程一切险的保险项目。

（2）第三者责任。第三者责任是指被保险人在工程保险期内因意外事故造成工地及工地附近的第三者人身伤亡或财产损失依法应负的赔偿责任。保险金额一般通过一个赔偿限额来确定，该限额根据工地责任风险的大小确定。

（3）附加险。根据投保人的特别要求或某项工程的特性需要可以增加一些附加保险，保险金额由双方商定。

2. 保险责任与除外责任

（1）物质损失的保险责任与除外责任。

1）责任范围。在保险期限内，若保险单列明的被保险财产在列明的工地范围内，因发生除外责任之外的任何自然灾害或意外事故造成的物质损失，保险人应负责赔偿。自然灾害包括：地震、海啸、雷电、飓风、台风、龙卷风、风暴、暴雨、洪水、水灾、冻灾、冰雹、地崩、雪崩、火山爆发、地面下陷下沉及其他人力不可抗拒的破坏力强大的自然现象。意外事故是指不可预料的以及被保险人无法控制并造成物质损失或人身伤亡的突发性事件，包括火灾和爆炸等。

上述有关费用包括必要的场地清理费用和专业费用等，也包括被保险人采取施救措施而支出的合理费用。但这些费用并非自动承保，保险人在承保时须在明细表中列明有关费用，并加上相应的附加条款。如果被保险人没有向保险公司投保清理费用，保险公司将不负责该项费用的赔偿。

2）除外责任。保险人对以下情况不承担赔偿责任：①设计错误引起的损失和费用；②自然磨损、内在或潜在缺陷、物质本身变化、自燃、自热、氧化、锈蚀、渗漏、鼠咬、虫蛀、大气（气候或气温）变化、正常水位变化或其他渐变原因造成的被保险财产自身的损失和费用；③因原材料缺陷或工艺不善引起的被保险财产本身的损失以及为换置、修理或矫正这些缺点错误所支付的费用；④非外力引起的机械或电气装置的本身损失，或施工用机具、设备、机械装置失灵造成的本身损失；⑤维修保养或正常检修的费用；⑥档案、文件、账簿、票据、现金、各种有价证券、图表资料及包装物料的损失；⑦盘点时发现的短缺；⑧领有公共运输行驶执照的，或已由其他保险予以保障的车辆、船舶和飞机的损失；⑨除已将工地内现成的建筑物或其他财产列入保险范围，在被保险工程开始以前已经存在或形成的位于工地范围内或其周围的属于被保险人的财产的损失；⑩除非另有约定，在保险期限终止以前，被保险财产中已由工程所有人签发完工验收证书或验收合格或实际占有或使用或接收的部分。

（2）第三者责任的保险责任与除外责任。

1）责任范围。在保险期限内，因发生与承保工程直接相关的意外事故引起工地内及邻近区域的第三者人身伤亡、疾病或财产损失，依法应由被保险人承担的经济赔偿责任，保险公司负责赔偿。

对被保险人因上述原因而支付的诉讼费用以及事先经保险公司书面同意而支付的其他费用，保险公司亦负责赔偿。

2）除外责任。物质损失项下或本应在该项下予以负责的损失及各种费用。

由于震动、移动或减弱支撑而造成的任何财产、土地、建筑物的损失及由此造成的任何人身伤害和物质损失。

下列原因引起的赔偿责任：①工程所有人、承包商或其他关系方或他们所雇佣的在工地现场从事与工程有关工作的职员、工人以及他们的家庭成员的人身伤亡或疾病；②工程所有人、承包商或其他关系方或他们所雇佣的职员、工人所有的或由其照管、控制的财产发生的损失；③领有公共运输行驶执照的车辆、船舶、飞机造成的事故；④被保险人根据与他人的协议应支付的赔偿或其他款项。但即使没有这种协议，被保险人仍应承担的责任不在此限。

（3）总除外责任。保险人对以下各项不承担赔偿责任：

1）战争、类似战争行为、敌对行为、武装冲突、恐怖活动、谋反、政变引起的任何损失、费用和责任；政府命令或任何公共当局的没收、征用、销毁或毁坏；罢工、暴动、民众骚乱引起的任何损失、费用和责任。

2）被保险人及其代表的故意行为或重大过失引起的任何损失、费用和责任。

3）核裂变、核聚变、核武器、核材料、核辐射及放射性污染引起的任何损失、费用和责任。

4）大气、土地、水污染及其他各种污染引起的任何损失、费用和责任。

5）工程部分停工或全部停工引起的任何损失、费用和责任。

6）罚金、延误、丧失合同及其他后果损失。

7）保险单明细表或有关条款中规定的应由被保险人自行负担的免赔额。

3. 保险期限

保险期限是在保险单列明的建筑期限内，自投保工程动工日或自被保险项目被卸至建筑工地时起生效，直至建筑工程完毕经验收合格时终止。

（1）建筑期。

1）保险责任的开始有两种情况：①工程破土动工之日；②保险工程材料、设备运抵至工地时。以先发生者为准，但不得超过保单规定的生效日期。

2）保险责任的终止也有两种情况：①工程所有人对部分或全部工程签发验收证书或验收合格时；②工程所有人实际占有或使用或接受该部分或全部工程时。以先发生者为准且最迟不得超过保单规定的终止日期。

（2）试车期。若被保险设备本身是在本次安装前已被使用过的设备或转手设备，则自其试车之日起，保险责任即告终止。如安装的是新机器，保险人按保单列明的试车期，对试车和考核期限内引起的损失、费用和责任负责赔偿。

（3）保证期。保证期的保险期限一般与工程合同中规定的质量保修期一致。从工程所有人对部分或全部工程签发完工验收证书或验收合格，或工程所有人实际占有或使用或接收该部分或全部工程时起算，以先发生者为准。保证期投保与否，由投保人自己决定，需要投保时，必须加批单，增收相应的保费。

（4）保险期限的延长。如工程不能在保险单规定的保险期内完工，经投保人申请并加缴规定的保费后，可签发批单延长保险期限。

4. 保险费率

建筑工程一切险的费率依各个工程的具体情况分别确定。

5. 赔偿处理

（1）保险财产发生损失，保险人以将被保险财产修复至或基本恢复至其受损前状态的费用扣除残值后的金额为准进行赔偿；但若修复费用等于或超过被保险财产损失前的价值时，则以被保险财产损失前的实际价值扣除残值后的金额为准。被保险人为减少损失而采取必要措施所产生的合理费用，保险人可予赔偿，但本项费用与物质损失赔偿金额之和以受损的被保险财产的保险金额为限。

（2）保险人可有三种赔偿方式，即：以现金支付赔款；修复或重置；赔付修理费用。具体采用哪种方式，应视具体情况与被保险人商定。但保险人的赔偿责任就每一项或每一件保险财产而言，不得超过其单独列明的保额，就总体而言，不得超过保单列明的总保险金额。

（3）损失赔付后，保险金额应相应减少，并且不退还保险金额减少部分的保险费。如被保险人要求恢复至原保险金额，应按约定的保险费率加缴恢复部分从损失发生之日起至保险期限终止之日止按日比例计算的保险费。

（4）在发生第三者责任项下的索赔时：保险人有权以被保险人的名义接办或自行处理任何诉讼或解决任何索赔案件。被保险人有义务向保险人提供一切所需的资料和协助。

（5）在发生物质损失时，若受损保险财产的分项或总保险金额低于对应的应保险金额，其差额部分视为被保险人所自保，保险人按保险列明的保险金额与应保险金额的比例负责赔偿，即：

赔款金额 = 损失金额 × 某项目现行保额 / 某项目按规定应投保金额

（6）如同一保险财产损失存在着一种以上的保险保障，不论该保险赔偿与否，保险公司按该种保险的保险单保额与所有保单保额之和的比例承担保险责任。

（7）被保险人的索赔期限，从损失发生之日起，不得超过两年。

（二）安装工程一切险

安装工程一切险是以设备的购货合同价和安装合同价加各种费用或以安装工程的最后建成价格为保额的，以重置基础进行赔偿的，专门承保机器、设备或钢结构建筑物在安装、调试期间，由于保险责任范围内的风险造成的保险财产的物质损失和列明的费用的保险。与建筑工程一切险相比，安装工程一切险具有下列特点：

（1）建筑工程一切险的保险标的从开工以后逐步增加，保险额也逐步提高，而安装工程一切险的保险标的一开始就存放于工地，保险公司一开始就承担着全部货价的风险。在机器安装好之后，试车、考核和保证阶段风险最大。由于风险集中，试车期的安装工程一切险的保险费通常占整个工期的保险费的三分之一左右。

（2）在一般情况下，建筑工程一切险承担的风险主要为自然灾害，而安装工程一切险承担的风险主要为人为事故损失。

（3）安装工程一切险的风险较大，保险费率也要高于建筑工程一切险。

建筑工程一切险和安装工程一切险在保单结构、条款内容、保险项目上基本一致，是承保工程项目相辅相成的两个险种。以下主要介绍安装工程一切险与建筑工程一切险的不同部分。

1. 保险项目与保险金额

（1）安装项目。这是安装工程一切险承保的主要保险项目，包括被安装的机器设备、装置、物料、基础工程以及工程所需的各种临时设施如水、电、照明、通信等设施。适用安装工程一切险保单承保的标的，大致有三种类型：

1）新建工厂、矿山或某一车间生产线安装的成套设备。

2）单独的大型机械装置如发电机组、锅炉、巨型吊车、传送装置的组装工程。

3）各种钢结构建筑物如储油罐、桥梁、电视发射塔之类的安装和管道、电缆的铺设工程等。这部分的保险金额的确定与承包方式有关，在采用完全承包方式时，为该项目的承包合同价；由业主投保引进设备时，保险金额应包括设备的购货合同价加上国外运费和保险费、国内运费和保险费、关税和安装费（人工、材料）。

（2）土木建筑工程项目。指新建、扩建厂矿必须有的工程项目。保险金额应为该工程项目建成的价格，包括设计费、材料设备费、施工费、运杂费、税款及其他有关费用。该项保险金额不能超过安装工程一切险金额的 20%，超过 20% 时，应按建筑工程一切险费率计收保险费；超过 50% 时，则需单独投保建筑工程一切险。

（3）安装施工用机器设备。保险金额按重置价值计算。

（4）业主或承包商在工地上的其他财产。保险金额可由保险人与被保险人商定，但最高不能超过其实际价值。

（5）清理费用。此项费用的保险金额由被保险人自定并单独投保，不包括在工程合同价内。保险金额，对大工程一般不超过其工程总价值的 5%；对小工程一般不超过工程总价值的 10%。

以上各项之和即可构成安装工程保险物质损失部分总的保险金额。被保险人可以以工程合同规定的工程造价确定投保金额。第三者责任保险金额的确定同建筑工程一切险。

2. 保险责任与除外责任

安装工程一切险的保险责任与建筑工程一切险基本相同，主要承保保单列明的除外责任以外的任何自然灾害或意外事故造成的损失及有关费用。

安装工程一切险与建筑工程一切险的除外责任除以下两条外基本相同：

（1）因设计错误、铸造或原材料缺陷或工艺不善引起的保险财产本身的损失以及为换置、修理或矫正这些缺点错误所支付的费用，都属于除外责任范围。值得注意的是，安装工程一切险只对设计错误等原因引起保险财产的直接损失及其有关费用不予赔偿，而对由于设计错误等原因造成其他保险财产的损失仍予以负责。因为设计错误等原因造成保险财产的直接损失，被保险人可根据购货合同向设计者或供货方或制造商要求赔偿。

建筑工程一切险不承保设计错误引起的保险财产本身的损失及费用，同时也不负责因此造成其他保险财产的损失和费用。

（2）由于超负荷、超电压、碰线等电气原因造成电气设备或电气用具本身的损失，安装工程一切险不予负责。安装工程一切险只对由于电气原因造成的其他保险财产的损失予以赔偿。而建筑工程一切险对于此种原因造成的任何损失都不予赔偿。

3. 保险期限

分析历年考题，建议不作为复习的重点内容。

（三）工伤保险

（1）工伤保险基金。工伤保险基金由以下三部分构成：企业缴纳的工伤保险费、工伤保险基金的利息和其他资金。

（2）费率。我国工伤保险收缴保费按照“以支定收、收支平衡”的原则，根据不同行业的工伤风险程度，确定行业的差别费率，并根据工伤保险费使用、工伤发生率等情况，在每个行业内确定若干费率档次。

人力资源社会保障部、财政部于 2015 年联合发布《关于调整工伤保险费率政策的通知》（人社部发〔2015〕71 号），根据不同行业工伤风险程度，由低到高，依次将行业工伤风险划分为一至八类（房屋建筑业、土木工程建筑业属于六类；建筑安装业、建筑装饰和其他建筑业属于五类），对应的全国工伤保险行业基准费率分别控制在该行业用人单位职工工资总额的 0.2%、0.4%、0.7%、0.9%、1.1%、1.3%、1.6%、1.9% 左右。

用人单位通过费率浮动的办法确定每个行业的费率档次。一类行业分为三个档次，即在基准费率基础上，可向上浮动至 120%、150%，二类至八类行业分为五个档次，即在基准费率基础上，可分别向上浮动至 120%、150% 或向下浮动至 80%、50%。费率浮动的具体办法由统筹地区人力资源社会保障部门商财政部门制定，并征求工会组织、用人单位代表的意见。

（四）建筑意外伤害保险

建筑意外伤害保险是指建筑企业为施工现场从事施工作业和管理的人员，向保险公司办理建筑意外伤害保险、支付保险费，保险公司对于在施工活动过程中发生的人身意外伤亡事故、对遭受意外伤害的施工人员实施赔付的保险。

1. 被保险人与投保人

建筑意外伤害保险是以工程项目作为投保单位的，对于参保人员的界定，有关文件规定，建筑意外伤害保险实行不记名的投保方式。

2. 保险范围

建筑意外伤害保险的范围应当覆盖工程项目。

3. 保险金额

各地建设主管部门结合本地区实际情况确定合理的最低保险金额。建筑意外伤害保险投保的保险金额不得低于最低保险金额。最低保险金额要能够保障施工伤亡人员得到有效的经济补偿。

4. 保险期限

建筑意外伤害保险期限应从施工工程项目被批准正式开工，并且投保人已缴付保险费的次日（或约定起保日）零时起，至施工合同规定的工程竣工之日 24 时止。提前竣工的，保险责任自行终止。工程因故延长工期或停工的，需书面通知保险人并办理保险期间顺延手续，但保险期间自开工之日起最长不超过 5 年。工程停工期间，保险人不承担保险责任。

5. 保险费率

施工单位和保险公司双方根据各类风险因素商定建筑意外伤害保险费率，实行差别费率和浮动费率。差别费率可与工程规模、类型、工程项目风险程度和施工现场环境等因素挂钩。浮动费率可与施工单位安全生产业绩、安全生产管理状况等因素挂钩。

本章考分统计

本章考分统计表

节	年　份				
	2023	2022	2021	2020	2019
第一节	5	7	6	9	8
第二节	3	5	5	4	6
第三节	4	5	5	3	5

本章考点点评

第一节：本节近几年考试的具体考点相对确定，考分起伏也不大，主要考核的内容包括项目资本金构成、项目资本金占项目总投资最低比例、项目资金筹措渠道与方式和资金成本与资本结构。

第二节：主要考核的内容有项目融资的特点、项目融资的程序、不同项目融资方式的特点，其中 PPP 方式通常考核 1 ~ 2 分，内容多分数少，考生可参考近几年考题重点掌握考点内容。

第三节：与工程项目有关的税收规定，多集中在计税依据和税率考核；与工程项目有关的保险规定，一共四个险种，其中建筑工程一切险和安装工程一切险多集中在物质损失的保险项目和保险金额、保险责任与除外责任考核；工伤保险考核频数低，集中在工伤保险基金与费率考核；建筑意外伤害保险的考核比较灵活，建议考生参考近几年考题掌握相关内容。

第六章

工程建设全过程造价管理

第一节　决策阶段造价管理

真题解析

一、2023 年考题

1. 工程项目策划可分为建设前期项目构思策划，建设期间的项目管理策划和建成后运营策划，下列项目策划内容中，属于建设前期构思策划的是（　　）。

A. 工程项目招标策划　　B. 项目合同结构策划

C. 工程项目管理制度策划　　D. 工程项目定位策划

【答案】D

【解析】项目构想策划的主要内容包括：工程项目的定义、工程项目的定位、工程项目的系统构成和其他。选项 A、B、C 属于工程项目实施策划（项目管理策划）中内容。

【考点】工程项目策划——工程项目策划的主要内容——工程项目构思策划。

2. 下列不同类别的项目中，在投资决策阶段既需进行财务分析又需进行经济费用效益分析的是（　　）。

A. 规模较大的房地产开发项目　　B. 外部效果显著的投资项目

C. 财务效益不理想的经营性项目　　D. 需采用进口设备的生产性项目

【答案】B

【解析】对于那些关系国家安全、国土开发、市场不能有效配置资源等具有较明显外部效果的项目（一般为政府审批或核准项目），需要从国家经济整体利益角度来考察项目，并以能反映资源真实价值的影子价格来计算项目的经济效益和费用，通过经济评价指标的计算和分析，得出项目是否对整个社会经济有益的结论，即经济分析。任何项目都要进行财务分析，测算项目的盈利能力和清偿能力，分析项目在财务上的可行性。

【考点】工程项目经济评价——工程项目经济分析——经济分析的范围。

3. 进行投资项目经济费用效益分析时，项目有关投入物和产出物的价格应按照（　　）计算。

A. 价格评估机构评估确定的价格　　B. 经济分析基准日的市场价格

C. 反映资源真实价值的影子价格　　D. 预测的项目建设期市场平均价格

【答案】C

【解析】对于那些关系国家安全、国土开发、市场不能有效配置资源等具有较明显外部效果的项目（一般为政府审批或核准项目），需要从国家经济整体利益角度来考察项目，并以能反映资源真实价值的影子价格来计算项目的经济效益和费用，通过经济评价指标的计算和分析，得出项目是否对整个社会经济有益的结论。

【考点】工程项目经济评价——工程项目经济评价的内容、方法和原则——工程项目经济评价内容和方法的选择。

4. 对于特别重大的工程项目，除进行财务分析与（　　）分析外，还应专门进行（　　）。

A. 项目财务分析

B. 项目经济费用效益分析

C. 项目不影响评价

D. 项目对区域经济或宏观经济影响的研究和分析

E. 项目社会影响合适应性评价

【答案】BD

【解析】对于特别重大的工程项目，除进行财务分析与经济费用效益分析外，还应专门进行项目对区域经济或宏观经济影响的研究和分析。

【考点】工程项目经济评价——工程项目经济评价的内容、方法和原则——工程项目经济评价内容和方法的选择。

二、2022 年考题

1. 工程项目策划的首要任务是（　　）。

A. 项目的用途和规模　　B. 项目的性质和用途

C. 项目的定义和定位　　D. 项目的目标和组织

【答案】C

【解析】工程项目策划的首要任务是根据建设意图进行工程项目的定义和定位，全面构想一个待建项目系统。

【考点】工程项目策划——工程项目策划的主要作用。

2. 属于技术方案投资现金流量表中现金流出的是（　　）。

A. 流动资金　　B. 借款本金偿还

C. 借款利息支付　　D. 提取折旧

【答案】A

【解析】流动资金是投资现金流量表中现金流出；选项 B 借款本金偿还和选项 C 借款利息支付属于资本金现金流量表现金流出；选项 D 提取折旧不属于现金流量活动。

【考点】工程项目经济评价报表的编制——投资方案现金流量表。

3. 工程项目经济评价的主要标准和参数是（　　）。

A. 市场利率　　B. 净收益

C. 财务净现值　　D. 净利润

E. 社会折现率

【答案】BE

【解析】项目财务分析的主要标准和参数是净利润、财务净现值、市场利率等，而项目经济分析的主要标准和参数是净收益、经济净现值、社会折现率等。

【考点】工程项目经济评价——工程项目经济评价的内容、方法和原则——财务分析与经济分析的联系和区别。

4．项目经营性评价中，应进行经济费用效益分析的有（　　）。

A. 资源开发项目　　B. 外部效果不显著的项目

C. 内部收益率低的项目　　D. 具有垄断特征的项目

E. 采用新技术新工艺的项目

【答案】AD

【解析】经济分析的范围。下列类型项目应进行经济费用效益分析：①具有垄断特征的项目；②产出具有公共产品特征的项目；③外部效果显著的项目；④资源开发项目；⑤涉及国家经济安全的项目；⑥受过度行政干预的项目。

【考点】工程项目经济评价——工程项目经济分析——经济分析的范围。

三、2021 年考题

1. 下面工程项目策划的内容中，属于实施策划内容的是（　　）。

A. 项目系统构成策划　　B. 项目定位策划

C. 项目的定义　　D. 工程项目融资策划

【答案】D

【解析】工程项目实施策划包括：①工程项目组织策划；②工程项目融资策划；③工程项目目标策划；④工程项目实施过程策划。选项 A、B、C 属于构思策划的内容。

【考点】工程项目策划——工程项目策划的主要内容——工程项目实施策划。

2. 下列工程项目经济评价标准或参数中，用于项目财务分析的是（　　）。

A. 市场利率　　B. 社会折现率

C. 经济净现值　　D. 净收益

【答案】A

【解析】项目财务分析的主要标准和参数是净利润、财务净现值、市场利率等。选项 B、C、D 是经济分析时采用的参数。

【考点】工程项目经济评价——工程项目经济评价的内容、方法和原则——财务分析与经济分析的联系与区别。

3. 在投资方案经济效果评价中，下列费用中，属于经营成本的是（　　）。

A. 固定资产折旧费　　B. 利息支出

C. 无形资产摊销费　　D. 职工福利

【答案】D

【解析】经营成本 = 外购原材料、燃料及动力费 + 工资及福利费 + 修理费 + 其他费用或者经营成本 = 总成本 − 固定资产折旧费 − 利息支出 − 摊销费。

【考点】工程项目经济评价报表的编制——投资方案现金流量表——投资方案现金流量表构成要素——经营成本。

4. 下列财务分析指标中，适用于评价项目偿债能力的指标有（　　）。

A. 流动比率
B. 资本金净利润率
C. 资产负债率
D. 财务内部收益率
E. 总投资收益率

【答案】AC

【解析】判断项目偿债能力的参数主要包括利息备付率、偿债备付率、资产负债率、流动比率、速动比率等指标的基准值或参考值。选项 B、D、E 是盈利性指标。

【考点】工程项目经济评价——工程项目财务分析——财务分析参数。

5. 关于工程项目经济评价中财务分析和经济分析区别的说法，正确的有（　　）。

A. 财务分析是从企业或投资人角度，经济分析是从国家或地区角度

B. 财务分析的对象是项目本身的财务收益和成本，经济分析的对象是由项目给企业带来的收入增值

C. 财务分析是用预测的市场价格去计量项目投入和产出物的价值，经济分析是用影子价格计量项目投入和产出物的价值

D. 财务分析主要采用企业成本和效益的分析方法，经济分析主要采用费用和效益等分析方法

E. 财务分析的主要参数用财务净现值等，经济分析的主要参数用经济净现值等

【答案】ACDE

【解析】选项 A、B，项目财务分析是站在企业或投资人立场上，从其利益角度分析评价项目的财务收益和成本，而项目经济分析则是从国家或地区的角度分析评价项目对整个国民经济乃至整个社会所产生的收益和成本；选项 C，项目财务分析关注的是项目的实际货币效果，它根据预测的市场交易价格去计量项目投入和产出物的价值，而项目经济分析关注的是对国民经济的贡献，采用体现资源合理有效配置的影子价格去计量项目投入和产出物的价值；选项 D，项目财务分析主要采用企业成本和效益的分析方法，项目经济分析需要采用费用和效益分析、成本和效益分析和多目标综合分析等方法；选项 E，项目财务分析的主要标准和参数是净利润、财务净现值、市场利率等，而项目经济分析的主要标准和参数是净收益、经济净现值、社会折现率等。

【考点】工程项目经济评价——工程项目经济评价的内容、方法和原则——财务分析与经济分析的联系与区别。

四、2020 年考题

1. 对工程项目进行多方案比选时，比选的内容应包括（　　）。

A. 工艺方案比选和经济效益比选
B. 技术方案比选和经济效益比选
C. 技术方案比选和融资方案比选
D. 工艺方案比选和融资方案比选

【答案】B

【解析】工程项目多方案比选主要包括：工艺方案比选、规模方案比选、选址方案比选，甚至包括污染防治措施方案比选等。无论哪一类方案比选，均包括技术方案比选和经济效益比选两个方面。

【考点】工程项目策划——多方案比对。

2. 对非经营性项目进行财务分析时，主要考查的内容是（　　）。

A. 项目静态盈利能力　　　　　　　　B. 项目偿债能力

C. 项目抗风险能力　　　　　　　　D. 项目财务生存能力

【答案】D

【解析】对于经营性项目，财务分析应通过编制财务分析报表，计算财务指标，分析项目的盈利能力、偿债能力和财务生存能力，判断项目的财务可接受性，明确项目对财务主体及投资者的价值贡献，为项目决策提供依据。对于非经营性项目，财务分析应主要分析项目的财务生存能力。

【考点】工程项目经济评价——工程项目财务分析——财务分析内容和指标。

3. 投资方案现金流量表中，可用来考查投资方案融资前的盈利能力，为比较各投资方案建立共同基础的是（　　）。

A. 资本金现金流量表　　　　　　　　B. 投资各方现金流量表

C. 财务计划现金流量表　　　　　　　D. 投资现金流量表

【答案】D

【解析】通过投资现金流量表可计算投资方案的财务内部收益率、财务净现值和静态投资回收期等经济效果评价指标，并可考查投资方案融资前的盈利能力，为各个方案进行比较建立共同的基础。

【考点】工程项目经济评价报表的编制——投资方案现金流量表——投资现金流量表。

4. 工程项目经济评价应遵循的基本原则有（　　）。

A. 以财务效率为主

B. 效益与费用计算口径对应一致

C. 收益与风险权衡

D. 以定量分析为主

E. 动态分析与静态分析相结合，以动态分析为主

【答案】BCE

【解析】工程项目经济评价应遵循的基本原则："有无对比"的原则；效益与费用计算口径对应一致的原则；收益与风险权衡的原则；定量分析与定性分析相结合，以定量分析为主的原则；动态分析与静态分析相结合，以动态分析为主的原则。

【考点】工程项目经济评价——工程项目经济评价的内容、方法和原则——工程项目经济评价应遵循的基本原则。

五、2019 年考题

1. 属于项目实施过程中策划内容的是（　　）。

A. 工程项目的定义　　　　　　　　B. 工程项目系统构成

C. 项目合同结构策划　　　　　　　D. 总体融资方案策划

【答案】C

【解析】工程项目实施过程策划是对工程项目实施的任务分解和组织工作策划，包括设计、施工、采购任务的招投标，合同结构，项目管理机构设置、工作程序、制度及运行机制，项目管理组织协调，管理信息收集、加工处理和应用等。选项 A、B 属于工

程项目构思策划范畴，选项 D 是工程项目实施策划中工程项目融资策划的内容。

【考点】工程项目策划——工程项目策划的主要内容——工程项目实施策划。

2. 下列工程项目经济评价标准和参数，用于项目经济分析的是（　　）。

A. 社会折现率　　B. 财务净现值

C. 净利润　　D. 市场利率

【答案】A

【解析】财务分析和经济分析采用的评价标准和参数不同。财务分析的主要标准和参数是净利润、财务净现值、市场利率等，而经济分析的主要标准和参数是净收益、经济净现值、社会折现率等。

【考点】工程项目经济评价——工程项目经济评价的内容、方法和原则——财务分析与经济分析的联系与区别。

3. 投资方案现金流量表中，经营成本的组成项有（　　）。

A. 折旧费　　B. 摊销费

C. 修理费　　D. 利息支出

E. 外购原材料、燃料及动力费

【答案】CE

【解析】经营成本 = 总成本费用 - 折旧费 - 摊销费 - 利息支出，或经营成本 = 外购原材料、燃料及动力费 + 工资及福利费 + 修理费 + 其他费用。

【考点】工程项目经济评价报表的编制——投资方案现金流量表——投资方案现金流量表构成要素——经营成本。

考点统计

本节主要考查对工程项目策划、工程项目经济评价、工程项目经济评价报表的编制的理解和掌握情况。2019—2023 年共考核 20 道题，见表 6.1.1。

表 6.1.1　第六章第一节考点考核频次表

序号	知识点	具体考点	考核频次
1	工程项目策划	工程项目策划的主要作用	1
		工程项目策划的主要内容	3
		多方案比选	1
2	工程项目经济评价	工程项目经济评价的内容和原则	7
		工程项目财务分析	2
		工程项目经济分析	2
3	工程项目经济评价报表的编制	投资方案现金流量表	4

知识点凝练

一、工程项目策划

（一）工程项目策划的主要内容

1. 工程项目构思策划

项目构想策划的主要内容包括：

（1）工程项目的定义。描述工程项目的性质、用途和基本内容。

（2）工程项目的定位。描述工程项目的建设规模、建设水准，工程项目在社会经济发展中的地位、作用和影响力，并进行工程项目定位依据及必要性和可能性分析。

（3）工程项目的系统构成。描述系统的总体功能，系统内部各单项工程、单位工程的构成，各自作用和相互联系，内部系统与外部系统的协调、协作和配套的策划思路及方案的可行性分析。

（4）其他。与工程项目实施及运行有关的重要环节策划，均可列入工程项目构思策划的范畴。

2. 工程项目实施策划

工程项目实施策划旨在将体现建设意图的工程项目构思，变成有实现可能性和可操作性的行动方案，提出带有谋略性和指导性的设想。

（1）工程项目组织策划。工程项目组织策划既是工程项目总体构思策划的重要内容，也是对工程项目实施过程产生重要影响的策划内容。

（2）工程项目融资策划。融资方案的策划是控制资金使用成本，进而控制工程造价、降低工程项目风险所不可忽视的环节，只有通过策划才能确定和选择最佳的融资方案。

（3）工程项目目标策划。工程项目必须具有明确的目的和要求、明确的建设任务量和时间界限、明确的项目系统构成和组织关系，才能进行有效的项目目标控制。也就是说，确定项目的质量目标、造价目标和进度目标是工程项目管理的前提，同时还要兼顾安全和环保目标。由于工程项目目标之间的内在联系和制约，使工程项目目标的设定变得复杂和困难。为此，需要在工程项目系统构成和定位策划的过程中做到工程项目目标之间的最佳匹配。

（4）工程项目实施过程策划。工程项目实施过程策划是对工程项目实施的任务分解和组织工作策划，包括设计、施工、采购任务的招投标，合同结构，项目管理机构设置、工作程序、制度及运行机制，项目管理组织协调，管理信息收集、加工处理和应用等。工程项目实施过程策划视工程项目系统的规模和复杂程度，分层次、分阶段地展开，从总体的轮廓性概略策划，到局部的实施性详细策划逐步深化。

（二）多方案比选

工程项目多方案比选主要包括：工艺方案比选、规模方案比选、选址方案比选，甚至包括污染防治措施方案比选等。无论哪一类方案比选，均包括技术方案比法和经济效益比选两个方面。

二、工程项目经济评价

（一）工程项目经济评价的内容、方法和原则

1. 工程项目经济评价的内容

工程项目经济评价包括财务分析和经济分析。其中两者的区别有以下几点。

（1）两种分析的出发点和目的不同。项目财务分析是站在企业或投资人立场上，从其利益角度分析评价项目的财务收益和成本，而项目经济分析则是从国家或地区的角度分析评价项目对整个国民经济乃至整个社会所产生的收益和成本。

（2）两种分析中费用和效益的组成不同。在项目财务分析中，凡是流入或流出的项目货币收支均视为企业或投资者的费用和效益，而在项目经济分析中，只有当项目的投入或产出能够给国民经济带来贡献时才被当作项目的费用或效益进行评价。

（3）两种分析的分析对象不同。项目财务分析的对象是企业或投资人的财务收益和成本，而项目经济分析的对象是由项目带来的国民收入增值情况。

（4）两种分析中衡量费用和效益的价格尺度不同。项目财务分析关注的是项目的实际货币效果，它根据预测的市场交易价格去计量项目投入和产出物的价值，而项目经济分析关注的是对国民经济的贡献，采用体现资源合理有效配置的影子价格去计量项目投入和产出物的价值。

（5）两种分析的内容和方法不同。项目财务分析主要采用企业成本和效益的分析方法，项目经济分析需要采用费用和效益分析、成本和效益分析和多目标综合分析等方法。

（6）两种分析采用的评价标准和参数不同。项目财务分析的主要标准和参数是净利润、财务净现值、市场利率等，而项目经济分析的主要标准和参数是净收益、经济净现值、社会折现率等。

（7）两种分析的时效性不同。项目财务分析必须随着国家财务制度的变更而做出相应的变化，而项目经济分析多数是按照经济原则进行评价。

2. 工程项目经济评价内容和方法的选择

（1）对于一般项目，只进行财务分析。

（2）对于那些关系国家安全、国土开发、市场不能有效配置资源等具有较明显外部效果的项目（一般为政府审批或核准项目），采用财务分析 + 经济分析。

（3）对于特别重大的工程项目，采用财务分析 + 经济分析 + 区域经济或宏观经济影响的研究与分析。

3. 工程项目经济评价应遵循的基本原则

（1）“有无对比”的原则。

（2）效益与费用计算口径对应一致的原则。

（3）收益与风险权衡的原则。

（4）定量分析与定性分析相结合，以定量分析为主的原则。

（5）动态分析与静态分析相结合，以动态分析为主的原则。

（二）工程项目财务分析

1. 财务效益和费用的估算

（1）财务效益和费用的识别和估算应注意的问题。

（2）财务效益和费用的构成。

1）市场化运作的经营性项目，项目目标是通过销售产品或提供服务实现盈利，其财务效益主要是指所获取的营业收入。对于某些国家鼓励发展的经营性项目，可以获得增值税的优惠。按照有关会计及税收制度，先征后返的增值税应记作补贴收入，作为财务效益进行核算。

2）对于以提供公共产品服务于社会或以保护环境等为目标的非经营性项目，往往没有直接的营业收入，也就没有直接的财务效益。这类项目需要政府提供补贴才能维持正常运转，应将补贴作为项目的财务收益，通过预算平衡计算所需要补贴的数额。

3）对于为社会提供准公共产品或服务，且运营维护采用经营方式的项目，如市政公用设施、交通、电力等项目，其产出价格往往受到政府管制，营业收入可能基本满足或不能满足补偿成本的要求，有些需要在政府提供补贴的情况下才具有财务生存能力。因此，这类项目的财务效益包括营业收入和补贴收入。

4）项目所支出的费用主要包括投资、成本费用和税金等。

（3）财务效益和费用采用的价格。财务分析应采用以市场价格体系为基础的预测价格。在建设期内，一般应考虑投入的相对价格变动及价格总水平变动。在运营期内，若能合理判断未来市场价格变动趋势，投入与产出可采用相对变动价格；若难以确定投入与产出的价格变动，一般可采用项目运营期初的价格；有要求时，也可考虑价格总水平的变动。

（4）财务效益和费用的估算步骤。财务效益和费用的估算步骤应该与财务分析的步骤相匹配：

1）在进行融资前分析时，应先估算独立于融资方案的建设投资和营业收入，然后是经营成本和流动资金。

2）在进行融资后分析时，应先确定初步融资方案，然后估算建设期利息，进而完成固定资产原值的估算，通过还本付息计算求得运营期各年利息，最终完成总成本费用的估算。

2. 财务分析参数

（1）基准收益率。

（2）计算期。工程项目经济评价的计算期，包括建设期和运营期。

（3）财务分析判断参数。财务分析判据参数主要包括下列判断项目盈利能力的参数和判断项目偿债能力的参数：判断项目盈利能力的参数主要包括财务内部收益率（*FIRR*）、总投资收益率、项目资本金净利润率等指标的基准值或参考值。判断项目偿债能力的参数主要包括利息备付率、偿债备付率、资产负债率、流动比率、速动比率等指标的基准值或参考值。

3. 财务分析内容和指标

财务分析应在项目财务效益与费用估算的基础上进行。对于经营性项目，财务分析应通过编制财务分析报表，计算财务指标，分析项目的盈利能力、偿债能力和财务生存能力，判断项目的财务可接受性，明确项目对财务主体及投资者的价值贡献，为项目决策提供依据。对于非经营性项目，财务分析应主要分析项目的财务生存能力。

（1）经营性项目财务分析。财务分析可分为融资前分析和融资后分析，一般宜先进行融资前分析，在融资前分析结论满足要求的情况下，初步设定融资方案，再进行融资后分析。在项目建议书阶段，可只进行融资前分析。融资前分析应以动态分析（考虑资金的时间价值）为主，静态分析（不考虑资金的时间价值）为辅。

1）融资前分析。融资前动态分析应以营业收入、建设投资、经营成本和流动资金的估算为基础，考察整个计算期内现金流入和现金流出，编制项目投资现金流量表，利用资金时间价值的原理进行折现，计算项目投资内部收益率和净现值等指标。融资前分析排除了融资方案变化的影响，从项目投资总获利能力的角度，考察项目方案设计的合理性。融资前分析计算的相关指标，应作为初步投资决策与融资方案研究的依据和基础。

根据分析角度的不同，融资前分析可选择计算所得税前指标和（或）所得税后指标。融资前分析也可计算静态投资回收期（P_0）指标，用以反映收回项目投资所需要的时间。

2）融资后分析。融资后分析应以融资前分析和初步的融资方案为基础，考察项目在拟定融资条件下的盈利能力、偿债能力和财务生存能力，判断项目方案在融资条件下的可行性。融资后分析用于比选融资方案，帮助投资者做出融资决策。融资后的盈利能力分析应包括动态分析和静态分析。

动态分析包括两个层次：

项目资本金现金流量分析，应在拟定的融资方案下，从项目资本金出资者整体的角度，确定其现金流入和现金流出，编制项目资本金现金流量表，利用资金时间价值的原理进行折现，计算项目资本金财务内部收益率指标，考察项目资本金可获得的收益水平。

投资各方现金流量分析，应从投资各方实际收入和支出的角度，确定其现金流入和现金流出，分别编制投资各方现金流量表，计算投资各方的财务内部收益率指标，考察投资各方可能获得的收益水平。当投资各方不按股本比例进行分配或有其他不对等的收益时，可选择进行投资各方现金流量分析。

静态分析不采取折现方式处理数据，依据利润与利润分配表计算项目资本金净利润率（*ROE*）和总投资收益率（*ROI*）指标。静态盈利能力分析可根据项目的具体情况选做。

盈利能力分析的主要指标包括项目投资财务内部收益率和财务净现值、项目资本金财务内部收益率、投资回收期、总投资收益率、项目资本金净利润率等，可根据项目的特点及财务分析的目的、要求等选用。

财务生存能力分析，应在财务分析辅助表和利润与利润分配表的基础上编制财务计划现金流量表，通过考察项目计算期内的投资、融资和经营活动所产生的各项现金流入和流出，计算净现金流量和累计盈余资金，分析项目是否有足够的净现金流量维持正常运营，以实现财务可持续性。财务可持续性应首先体现在有足够大的经营活动净现金流量，其次，各年累计盈余资金不应出现负值。

（2）非经营性项目财务分析。对于非经营性项目，财务分析可按下列要求进行：

1）对没有营业收入的项目，不进行盈利能力分析，主要考察项目财务生存能力。此类项目通常需要政府长期补贴才能维持运营，应合理估算项目运营期各年所需的政府补贴数额，并分析政府补贴的可能性与支付能力。对有债务资金的项目，还应结合借款偿还要求进行财务生存能力分析。

2）对有营业收入的项目，财务分析应根据收入抵补支出的程度，区别对待。有营业收入的非经营性项目可分为下列两类：

①营业收入在补偿生产经营耗费、缴纳流转税、偿还借款利息、计提折旧和偿还借款本金后尚有盈余，表明项目在财务上有盈利能力和生存能力，其财务分析方法与一般项目基本相同。

②对一定时期内收入不足以补偿全部成本费用，但通过在运行期内逐步提高价格（收费）水平，可实现其设定的补偿生产经营耗费、缴纳流转税、偿还借款利息，计提折旧、偿还借款本金的目标，并预期在中、长期产生盈余的项目，可只进行偿债能力分析和财务生存能力分析。

（三）工程项目经济分析

1. 经济分析的范围

下列类型项目应做经济费用效益分析：

（1）具有垄断特征的项目。

（2）产出具有公共产品特征的项目。

（3）外部效果显著的项目。

（4）资源开发项目。

（5）涉及国家经济安全的项目。

（6）受过度行政干预的项目。

2. 经济效益和费用的识别和计算

经济效益的计算应遵循支付意愿（WTP）原则和（或）接受补偿意愿（WTA）原则，经济费用的计算应遵循机会成本原则。

3. 经济费用效益分析

经济费用效益分析应采用以影子价格体系为基础的预测价格，不考虑价格总水平变动因素。项目经济费用效益分析采用社会折现率对未来经济效益和经济费用流量进行折现。具体可以采用经济净现值（*ENPV*）、经济内部收益率（*EIRR*）、经济效益费用比（*RBC*）等指标。

4. 费用效果分析

对于效益和费用可以货币化的项目，应采用上述经济费用效益分析方法。对于效益难以货币化的项目，应采用费用效果分析方法；对于效益和费用均难以量化的项目，应进行定性经济费用效益分析。

5. 区域经济与宏观经济影响分析

（1）区域经济与宏观经济影响分析内容。分析内容应包括直接贡献和间接贡献、有利影响和不利影响。

（2）区域经济与宏观经济影响分析指标。区域经济与宏观经济影响分析应遵循系统性、综合性、定性分析与定量分析相结合的原则。分析的指标体系宜由下列总量指标、结构指标、社会与环境指标和国力适应性指标构成。

1）经济总量指标。反映项目对国民经济总量的贡献，包括增加值、净产值、纯收入、财政收入等经济指标；总量指标可使用当年值、净现值总额和折现年值。

2）经济结构指标。反映项目对经济结构的影响，主要包括三次产业结构、就业结构、影响力系数等指标。

3）社会与环境指标。主要包括就业效果指标、收益分配效果指标、资源合理利用指标和环境影响效果指标等。为了分析项目对贫困地区经济的贡献，可设置贫困地区收益分配比重指标。

三、工程项目经济评价报表的编制

（一）投资方案现金流量表

1. 投资现金流量表

投资现金流量表是以投资方案为一个独立系统进行设置的。它以投资方案建设所需的总投资作为计算基础，反映投资方案在整个计算期（包括建设期和生产运营期）内现金的流入和流出。通过投资现金流量表可计算投资方案的财务内部收益率、财务净现值和静态投资回收期等经济效果评价指标，并可考察投资方案融资前的盈利能力，为各个方案进行比较建立共同的基础。根据需要，可从所得税前（即息税前）和（或）所得税后（即息税后）两个角度进行考察，选择计算所得税前和（或）所得税后指标。注意，这里所指的“所得税”是根据息税前利润（计算时其原则上不受融资方案变动的影响，即不受利息多少的影响）乘以所得税税率计算的，称为“调整所得税”。区别于按照税后利润计算的所得税。

2. 资本金现金流量表

资本金现金流量表是从投资方案权益投资者整体（即项目法人）角度出发，以投资方案资本金作为计算的基础，把借款本金偿还和利息支付作为现金流出，用以计算资本金财务内部收益率，反映在一定融资方案下投资者权益投资的获利能力，用以比选融资方案，为投资者投资决策、融资决策提供依据。

3. 投资各方现金流量表

投资各方现金流量表是分别从投资方案各个投资者的角度出发，以投资者的出资额作为计算的基础，用以计算投资方案投资各方财务内部收益率。一般情况下，投资方案投资各方按股本比例分配利润和分担亏损及风险，因此，投资各方的利益一般是均等的，没有必要计算投资各方的财务内部收益率。只有投资方案投资者中各方有股权之外的不对等的利益分配时（契约式的合作企业常常会有这种情况），投资各方的收益率才会有差异，此时常常需要计算投资各方的财务内部收益率，以看出各方收益是否均衡，或者其非均衡性是否在一个合理的水平，有助于促成投资方案投资各方在合作谈判中达成平等互利的协议。

4. 财务计划现金流量表

财务计划现金流量表反映投资方案计算期各年的投资、融资及经营活动的现金流入和流出，用于计算累计盈余资金，分析投资方案的财务生存能力。

5. 投资方案现金流量表的构成要素

（1）营业收入。营业收入是指投资方案实施后各年销售产品或提供服务所获得的收入，即：

营业收入 = 产品销售量（或服务量）× 产品单价（或服务）

主副产品（或不同等级产品）的销售收入应全部计入营业收入，所提供的不同类型服务收入也应同时计入营业收入。

（2）补贴收入。某些经营性的公益事业、基础设施投资方案，如城市轨道交通项目、垃圾处理项目、污水处理项目等，政府在项目运营期给予一定数额的财政补助，以维持正常运营，使投资者能获得合理的投资收益。对这类投资方案应按有关规定估算企业可能得到与收益相关的政府补助（与资产相关的政府补助不在此处核算，与资产相关的政府补助是指企业取得的、用于购建或以其他方式形成长期资产的政府补助），包括先征后返的增值税、按销量或工作量等依据国家规定的补助定额计算并按期给予的定额补贴，以及属于财政扶持而给予的其他形式的补贴等，应按相关规定合理估算，记作补贴收入。补贴收入同营业收入一样，应列入投资方案投资现金流量表、资本金现金流量表和财务计划现金流量表。以上补贴收入，应根据财政、税务部门的规定，分别计入或不计入应税收入。

（3）投资。投资方案经济效果评价中的总投资是建设投资、建设期利息和流动资金之和。

建设投资是指投资方案按拟定建设规模（分期实施的投资方案为分期建设规模）、产品方案、建设内容进行建设所需的投入。

在建设投资分年计划的基础上可设定初步融资方案，对采用债务融资的投资方案应估算建设期利息。建设期利息系指筹措债务资金时在建设期内发生并按规定允许在投产后计入固定资产原值的利息，即资本化利息。建设期利息包括银行借款和其他债务资金的利息，以及其他融资费用。

流动资金指运营期内长期占用并周转使用的营运资金，不包括运营中需要的临时性营运资金。流动资金的估算基础是经营成本和商业信用等，它是流动资产与流动负债的差额。在投资方案寿命期结束时，投入的流动资金应予以回收。

（4）投资方案资本金。投资方案资本金（即投资方案权益资金）是指在投资方案总投资中，由投资者认缴的出资额，对投资方案来说是非债务性资金，投资方案权益投资者整体（即项目法人）不承担这部分资金的任何利息和债务；投资者可按其出资的比例依法享有所有者权益，也可转让其出资，但一般不得以任何方式抽回。

（5）维持运营投资。维持运营投资是否能予以资本化，按照《企业会计准则——固定资产》，取决于其是否能为企业带来经济利益且该固定资产的成本是否能够可靠地计量。投资方案经济效果评价中，如果该投资投入延长了固定资产的使用寿命，或使产品质量实质性提高，或成本实质性降低等，使可能流入企业的经济利益增加，那么，该维持运营投资应予以资本化，即应计入固定资产原值，并计提折旧。否则该投资只能费用化，不形成新的固定资产原值。

（6）总成本。在投资方案运营期内，各年的总成本费用按生产要素消耗计算如下：

总成本费用 = 外购原材料、燃料及动力费 + 工资及福利费 + 修理费 + 折旧费 + 摊销费 + 财务费用（利息支出）+ 其他费用

1）外购原材料、燃料及动力费。耗用量大的主要原材料、燃料及动力应分别按照其年消耗量和供应单价进行估算，然后汇总。

2）工资及福利费。工资及福利费是指企业为获得职工提供的服务而给予各种形式的报酬以及其他相关支出，通常包括职工工资、奖金、津贴和补贴，职工福利费，以及医疗、养老、失业、工伤、生育等社会保险费和住房公积金中由职工个人缴付的部分。

3）修理费。修理费是指为保持固定资产的正常运转和使用，充分发挥使用效能，对其进行必要修理所发生的费用。

4）折旧费。固定资产折旧费，可以分类计算，也可以综合计算。

5）摊销费。摊销费是指无形资产和其他资产在投资方案投产后一定期限内分期摊销的费用。按照有关规定，无形资产从开始使用之日起，在有效使用期限内平均摊入成本。法律和合同规定了法定有效期限或者受益年限的，摊销年限从其规定，否则摊销年限应注意符合税法的要求。无形资产的摊销一般采用平均年限法，不计残值。其他资产的摊销可以采用平均年限法，不计残值，摊销年限应注意符合税法的要求。

6）利息支出。利息支出是指按照会计法规，企业为筹集所需资金而发生的费用称为借款费用，又称财务费用，包括利息支出（减利息收入）、汇兑损失（减汇兑收益）以及相关的手续费等。在投资方案的经济效果分析中，通常只考虑利息支出。利息支出的估算包括长期借款利息、流动资金借款利息和短期借款利息三部分。建设投资贷款在生产期间的利息支出应根据不同的还款方式和条件采用不同的计息方法；流动资金借款利息按照每年年初借款余额和预计的年利率计算。需要引起注意的是，在生产运营期利息是可以计入总成本的，因而每年计算的利息不再参与以后各年利息的计算。

7）其他费用。其他费用包括其他制造费用、其他管理费用和其他营业费用这三项费用。

（7）经营成本。经营成本作为投资方案现金流量表中运营期现金流出的主体部分，是从投资方案本身考察的，在一定期间（通常为一年）内由于生产和销售产品及提供服务而实际发生的现金支出。按以下公式计算：

经营成本 = 总成本费用 - 折旧费 - 摊销费 - 利息支出

或：

经营成本 = 外购原材料、燃料及动力费 + 工资及福利费 + 修理费 + 其他费用

（8）税金。投资方案经济效果评价涉及的税费主要包括关税、增值税、消费税、所得税、资源税、城市维护建设税和教育费附加等，有些行业还包括土地增值税。

（二）经济分析主要报表

经济分析主要报表包括项目投资经济费用效益流量表、经济费用效益分析投资费用估算调整表和经济费用效益分析经营费用估算调整表。

第二节 设计阶段造价管理

真题解析

一、2023 年考题

1. 对于实行限额设计的工程项目造价，初步设计的限额目标应根据（　　）确定。

A. 初步设计内容对应的投资估算额　　B. 初步设计范围对应的工程概算

C. 已经审定的同类工程施工图预算　　D. 初步设计内容对应的最高投标限价

【答案】A

【解析】投资决策阶段是限额设计的关键。对政府工程而言，投资决策阶段的可行性研究报告是政府部门核准投资总额的主要依据，而批准的投资总额则是进行限额设计的重要依据。为此，应在多方案技术经济分析和评价后确定最终方案，提高投资估算准确度，合理确定设计限额目标。

【考点】限额设计——限额设计工作内容——合理确定设计限额目标。

2. 设计方案的评价和优化工作包括 :1 计算设计方案各项指标及对比参数；2 确定能反映方案特征并能满足评价目的的指标体系；3 根据设计方案的评价目的，明确评价的任务和范围。仅就此三项工作而言，正确的工作程序是（　　）。

A. 123　　B. 132　　C. 321　　D. 213

【答案】C

【解析】设计方案评价与优化的基本程序如下：

（1）按照使用功能、技术标准、投资限额的要求，结合工程所在地实际情况，探讨和建立可能的设计方案。

（2）从所有可能的设计方案中初步筛选出各方面都较为满意的方案作为比选方案。

（3）根据设计方案的评价目的，明确评价的任务和范围。

（4）确定能反映方案特征并能满足评价目的的指标体系。

（5）根据设计方案计算各项指标及对比参数。

（6）根据方案评价的目的，将方案的分析评价指标分为基本指标和主要指标，通过评价指标的分析计算，排出方案的优劣次序，并提出推荐方案。

（7）综合分析，进行方案选择或提出技术优化建议。

（8）对技术优化建议进行组合搭配，确定优化方案。

（9）实施优化方案并总结备案。

【考点】设计方案评价与优化——基本程序。

3. 关于设计概算审查的说法正确的有（　　）。

A. 可采用主要问题复核法对设计概算进行审查

B. 项目总概算是指工程项目从筹建到竣工投产的全部工程费用

C. 应审查主要材料用量的正确性和材料价格是否符合工程所在地价格水平

D. 工程建设标准应符合批准的可行性研究报告或立项批文

E. 应重点审查工程量较大，造价较高，对整体造价影响较大的项目

【答案】ACDE

【解析】选项 A，主要问题复核法是设计概算审查方法之一；选项 B，竣工决算综合反映工程项目从筹建到竣工投产的全部工程费用；选项 C，设计概算审查内容之一：概算中主要材料用量的正确性和材料价格是否符合工程所在地的价格水平，材料价差调整是否符合相关规定等；选项 D，设计概算审查内容之一：概算所编制工程项目的建设规模和建设标准、配套工程等是否符合批准的可行性研究报告或立项批文；选项 E，设计概算审查内容之一：概算工程量是否准确。应将工程量较大、造价较高、对整体造价影响较大的项目作为审查重点。

【考点】概预算文件——设计概算审查。

二、2022 年考题

1. 关于设计方案评价中综合费用法的说法，正确的有（　　）。

A. 综合费用法常用多因素评价方法

B. 基本出发点在于将建设投资和使用费综合起来考虑

C. 综合费用法是一种动态价值指标评价方法

D. 既考虑费用，也考虑功能和质量

E. 只适用功能和建设条件相同或基本相同的方案

【答案】BE

【解析】这里的费用包括方案投产后的年度使用费、方案的建设投资以及由于工期提前或延误而产生的收益或亏损等。综合费用法的基本出发点在于将建设投资和使用费结合起来考虑（选项 B 正确），同时考虑建设周期对投资效益的影响，以综合费用最小为最佳方案。综合费用法是一种静态价值指标评价方法（选项 C 错误），没有考虑资金的时间价值，只适用于建设周期较短的工程。此外，由于综合费用法只考虑费用，未能反映功能、质量、安全、环保等方面的差异，因而只有在方案的功能、建设标准等条件相同或基本相同时才能采用（选项 E 正确）。

选项 A，综合费用法属于单指标法；选项 D，综合费用法考虑建设周期对投资效益的影响，不涉及功能和质量。

【考点】设计方案评价与优化——评价方法——综合费用法。

2. 设计概算审查方法有（　　）。

A. 分类整理法　　B. 查询核实法

C. 层次分析法　　D. 对比分析法

E. 联合会审法

【答案】ABDE

【解析】设计概算审查方法有：①对比分析法；②主要问题复核法；③查询核实法；④分类整理法；⑤联合会审法。

【考点】概预算文件审查——设计概算审查——设计概算审查方法。

三、2021 年考题

1. 关于限额设计目标及分解的说法，正确的是（　　）。

A. 限额设计目标只包括造价目标

B. 限额设计的造价总目标是初步设计确定的设计概算额

C. 在初步设计前将决策阶段确定的投资额分解到各专业设计造价限额

D. 各专业造价限额在任何情况下均不得修改、突破

【答案】C

【解析】选项 A，限额设计目标包括造价目标、质量目标、进度目标、安全目标及环保目标。选项 B，限额设计中，批准的投资总额是进行限额设计的重要依据。选项 C，初步设计阶段需要依据确定的可行性研究方案和投资估算，对影响投资的因素按照专业进行分解，并将规定的投资限额下达到各专业设计人员，设计人员应用价值工程等进行限额设计。选项 D，造价限额应统筹兼顾，全面考虑，追求技术经济合理的最佳整体目标（不是固化各个专业造价限额）。

【考点】限额设计。

2. 下列施工图预算审查方法中，审查质量高，但审查工作量大、时间相对较长的是（　　）。

A. 对比审查法　　B. 全面审查法　　C. 分组计算审查法　　D. 标准预算审查法

【答案】B

【解析】全面审查法，其优点是全面、细致，审查的质量高；缺点是工作量大，审查时间较长。

【考点】概预算文件审查——施工图预算审查。

四、2020 年考题

1. 进行建设工程限额设计时，评价和优化设计方案采用的方法是（　　）。

A. 技术经济分析法　　B. 工期成本分析法

C. 全寿命周期成本分析法　　D. 价值指数分析法

【答案】A

【解析】设计方案评价与优化通常采用技术经济分析法，即将技术与经济相结合，按照建设工程经济效果，针对不同的设计方案，分析其技术经济指标，从中选出经济效果最优的方案。

【考点】设计方案评价与优化。

2. 审查工程设计概算编制深度时，应审查的具体内容是（　　）。

A. 总概算投资是否通过批准投资估值的 10%

B. 是否具有完整的三级设计概算文件

C. 概算所采用的编制方法是否符合相关规定

D. 概算中的设备规格、数量、配置是否符合设计要求

【答案】B

【解析】设计概算编制深度审查：

（1）审查编制说明。审查设计概算的编制方法、深度和编制依据等重大原则性问题。

（2）审查设计概算编制的完整性。对于一般大中型项目的设计概算，审查是否具有完整的编制说明和三级设计概算文件（总概算、综合概算、单位工程概算），是否达到规定的深度。

（3）审查设计概算的编制范围。包括：设计概算编制范围和内容是否与批准的工程项目范围相一致；各费用应列的项目是否符合法律法规及工程建设标准；是否存在多列或遗漏的取费项目等。

选项 A、C、D 属于设计概算主要内容审查。

【考点】概预算文件审查——设计概算审查——设计概算编制深度审查。

3. 采用单指标法评价设计方案时，可采用的评价方法有（　　）。

A. 重点抽查法　　B. 综合费用法

C. 价值工程法　　D. 分类整理法

E. 全寿命期费用法

【答案】BCE

【解析】单指标法是以单一指标为基础对建设工程技术方案进行综合分析与评价的方法。单指标法有很多种类，各种方法的使用条件也不尽相同，较常用的有以下几种：综合费用法；全寿命期费用法；价值工程法。

【考点】设计方案评价与优化——评价方法——单指标法。

五、2019 年考题

1. 造价控制目标分解的合理步骤是（　　）。

A. 投资限额—各专业设计限额—各专业设计人员目标

B. 投资限额—各专业设计人员目标—各专业设计限额

C. 各专业设计限额—各专业设计人员目标—设计概算

D. 各专业设计人员目标—各专业设计限额—设计概算

【答案】A

【解析】分解工程造价目标是实行限额设计的一个有效途径和主要方法。首先，将上一阶段确定的投资额（目标）分解到建筑、结构、电气、给排水和暖通等设计部门的各个专业。其次，将投资限额再分解到各个单项工程、单位工程、分部工程及分项工程。在目标分解过程中，要对设计方案进行综合分析与评价。最后，将各细化的目标明确到相应设计人员，制定明确的限额设计方案。通过层层目标分解和限额设计，实现对投资限额的有效控制。

【考点】限额设计实施程序——目标分解。

2. 预算审查方法中，应用范围相对较小的方法是（　　）。

A. 全面审查法　　B. 重点抽查法

C. 分解对比审查法　　D. 标准预算审查法

【答案】D

【解析】标准预算审查法，是指对于利用标准图纸或通用图纸施工的工程，先集中力量编制标准预算，然后以此为标准对施工图预算进行审查。其优点是审查时间较短，审查效果好；缺点是应用范围较小。

【考点】概预算文件审查——施工图预算审查——标准预算审查法。

考点统计

本节主要考查对限额设计含义的理解，以及限额设计工作内容和限额设计实施程序的掌握；考查设计方案评价与优化的基本程序、指标体系和评价方法，重点考查评价方法；考查对概预算文件审查的掌握情况。2019—2023 年共考核 12 道题目，见表 6.2.1。

表 6.2.1　第六章第二节考点考核频次表

序号	知识点	具体考点	考核频次
1	限额设计	限额设计	2
		限额设计实施程序	1
2	设计方案评价与优化	设计方案评价与优化	2
		评价方法	2
3	概预算文件审查	施工图预算审查	3
		设计概算审查	2

知识点凝练

一、限额设计

限额设计是指按照批准的可行性研究报告中的投资限额进行初步设计、按照批准的初步设计概算进行施工图设计、按照施工图预算造价编制施工图设计中各个专业设计文件的过程。限额设计中，工程使用功能不能减少，技术标准不能降低，工程规模也不能削减。因此，限额设计需要在投资额度不变的情况下，实现使用功能和建设规模的最大化。限额设计是工程造价控制系统中的一个重要环节，是设计阶段进行技术经济分析，实施工程造价控制的一项重要措施。

（一）限额设计的主要内容

1. 合理确定设计限额目标

投资决策阶段是限额设计的关键。对政府工程而言，投资决策阶段的可行性研究报告是政府部门核准投资总额的主要依据，而批准的投资总额则是进行限额设计的重要依据。为此，应在多方案技术经济分析和评价后确定最终方案，提高投资估算准确度，合理确定设计限额目标。

2. 确定合理的初步设计方案

初步设计阶段需要依据最终确定的可行性研究方案和投资估算，对影响投资的因素按照专业进行分解，并将规定的投资限额下达到各专业设计人员。设计人员应用价值工程基本原理，通过多方案技术经济比选，创造出价值较高、技术经济性较为合理的初步设计方案，并将设计概算控制在批准的投资估算内。

3. 在概算范围内进行施工图设计

施工图是设计单位的最终成果文件，应按照批准的初步设计方案进行限额设计，施工图预算需控制在批准的设计概算范围内。

（二）限额设计实施程序

（1）目标制订。限额设计目标包括：造价目标、质量目标、进度目标、安全目标及环保目标。各个目标之间既相互关联又相互制约，因此，在分析论证限额设计目标时，应统筹兼顾，全面考虑，追求技术经济合理的最佳整体目标。

（2）目标分解。分解工程造价目标是实行限额设计的一个有效途径和主要方法。首先，将上一阶段确定的投资额分解到建筑、结构、电气、给排水和暖通等设计部门的各个专业。其次，将投资限额再分解到各个单项工程、单位工程、分部工程及分项工程。在目标分解过程中，要对设计方案进行综合分析与评价。最后，将各细化的目标明确到相应设计人员，制订明确的限额设计方案。通过层层目标分解和限额设计，实现对投资限额的有效控制。

（3）目标推进。目标推进通常包括限额初步设计和限额施工图设计两个阶段。

1）限额初步设计阶段。应严格按照分配的工程造价控制目标进行方案的规划和设计。在初步设计方案完成后，由工程造价管理人员及时编制初步设计概算，并进行初步设计方案的技术经济分析，直至满足限额要求。初步设计只有在满足各项功能要求并符合限额设计目标的情况下，才能作为下一阶段的限额目标给予批准。

2）限额施工图设计阶段。遵循各目标协调并进的原则，做到各目标之间的有机结合和统一，防止忽略其中任何一个。在施工图设计完成后，进行施工图设计的技术经济论证，分析施工图预算是否满足设计限额要求，以供设计决策者参考。

（4）成果评价。成果评价是目标管理的总结阶段。通过对设计成果的评价，总结经验和教训，作为指导和开展后续工作的重要依据。

值得指出的是，当考虑建设工程全寿命期成本时，按照限额要求设计的方案未必具有最佳经济性，此时也可考虑突破原有限额，重新选择设计方案。

二、设计方案的评价与优化

设计方案的评价方法主要有多指标法、单指标法以及多因素评分法。

1. 多指标法

多指标法就是采用多个指标，将各个对比方案的相应指标值逐一进行分析比较，按照各种指标数值的高低对其做出评价，其评价指标包括：

（1）工程造价指标。

（2）主要材料消耗指标。

（3）劳动消耗指标。

（4）工期指标。

在采用多指标法对不同设计方案进行分析和评价时，如果某一方案的所有指标都优于其他方案，则为最佳方案；如果各个方案的其他指标都相同，只有一个指标相互之间有差异，则该指标最优的方案就是最佳方案。这两种情况对于优选决策来说都比较简单，但实际中很少有这种情况。在大多数情况下，不同方案之间往往是各有所长，有些指标较优，有些指标较差，而且各种指标对方案经济效果的影响也不相同。这时，若采用加权求和的方法，各指标的权重又很难确定，因而需要采用其他分析评价方法，如单指标法。

2. 单指标法

单指标法是以单一指标为基础对建设工程技术方案进行综合分析与评价的方法。单指标法有很多种类，各种方法的使用条件也不尽相同，较常用的有以下几种：

（1）综合费用法。这里的费用包括方案投产后的年度使用费、方案的建设投资以及由于工期提前或延误而产生的收益或亏损等。该方法的基本出发点在于将建设投资和使用费结合起来考虑，同时考虑建设周期对投资效益的影响，以综合费用最小为最佳方案。综合费用法是一种静态价值指标评价方法，没有考虑资金的时间价值，只适用于建设周期较短的工程。此外，由于综合费用法只考虑费用，未能反映功能、质量、安全、环保等方面的差异，因而只有在方案的功能、建设标准等条件相同或基本相同时才能采用。

（2）全寿命期费用法。建设工程全寿命期费用除包括筹建、征地拆迁、咨询、勘察、设计、施工、设备购置以及贷款支付利息等与工程建设有关的一次性投资费用之外，还包括工程完成后交付使用期内经常发生的费用支出，如维修费、设施更新费、采暖费、电梯费、空调费、保险费等。这些费用统称为使用费，按年计算时称为年度使用费。全寿命期费用评价法考虑了资金的时间价值，是一种动态的价值指标评价方法。由于不同技术方案的寿命期不同，因此，应用全寿命期费用评价法计算费用时，不用净现值法，而用年度等值法，以年度费用最小者为最优方案。

（3）价值工程法。价值工程法主要是对产品进行功能分析，研究如何以最低的全寿命期成本实现产品的必要功能，从而提高产品价值。在建设工程施工阶段应用该方法来提高建设工程价值的作用是有限的。要使建设工程的价值能够大幅提高，获得较高的经济效益，必须首先在设计阶段应用价值工程法，使建设工程的功能与成本合理匹配。也就是说，在设计中应用价值工程的原理和方法，在保证建设工程功能不变或功能改善的情况下，力求节约成本，以设计出更加符合用户要求的产品。

在工程设计阶段，应用价值工程法对设计方案进行评价的步骤如下：

1）功能分析。分析工程项目满足社会和生产需要的各主要功能。

2）功能评价。比较各项功能的重要程度，确定各项功能的重要性系数。目前，功能重要性系数一般通过打分法来确定。

3）计算功能评价系数（F）。功能评价系数计算公式为：

功能评价系数 = 某方案功能满足程度总分 / 所有参加评选方案功能满足程度总分之和

4）计算成本系数（C）。成本系数参照下式计算：

成本系数 = 某方案每平方米造价 / 所有评选方案每平方米造价之和

5）求出价值系数（V）并对方案进行评价。按 $V=F/C$ 分别求出各方案的价值系数，价值系数最大的方案为最优方案。

价值工程在工程设计中的运用过程实际上是发现矛盾、分析矛盾和解决矛盾的过程。具体地说，就是分析功能与成本间的关系，以提高建设工程的价值系数。工程设计人员要以提高价值为目标，以功能分析为核心，以经济效益为出发点，从而真正实现对设计方案的优化。

3. 多因素评分法

多因素评分法是多指标法与单指标法相结合的一种方法。对需要进行分析评价的设计方案设定若干个评价指标，按其重要程度分配权重，然后按照评价标准给各指标打分，将各项指标所得分数与其权重采用综合方法整合，得出各设计方案的评价总分，以获总分最高者为最佳方案。多因素评分法综合了定量分析评价与定性分析评价的优点，可靠性高，应用较广泛。

4. 方案优化

设计优化是使设计质量不断提高的有效途径，在设计招标以及设计方案竞赛的基础上，将各方案的可取之处重新组合，吸收众多设计方案的优点，使设计更加完美。而对于具体方案，则应综合考虑工程质量、造价、工期、安全和环保 5 大目标，基于全要素造价管理进行优化。

三、概预算文件的审查

设计概预算文件是确定建设工程造价的文件，是工程建设全过程造价控制、考核工程项目经济合理性的重要依据。

1. 设计概算审查

（1）设计概算审查内容。包括概算编制依据、概算编制深度及概算主要内容三个方面。

1）设计概算编制依据审查：①审查编制依据的合法性；②审查编制依据的时效性；③审查编制依据的适用范围。

2）设计概算编制深度审查：①审查编制说明；②审查设计概算编制的完整性；③审查设计概算的编制范围。

3）设计概算主要内容审查：①概算编制是否符合法律、法规及相关规定。②概算所编制工程项目的建设规模和建设标准、配套工程等是否符合批注的可行性研究报告或立项批文，对总概算投资超过批准投资估算 10% 以上的，应进行技术经济论证，需重新上报进行审批。③概算所采用的编制方法、计价依据和程序是否符合相关规定。④概算工程量是否准确。⑤概算中主要材料用量的正确性和材料价格是否符合工程所在地的价格水平、材料价差调整是否符合相关规定等。⑥概算中设备规格、数量、配置是否符合设计要求，设备原价和运杂费是否正确；非标准设备原价的计价方法是否符合规定；进口设备的各项费用的组成及其计算程序、方法是否符合规定。⑦概算中各项费用的计取程序和取费标准是否符合国家或地方有关部门的规定。⑧总概算文件的组成内容是否完整的包括了工程项目从筹建之竣工投产的全部费用组成。⑨综合概算、总概算的编制内容、方法是否符合国家相关规定和设计文件要求。⑩概算中工程建设其他费用中的费率和计取标准是否符合国家、行业有关规定。⑪概算项目是否符合国家对于环境质量的要求和相关规定。⑫概算中的技术经济指标的计算方法和程序是否正确。

（2）设计概算审查方法：对比分析法、主要问题复核法、查询核实法、分类整理法、联合会审法。

2. 施工图预算审查

（1）施工图预算审查内容。

（2）施工图预算审查方法。

第三节 发承包阶段造价管理

真题解析

一、2023 年考题

1. 下列选项中，建设单位最容易控制工程造价的合同方式为（　　）。

A. 单价合同　　B. 成本加酬金合同

C. 百分比成本加酬金合同　　D. 总价合同

【答案】D

【解析】

不同计价方式合同的比较

合同类型	总价合同	单价合同	成本加酬金合同			
			百分比酬金	固定酬金	浮动酬金	目标成本加奖罚
应用范围	广泛	广泛	有局限性			酌情
建设单位造价控制	易	较易	最难	难	不易	有可能
施工承包单位风险	大	小	基本没有		不大	有

【考点】施工招标策划——合同计价方式与合同类型选择——合同计价方式。

2. 根据《标准施工招标文件》，由于发包人提供的工程设备不符合合同要求导致承包人费用增加、工期延误的，发包人给承包人的补偿是（　）。

A. 工期补偿和费用补偿，但不包括利润

B. 工期补偿、费用补偿和合理利润

C. 工期补偿和合理利润，但不包括费用补偿

D. 费用补偿和合理利润，但不包括工期补偿

【答案】B

【解析】发包人提供的材料和工程设备的规格、数量或质量不符合合同要求，或由于发包人原因发生交货日期延误及交货地点变更等情况的，发包人应承担由此增加的费用和（或）工程延误，并向承包人支付合理利润。

【考点】施工合同示范文本——国内工程施工合同示范文本——《标准施工招标文件》中的合同条款。

3. 根据《标准设计施工总承包招标文件》，承包人在收到预付款的同时应向发包人提交的文件是（　　）。

A. 预付款保函　　B. 质量保证书

C. 预付款规范使用承诺书　　D. 工程进度款支付申请书

【答案】A

【解析】除专用合同条款另有约定外，承包人应在收到预付款的同时向发包人提交预付款保函，预付款保函的担保金额应与预付款金额相同。

【考点】施工合同示范文本——国内工程施工合同示范文本——《标准设计施工总承包招标文件》中的合同条款。

4. 根据标准施工招标文件签约合同价的组成内容有（　　）。

A. 承包范围内的工程价款　　B. 暂列金额

C. 建设管理费　　D. 施工管理费

E. 专项工程暂估价

【答案】ABE

【解析】签约合同价是指签订合同时合同协议书中写明的，包括暂列金额、暂估价的合同总金额。

【考点】施工合同示范文本——国内工程施工合同示范文本——《标准施工招标文件》中的合同条款。

二、2022 年考题

1. 计日工应该在包含在（　　）费用中。

A. 暂列金额　　B. 暂估价　　C. 预备费　　D. 变更费用

【答案】A

【解析】暂列金额是指已标价工程量清单中所列的一笔款项，用于支付在签订协议书时尚未确定或不可预见变更的施工及其所需材料、工程设备、服务等的金额，包括以计日工方式支付的金额。

【考点】施工合同示范文本——国内工程施工合同示范文本——《标准施工招标文件》中的合同条款——合同价格和费用。

2. 工程经竣工验收合格的，除专用合同条款另有约定外，实际竣工日期为（　　）。

A. 发包人验收合格之日　　B. 承包人提交竣工验收申请之日

C. 履约证书签发之日　　D. 政府质量监督机构认可意见之日

【答案】B

【解析】除专用合同条款另有约定外，经验收合格工程的实际竣工日期，以提交竣工验收申请报告的日期为准。

【考点】施工合同示范文本——国内工程施工合同示范文本——《标准施工招标文件》中的合同条款——竣工验收。

3. 发包人应在（　　）把履约担保退还给承包人。

A. 竣工验收合格 14 天内　　B. 工程接受证书颁发后 28 天内

C. 颁发工程接收证书 28 天内　　D. 收到履约保证书 14 天内

【答案】B

【解析】中标后的承包商应保证其履约担保在建设单位颁发工程接收证书前一直有效。建设单位应在工程接收证书颁发后 28 天内将履约担保退还给承包商。

【考点】施工评标与授标——签订施工合同——履约担保。

4. 根据《标准施工招标文件》，在评标时，两家投标单位经评审的投标价格相等时，应优先考虑（　　）。

A. 技术标准高　　B. 资质等级高

C. 投标价格低　　D. 有优惠条件

【答案】C

【解析】评标委员会按照经评审的投标价由低到高的顺序推荐中标候选人，或根据招标单位授权直接确定中标单位。经评审的投标价相等时，投标报价低的优先；投标报价也相等的，由招标单位自行确定。

【考点】施工评标与授标——详细评审——经评审的最低投标价法。

三、2021 年考题

1. 因不可抗力事件导致承包单位停工损失 5 万元，施工单位的设备损失 6 万元，已运至现场的材料损失 4 万元，第三者财产损失 3 万元，施工单位停工期间应监理要求照管现场清理和复原工作费用 8 万元，应由发包人承担的费用为（　　）万元。

A. 11　　B. 15　　C. 20　　D. 26

【答案】B

【解析】由发包人承担的费用：已运至现场的材料损失 4 万元，第三者财产损失 3 万元，施工单位停工期间应监理要求照管现场工作费用 8 万元，4+3+8=15（万元）。不可抗力导致的施工承包单位设备损失和停工损失由承包单位自己承担。

【考点】施工合同示范文本——国内工程施工合同示范文本——《标准施工招标文件》中的合同条款——不可抗力。

2. 根据 FIDIC《施工合同条件》提出的专用条件起草原则，不允许专用条件改变通用条件内容的是（　　）。

A. 合同争端的解决方式　　B. 承包人对临时工程应承担的责任

C. 咨询工程师的权限　　D. 风险与回报分配的平衡

【答案】D

【解析】专用条件不允许改变通用条件中风险与回报分配的平衡。

【考点】施工合同示范文本——国际工程施工合同示范文本——FIDIC《施工合同条件》的组成及解释顺序——专用条件。

3. 根据《标准设计施工总承包招标文件》，发包人最迟应在监理人收到进度付款申请单后（　）天内，将进度应付款支付给承包人。

A. 7　　B. 14　　C. 28　　D. 42

【答案】C

【解析】发包人应在监理人收到进度付款申请单后28天内，将进度应付款支付给承包人。

【考点】施工合同示范文本——国内工程施工合同示范文本——《标准设计施工总承包招标文件》中的合同条款——涉及费用的主要条款。

4. 下列导致承包人工期延长和费用增加的情形中，根据《标准施工招标文件》中的通用合同条款，发包人应延长工期和（或）增加费用，但不支付承包人利润的有（　）。

A. 发包人提供图纸延误

B. 施工中遇到了难以预料的不利物质条件

C. 在施工场地发现文物

D. 发包人提供的基准资料错误

E. 发包人引起的暂停施工

【答案】BC

【解析】承包人遇到不利物质条件时，发包人承担承包人因采取合理措施而增加的费用和（或）工期延误。在施工场地发现文物，由此导致的费用增加和（或）工期延误由发包人承担。选项A、D、E，属于发包人自身原因导致的责任，承担延长工期和（或）增加费用，并支付合理利润。

【考点】施工合同示范文本——国内工程施工合同示范文本——《标准施工招标文件》中的合同条款。

5. 下列投标文件偏差中，属于重大投标偏差的是（　）。

A. 投标文件载明的货物包装方式不符合要求

B. 报价中存在个别漏项

C. 投标总价金额与依据单价计算结果不一致

D. 投标文件载明的招标项目完成期限超过招标文件规定的期限

E. 提供的担保存在瑕疵

【答案】ADE

【解析】下列情况属于重大偏差：

（1）没有按照招标文件要求提供投标担保或者所提供的投标担保有瑕疵。

（2）投标文件没有投标单位授权代表签字和加盖公章。

（3）投标文件载明的招标项目完成期限超过招标文件规定的期限。

（4）明显不符合技术规格、技术标准的要求。

（5）投标文件载明的货物包装方式、检验标准和方法等不符合招标文件的要求。

（6）投标文件附有招标单位不能接受的条件。

（7）不符合招标文件中规定的其他实质性要求。

【考点】施工评标与授标——评标准备与初步评审——投标偏差及其处理。

四、2020 年考题

1. 下列合同计价方式中，建设单位容易控制造价，施工承包单位风险大的是（　　）。

A. 总价合同　　B. 目标成本加奖罚合同

C. 单价合同　　D. 成本加固定酬金合同

【答案】A

【解析】总价合同应用范围广，建设单位控制造价容易，但施工承包单位承担的风险大，详见本节表 6.3.2。

【考点】施工招标策划——合同计价方式。

2. 根据《标准施工招标文件》中的通用合同条款，发包人应延长工期和（或）增加费用，并支付合理利润的情形是（　　）。

A. 施工场地发现文物后需要采取合理保护措施的

B. 施工中遇到不利物质条件采取合理措施的

C. 发包人提供的测量基准点有误导致承包人测量放线工作返工的

D. 发包人提供的设备不符合合同要求需要更换的

【答案】C

【解析】选项 A、B，发包人承担延长工期和（或）增加费用。选项 C，发包人应对其提供的测量基准点、基准线和水准点及其书面资料的真实性、准确性和完整性负责。发包人提供上述基准资料错误导致承包人测量放线工作的返工或造成工程损失的，发包人应当承担由此增加的费用和（或）工期延误，并向承包人支付合理利润。选项 D，发包人提供的材料和工程设备的规格、数量或质量不符合合同要求，发包人应承担由此增加的费用和（或）工程延误，并向承包人支付合理利润（发包人提供的设备不符合合同要求需要更换的，不会造成承包人利润损失）。

【考点】施工合同示范文本——国内工程施工合同示范文本——《标准施工招标文件》中的合同条款。

3. 下列投标报价策略中属于恰当使用不平衡报价方法的是（　　）。

A. 适当降低早结算项目的报价

B. 适当提高晚结算项目的报价

C. 适当提高预计未来会增加工程量的项目单价

D. 适当提高工程内容说明不清楚的项目清单

【答案】C

【解析】不平衡报价方法之一：经过工程量核算，预计今后工程量会增加的项目，适当提高单价，这样在最终结算时可多盈利；而对于将来工程量有可能减少的项目，适当降低单价，这样在工程结算时不会有太大损失。

【考点】施工投标报价策略——报价技巧——不平衡报价法。

4. 根据《标准施工招标文件》，在对投标文件进行初审时，属于投标文件形式审查的是（　　）。

A. 提交的投标保证金形式是否符合投标须知规定

B. 投标人是否完全接受投标文件中的合同条款

C. 投标承诺的工程是否满足投标人须知中的要求

D. 投标函是否经法定代表人或其委托代理人签字并加盖单位章

【答案】D

【解析】根据《标准施工招标文件》，初步评审属于对投标文件的合格性审查，包括四个方面。其中，投标文件的形式审查包括：

（1）提交的营业执照、资质证书、安全生产许可证是否与投标单位的名称一致。

（2）投标函是否经法定代表人或其委托代理人签字并加盖单位章。

（3）投标文件的格式是否符合招标文件的要求，联合体投标人是否提交了联合体协议书，联合体的成员组成与资格预审的成员组成有无变化。

（4）联合体协议书的内容是否与招标文件要求一致。

（5）报价的唯一性。

选项 A、B、C 属于投标文件对招标文件的响应性审查的内容。

【考点】施工评标与授标——评标准备与初步评审——投标文件的形式审查。

五、2019 年考题

1. 下列不同计价方式的合同中，施工承包单位承担造价控制风险最小的合同是（　　）。

A. 成本加浮动酬金合同　　B. 单价合同

C. 成本加固定酬金合同　　D. 总价合同

【答案】C

【解析】在不同的合同类型中，总价合同的施工承包单位承担的风险最大，成本加酬金合同中百分比酬金和固定酬金方式的施工承包单位承担的风险基本没有。详见本节表 6.3.2。

【考点】施工招标策划——合同计价方式。

2. 根据《标准施工招标文件》，合同价的准确数据只有在（　　）后才能确定。

A. 后续工程不再发生工程变更　　B. 承包人完成缺陷责任期工作

C. 工程审计全部完成　　D. 竣工结算价款已支付完成

【答案】B

【解析】合同价格是指承包人按合同约定完成包括缺陷责任期内的全部承包工作后，发包人应付给承包人的金额，包括在履行合同过程中按合同约定进行的变更、价款调整、通过索赔应予补偿的金额。

【考点】施工合同示范文本——国内工程施工合同示范文本——《标准施工招标文件》中的合同条款——合同价格和费用。

3. 发包人最迟应当在监理人收到进度款申请单的（　　）天内，将进度应付款支付给承包人。

A. 14　　B. 21　　C. 28　　D. 35

【答案】C

【解析】发包人最迟应在监理人收到进度付款申请单后的 28 天内，将进度应付款支付给承包人。

【考点】施工合同示范文本——国内工程施工合同示范文本——《标准设计施工总

承包招标文件》中的合同条款——工程进度付款。

4. 施工合同有多种类型，下列工程中不宜采用总价合同的有（　　）。

A. 没有施工图纸的灾后紧急恢复工程

B. 设计深度不够，工程量清单不够明确的过程

C. 已完成施工图审查的单体住宅工程

D. 工程内容单一，施工图设计已完成的路面铺装工程

E. 采用较多新技术新工艺的工程

【答案】ABE

【解析】选项 A，选择成本加酬金合同较为合适；选项 B，选择单价合同或成本加酬金合同；选项 C 和选项 D，可以选择总价合同；选项 E，应选用成本加酬金合同。

【考点】施工招标策划——合同类型的选择。

考点统计

本节主要考查施工招标策划、施工合同示范文本、施工投标报价策略以及施工评标与授标的理解和掌握情况。2019—2023 年共考核 21 道题，见表 6.3.1。

表 6.3.1　第六章第三节考点考核频次表

序号	知识点	具体考点	考核频次
1	施工招标策划	合同计价方式	3
		合同类型的选择	1
2	施工合同示范文本	《标准施工招标文件》	8
		《标准设计施工总承包招标文件》	3
		FIDIC《施工合同条件》	1
3	施工投标报价策略	报价技巧	1
4	施工评标与授标	投标准备与初步评审	2
		详细评审	1
		签订施工合同	1

知识点凝练

一、施工招标方式和程序

（一）施工招标方式

根据《招标投标法》，工程施工招标分公开招标和邀请招标两种方式。

（二）施工招标程序

公开招标与邀请招标在程序上的主要差异：一是使施工承包商获得招标信息的方式不同；二是对投标人资格审查的方式不同。但是，公开招标与邀请招标均要经过招标准备、正式招标、决标成交三个阶段。

二、施工招标策划

施工招标策划主要包括施工标段划分、合同计价方式及合同类型的选择等内容。

（一）施工标段划分

工程项目施工是一个复杂的系统工程，影响标段划分的因素有很多。应根据工程项目的内容、规模和专业复杂程度确定招标范围，合理划分标段。对于工程规模大、专业复杂的工程项目，建设单位的管理能力有限时，应考虑采用施工总承包的招标方式选择施工队伍。这样，有利于减少各专业之间因配合不当造成的窝工、返工、索赔风险。但采用这种承包方式，有可能使工程报价相对较高。对于工艺成熟的一般性项目，涉及专业不多时，可考虑采用平行承包的招标方式，分别选择各专业承包单位并签订施工合同。采用这种承包方式，建设单位一般可得到较为满意的报价，有利于控制工程造价。

划分施工标段时，应考虑的因素包括：工程特点、对工程造价的影响、承包单位专长的发挥、工地管理等。

（1）工程特点。如果工程场地集中、工程量不大、技术不太复杂，由一家承包单位总包易于管理，则一般不分标。但如果工地场面大、工程量大，有特殊技术要求，则应考虑划分为若干标段。

（2）对工程造价的影响。通常情况下，一项工程由一家施工单位总承包易于管理，同时便于劳动力、材料、设备的调配，因而可得到交底造价。但对于大型、复杂的工程项目，对承包单位的施工能力、施工经验、施工设备等有较高要求。在这种情况下，如果不划分标段，就可能使有资格参加投标的承包单位大大减少。竞争对手的减少，必然会导致工程报价的上涨，反而得不到较为合理的报价。

（3）承包单位专长的发挥。工程项目是由单项工程、单位工程或专业工程组成，在考虑划分施工标段时，既要考虑不会产生各承包单位施工的交叉干扰，又要注意各承包单位之间在空间和时间上的衔接。

（4）工地管理。从工地管理角度看，分标时应考虑两方面问题：一是工程进度的衔接，二是工地现场的布置和干扰。工程进度的衔接很重要，特别是工程网络计划中关键线路上的项目一定要选择施工水平高、能力强、信誉好的承包单位，以防止影响其他承包单位的进度。从现场布置的角度看，承包单位越少越好。分标时要对几个承包单位在现场的施工场地进行细致周密的安排。

（5）其他因素。除上述因素外，还有许多其他因素影响施工标段的划分，如建设资金、设计图纸供应等。资金不足、图纸分期供应时，可先进行部分招标。

总之，标段的划分是选择招标方式和编制招标文件前的一项非常重要的工作，需要考虑上述因素综合分析后确定。

（二）合同计价方式

施工合同中，计价方式可分为三种，即总价方式、单价方式和成本加酬金方式。相应的施工合同也称为总价合同、单价合同和成本加酬金合同。其中成本加酬金的计价方式又可根据酬金的计取方式不同，分为百分比酬金、固定酬金和目标成本加奖罚 4 种计价方式。

不同计价方式的合同比较见表 6.3.2。

表 6.3.2　不同计价方式的合同比较

合同类型	总价合同	单价合同	成本加酬金合同			
			百分比酬金	固定酬金	浮动酬金	目标成本加奖罚
应用范围	广泛	广泛	有局限性			酌情
建设单位造价控制	易	较易	最难	难	不易	有可能
施工承包单位风险	大	小	基本没有		不大	有

（三）合同类型的选择

施工合同有多种类型。合同类型不同，合同双方的义务和责任不同，各自承担的风险也不尽相同。建设单位应综合考虑以下因素来选择适合的合同类型：

（1）工程项目的复杂程度。建设规模大且技术复杂的工程项目，承包风险较大，各项费用不易准确估算，因而不宜采用固定总价合同。最好是对有把握的部分采用固定总价合同，估算不准的部分采用单价合同或成本加酬金合同。有时，在同一施工合同中采用不同的计价方式，是建设单位与施工承包单位合理分担施工风险的有效办法。

（2）工程项目的设计深度。工程项目的设计深度是选择合同类型的重要因素。如果已完成工程项目的施工图设计，施工图纸和工程量清单详细而明确，则可选择总价合同；如果实际工程量与预计工程量可能有较大出入时，应优先选择单价合同；如果只完成工程项目的初步设计，工程量清单不够明确时，则可选择单价合同或成本加酬金合同。

（3）施工技术的先进程度。如果在工程施工中有较大部分采用新技术、新工艺，建设单位和施工承包单位对此缺乏经验，又无国家标准时，为了避免投标单位盲目地提高承包价款，或由于对施工难度估计不足而导致承包亏损，不宜采用固定总价合同，而应选用成本加酬金合同。

（4）施工工期的紧迫程度。对于一些紧急工程（如灾后恢复工程等），要求尽快开工且工期较紧时，可能仅有实施方案，还没有施工图纸，施工承包单位不可能报出合理的价格，选择成本加酬金合同较为合适。

三、施工合同示范文本

（一）国内工程施工合同示范文本

1.《标准施工招标文件》中的合同条款

（1）合同价格和费用。

1）签约合同价。是指签订合同时合同协议书中写明的，包括暂列金额、暂估价的合同总金额。

暂列金额是指已标价工程量清单中所列的一笔款项，用于支付在签订协议书时尚未确定或不可预见变更的施工及其所需材料、工程设备、服务等的金额，包括以计日工方式支付的金额。

暂估价是指发包人在工程量清单中给定的用于支付必然发生但暂时不能确定价格的材料、工程设备以及专业工程的金额。

2）合同价格。是指承包人按合同约定完成包括缺陷责任期内的全部承包工作后，发包人应付给承包人的金额，包括在履行合同过程中按合同约定进行的变更、价款调整、通过索赔应给予补偿的金额。合同价格也是承包人完成全部承包工作后的工程结算价格。

3）费用。是指为履行合同所发生的或将要发生的所有合理开支，包括管理费和应分摊的其他费用，但不包括利润。

（2）涉及费用的主要条款。

1）化石、文物。在施工场地发掘的所有文物、古迹以及具有地质研究或考古价值的其他遗迹、化石、钱币或物品属于国家所有。一旦发现上述文物，承包人应采取有效合理的保护措施，防止任何人员移动或损坏上述物品，并立即报告当地文物行政部门，同时通知监理人。发包人、监理人和承包人应按文物行政部门要求采取妥善保护措施，由此导致费用增加和（或）工期延误由发包人承担。

2）专利技术。承包人在投标文件中采用专利技术的，专利技术的使用费包含在投标报价内。

3）不利物质条件。承包人遇到不利物质条件时，应采取适应不利物质条件的合理措施继续施工，并及时通知监理人。监理人应当及时发出指示，指示构成变更的，按合同约定的变更办理。监理人没有发出指示的，承包人因采取合理措施而增加的费用和（或）工期延误，由发包人承担。

4）材料和工程设备。

承包人提供的材料和工程设备：对承包人提供的材料和工程设备，承包人应会同监理人进行检验和交货验收，查验材料合格证明和产品合格证书，并按合同约定和监理人指示，进行材料的抽样检验和工程设备的检验测试，检验和测试结果应提交监理人，所需费用由承包人承担。

发包人提供的材料和工程设备：发包人要求向承包人提前交货的，承包人不得拒绝，但发包人应承担承包人由此增加的费用。承包人要求更改交货日期或地点的，应事先报请监理人批准。由于承包人要求更改交货时间或地点所增加的费用和（或）工期延误由承包人承担。发包人提供的材料和工程设备的规格、数量或质量不符合合同要求，或由于发包人原因发生交货日期延误及交货地点变更等情况的，发包人应承担由此增加的费用和（或）工程延误，并向承包人支付合理利润。

禁止使用不合格的材料和工程设备：监理人有权拒绝承包人提供的不合格材料或工程设备，并要求承包人立即进行更换。监理人应在更换后再次进行检查和检验，由此增加的费用和（或）工期延误由承包人承担。发包人提供的材料或工程设备不符合合同要求的，承包人有权拒绝，并可要求发包人更换，由此增加的费用和（或）工期延误由发包人承担。

5）施工设备和临时设施。

承包人提供的施工设备和临时设施：除专用合同条款另有约定外，承包人应自行承担修建临时设施的费用，需要临时占地的，应由发包人办理申请手续并承担相应费用。

要求承包人增加或更换施工设备：承包人使用的施工设备不能满足合同进度计划和（或）质量要求时，监理人有权要求承包人增加或更换施工设备，承包人应及时增加或更换，由此增加的费用和（或）工期延误由承包人承担。

6）交通运输。

场内施工道路：除专用合同条款另有约定外，承包人应负责修建、维修、养护和管理施工所需的临时道路和交通设施，包括维修、养护和管理发包人提供的道路和交通设施，并承担相应费用。

场外交通：承包人车辆外出行驶所需的场外公共道路的通行费、养路费和税款等由承包人承担。

超大件和超重件的运输：由承包人负责运输的超大件或超重件，应由承包人负责向交通管理部门办理申请手续，发包人给予协助。运输超大件或超重件所需的道路和桥梁临时加固改造费用和其他有关费用，由承包人承担，但专用合同条款另有约定除外。

道路和桥梁的损坏责任：因承包人运输造成施工场地内外公共道路和桥梁损坏的，由承包人承担修复损坏的全部费用和可能引起的赔偿。

7）测量放线。

施工测量：监理人可以指示承包人进行抽样复测，当复测中发现错误或出现超过合同约定的误差时，承包人应按监理人指示进行修正或补测，并承担相应的复测费用。

基准资料错误的责任：发包人应对其提供的测量基准点、基准线和水准点及其书面资料的真实性、准确性和完整性负责。发包人提供上述基准资料错误导致承包人测量放线工作的返工或造成工程损失的，发包人应当承担由此增加的费用和（或）工期延误，并向承包人支付合理利润。

监理人使用施工控制网：监理人需要使用施工控制网的，承包人应提供必要的协助，发包人不再为此支付费用。

8）施工安全责任。

发包人的施工安全责任：发包人应负责赔偿以下各种情况造成的第三者人身伤亡和财产损失：工程或工程的任何部分对土地的占用所造成的第三者财产损失；由于发包人原因在施工场地及其毗邻地带造成的第三者人身伤亡和财产损失。

承包人的施工安全责任：由于承包人原因在施工场地及其毗邻地带造成的第三者人身伤亡和财产损失，由承包人负责赔偿。

9）工期延误。

发包人的工期延误：在履行合同过程中，由于发包人的下列原因造成工期延误的，承包人有权要求发包人延长工期和（或）增加费用，并支付合理利润：增加合同工作内容；改变合同中任何一项工作的质量要求或其他特性；发包人迟延提供材料、工程设备或变更交货地点的；因发包人原因导致的暂停施工；提供图纸延误；未按合同约定及时支付预付款、进度款；发包人造成工期延误的其他原因。

承包人的工期延误：由于承包人原因，未能按合同进度计划完成工作，或监理人认为承包人施工进度不能满足合同工期要求的，承包人应采取措施加快进度，并承担加快进度所增加的费用。由于承包人原因造成工期延误，承包人应支付逾期竣工违约金。承包人支付逾期竣工违约金，不免除承包人完成工程及修补缺陷的义务。

10）暂停施工。除发生不可抗力事件或其他客观原因必须暂停施工外，工程施工过程中，当一方违约使另一方受到严重损失的，受损方有权要求暂停施工。但暂停施工将会影响合同的正常履行，为此，合同双方应尽量避免采取暂停施工的手段。

承包人暂停施工的责任：因下列暂停施工增加的费用和（或）工期延误由承包人承担：承包人违约引起的暂停施工；由于承包人原因为工程合理施工和安全保障所必需的暂停施工；承包人擅自暂停施工；承包人其他原因引起的暂停施工；专用合同条款约定由承包人承担的其他暂停施工。

发包人暂停施工的责任：由于发包人原因引起的暂停施工造成工期延误的，承包人有权要求发包人延长工期和（或）增加费用，并支付合理利润。

暂停施工后的复工：暂停施工后，监理人应与发包人和承包人协商，采取有效措施积极消除暂停施工的影响。当工程具备复工条件时，监理人应立即向承包人发出复工通知。承包人收到复工通知后，应在监理人指定的期限内复工。承包人无故拖延和拒绝复工的，由此增加的费用和工期延误由承包人承担；因发包人原因无法按时复工的，承包人有权要求发包人延长工期和（或）增加费用，并支付合理利润。

暂停施工持续 56 天以上：监理人发出暂停施工指示后 56 天内未向承包人发出复工通知，除了该项停工属于承包人的责任外，承包人可向监理人提交书面通知，要求监理人在收到书面通知后 28 天内准许已暂停施工的工程或其中一部分工程继续施工。如监理人逾期不予批准，则承包人可以通知监理人，将工程受影响的部分按有关变更条款的约定视为可取消工作。如暂停施工影响到整个工程，可视为发包人违约，由发包人承担违约责任。由于承包人责任引起的暂停施工，如承包人在收到监理人暂停施工指示后 56 天内不认真采取有效的复工措施，造成工期延误，可视为承包人违约，由承包人承担违约责任。

11）工程质量。

工程质量要求：因承包人原因造成工程质量达不到合同约定验收标准的，监理人有权要求承包人返工直至符合合同要求为止，由此造成的费用增加和（或）工期延误由承包人承担。因发包人原因造成工程质量达不到合同约定验收标准的，发包人应承担由于承包人返工造成的费用增加和（或）工期延误，并支付承包人合理利润。

工程隐蔽部位覆盖前的检查：经承包人自检确认的工程隐蔽部位具备覆盖条件后，承包人应通知监理人在约定的期限内检查。承包人的通知应附有自检记录和必要的检查资料。监理人应按时到场检查。经监理人检查确认质量符合隐蔽要求，并在检查记录上签字后，承包人才能进行覆盖。监理人检查确认质量不合格的，承包人应在监理人指示的时间内修正返工后，由监理人重新检查。

监理人重新检查：经监理人检查质量合格或监理人未按约定的时间进行检查的，承包人覆盖工程隐蔽部位后，监理人对质量有疑问的，可要求承包人对已覆盖的部位进行钻孔探测或揭开重新检验，承包人应遵照执行，并在检验后重新覆盖恢复原状。经检验证明工程质量符合合同要求的，由发包人承担由此增加的费用和（或）工期延误，并支付承包人合理利润；经检验证明工程质量不符合合同要求的，由此增加的费用和（或）工期延误由承包人承担。

承包人私自覆盖：承包人未通知监理人到场检查，私自将工程隐蔽部位覆盖的，监理人有权指示承包人钻孔探测或揭开检查，由此增加的费用和（或）工期延误由承包人承担。

清除不合格工程：承包人使用不合格材料、工程设备，或采用不适当的施工工艺，或施工不当，造成工程不合格的，监理人可以随时发出指示，要求承包人立即采取措施进行补救，直至达到合同要求的质量标准，由此增加的费用和（或）工期延误由承包人承担。由于发包人提供的材料或工程设备不合格造成的工程不合格，需要承包人采取措施补救的，发包人应承担由此增加的费用和（或）工期延误，并支付承包人合理利润。

12）材料、工程设备和工程的试验和检验。承包人应按合同约定进行材料、工程设备和工程的试验和检验，并为监理人对上述材料、工程设备和工程的质量检查提供必要的试验资料和原始记录。按合同约定应由监理人与承包人共同进行试验和检验的，由承包人负责提供必要的试验资料和原始记录。监理人对承包人的试验和检验结果有疑问的，或为查清承包人试验和检验成果的可靠性要求承包人重新试验和检验的，可按合同约定由监理人与承包人共同进行。重新试验和检验的结果证明该项材料、工程设备或工程的质量不符合合同要求的，由此增加的费用和（或）工期延误由承包人承担；重新试验和检验结果证明该项材料、工程设备和工程符合合同要求，由发包人承担由此增加的费用和（或）工期延误，并支付承包人合理利润。

（3）竣工验收。竣工验收一般不作为考核内容。

（4）缺陷责任与保修责任。缺陷责任期自实际竣工日期起计算。在全部工程竣工验收前，已经发包人提前验收的单位工程，其缺陷责任期的起算日期相应提前。

1）缺陷责任。承包人应在缺陷责任期内对已交付使用的工程承担缺陷责任。

2）缺陷责任期的延长。缺陷责任期可以延长，但缺陷责任期最长不超过 2 年。在缺陷责任期（或延长的期限）终止后 14 天内，由监理人向承包人出具经发包人签认的缺陷责任期终止证书，并退还剩余的质量保证金。

3）保修责任。合同当事人根据有关法律规定，在专用合同条款中约定工程质量保修范围、期限和责任。保修期自实际竣工日期起计算。

（5）不可抗力。

1）不可抗力的通知。合同一方当事人遇到不可抗力事件，使其履行合同义务受到阻碍时，应立即通知合同另一方当事人和监理人，书面说明不可抗力和受阻碍的详细情况，并提供必要的证明。如不可抗力持续发生，合同一方当事人应及时向合同另一方当事人和监理人提交中间报告，说明不可抗力和履行合同受阻的情况，并于不可抗力事件结束后 28 天内提交最终报告及有关资料。

2）不可抗力后果及其处理。除专用合同条款另有约定外，不可抗力导致的人员伤亡、财产损失、费用增加和（或）工期延误等后果，由合同双方按以下原则承担：①永久工程，包括已运至施工场地的材料和工程设备的损害，以及因工程损害造成的第三者人员伤亡和财产损失由发包人承担；②承包人设备的损坏由承包人承担；③发包人和承包人各自承担其人员伤亡和其他财产损失及其相关费用；④承包人的停工损失由承包人承担，但停工期间应监理人要求照管工程和清理、修复工程的金额由发包人承担；⑤不能按期竣工的，应合理延长工期，承包人不需支付逾期竣工违约金。发包人要求赶工的，承包人应采取赶工措施，赶工费用由发包人承担。

合同一方当事人延迟履行，在延迟履行期间发生不可抗力的，不免除其责任。

不可抗力发生后，发包人和承包人均应采取措施尽量避免和减少损失的扩大，任何一方没有采取有效措施导致损失扩大的，应对扩大的损失承担责任。合同一方当事人因不可抗力不能履行合同的，应当及时通知对方解除合同。合同解除后，承包人应按合同约定撤离施工场地。已经订货的材料、设备由订货方负责退货或解除订货合同，不能退还的货款和因退货、解除订货合同发生的费用，由发包人承担，因未及时退货造成的损失由责任方承担。合同解除后的付款，参照合同有关条款的约定，由监理人商定或确定。

（6）争议解决。

1）争议解决方式。发包人和承包人在履行合同中发生争议的，可以友好协商解决或者提请争议评审组评审。合同当事人友好协商解决不成、不愿提请争议评审或者不接受争议评审组意见的，可在专用合同条款中约定下列一种方式解决：①向约定的仲裁委员会申请仲裁；②向有管辖权的人民法院提起诉讼。

2）争议评审。采用争议评审的，发包人和承包人应在开工日后的 28 天内或在争议发生后，协商成立争议评审组。争议评审组由有合同管理和工程实践经验的专家组成。

合同双方的争议，应首先由申请人向争议评审组提交一份详细的评审申请报告，并附必要的文件、图纸和证明材料，申请人还应将上述报告的副本同时提交给被申请人和监理人。被申请人在收到申请人评审申请报告副本后的 28 天内，向争议评审组提交一份答辩报告，并附证明材料。被申请人将答辩报告的副本同时提交给申请人和监理人。除专用合同条款另有约定外，争议评审组在收到合同双方报告后的 14 天内，邀请双方代表和有关人员举行调查会，向双方调查争议细节；必要时争议评审组可要求双方进一步提供补充材料。在调查会结束后的 14 天内，争议评审组应在不受任何干扰的情况下进行独立、公正的评审，作出书面评审意见，并说明理由。在争议评审期间，争议双方暂按总监理工程师的确定执行。

发包人和承包人接受评审意见的，由监理人根据评审意见拟定执行协议，经争议双方签字后作为合同的补充文件，并遵照执行。发包人或承包人不接受评审意见，并要求提交仲裁或提起诉讼的，应在收到评审意见后的 14 天内将仲裁或起诉意向书面通知另一方，并抄送监理人，但在仲裁或诉讼结束前应暂按总监理工程师的确定执行。

2.《标准设计施工总承包招标文件》中的合同条款

《标准设计施工总承包招标文件》合同条款及格式中有关工程价款的条款如下。

（1）合同价格和费用。

1）价格清单。是指构成合同文件组成部分的由承包人按规定格式和要求填写并标明价格的清单。

2）计日工。是指对零星工作采取的一种计价方式，按合同中的计日工子目及其单价计价付款。

3）质量保证金。是指按合同约定用于保证在缺陷责任期内履行缺陷修复义务的金额。

（2）涉及费用的主要条款。

1）材料和工程设备。承包人提供的材料和工程设备：对承包人提供的材料和工程设备，承包人应会同监理人进行检验和交货验收，查验材料合格证明和产品合格证书，并按合同约定和监理人指示，进行材料的抽样检验和工程设备的检验测试，检验和测试结果应提交监理人，所需费用由承包人承担。

发包人提供的材料和工程设备：发包人要求向承包人提前交货的，承包人不得拒绝，但发包人应承担承包人由此增加的费用。承包人要求更改交货日期或地点的，应事先报请监理人批准。由于承包人要求更改交货时间或地点所增加的费用和（或）工期延误由承包人承担。发包人提供的材料和工程设备的规格、数量或质量不符合合同要求，或由于发包人原因发生交货日期延误及交货地点变更等情况的，发包人应承担由此增加的费用和（或）工期延误，并向承包人支付合理利润。

不合格材料和工程设备的处置：监理人有权拒绝承包人提供的不合格材料或工程设备，并要求承包人立即进行更换。监理人应在更换后再次进行检查和检验，由此增加的费用和（或）工期延误由承包人承担。发包人提供的材料或工程设备不符合合同要求的，承包人有权拒绝，并可要求发包人更换，由此增加的费用和（或）工期延误由发包人承担。

2）施工设备和临时设施。承包人提供的施工设备和临时设施：除专用合同条款另有约定外，承包人应自行承担修建临时设施的费用。需要临时占地的，应由发包人办理申请手续并承担相应费用。

增加或更换施工设备：承包人使用的施工设备不能满足合同进度计划和（或）质量标准时，监理人有权要求承包人增加或更换施工设备，承包人应及时增加或更换，由此增加的费用和（或）工期延误由承包人承担。

3）测量放线。施工测量：监理人可以指示承包人进行抽样复测，当复测中发现错误或出现超过合同约定的误差时，承包人应按监理人指示进行修正或补测，并承担相应的复测费用。

基准资料错误的责任：发包人应对其提供的测量基准点、基准线和水准点及其书面资料的真实性、准确性和完整性负责，对其提供上述基准资料错误导致承包人损失的，发包人应当承担由此增加的费用和（或）工期延误，并向承包人支付合理利润。

监理人使用施工控制网：监理人需要使用施工控制网的，承包人应提供必要的协助，发包人不再为此支付费用。

4）开始工作和竣工。开始工作：除专用合同条款另有约定外，因发包人原因造成监理人未能在合同签订之日起 90 天内发出开始工作通知的，承包人有权提出价格调整要求，或者解除合同。发包人应当承担由此增加的费用和（或）工期延误，并向承包人支付合理利润。

发包人引起的工期延误：在履行合同过程中，由于发包人的下列原因造成工期延误的，承包人有权要求发包人延长工期和（或）增加费用，并支付合理利润。具体包括：变更；未能按照合同要求的期限对承包人文件进行审查；因发包人原因导致的暂停施工；未按合同约定及时支付预付款、进度款；发包人按合同约定提供的基准资料错误；发包人迟延提供材料、工程设备或变更交货地点的；发包人未及时按照“发包人要求”履行相关义务；发包人造成工期延误的其他原因。

异常恶劣的气候条件：由于出现专用合同条款规定的异常恶劣气候的条件导致工期延误的，承包人有权要求发包人延长工期和（或）增加费用。

承包人引起的工期延误：由于承包人原因，未能按合同进度计划完成工作，或监理人认为承包人工作进度不能满足合同工期要求的，承包人应采取措施加快进度，并承担加快进度所增加的费用。由于承包人原因造成工期延误，承包人应支付逾期竣工违约金。逾期竣工违约金的计算方法和最高限额在专用合同条款中约定。承包人支付逾期竣工违约金，不免除承包人完成工作及修补缺陷的义务。

工期提前：发包人要求承包人提前竣工，或承包人提出提前竣工的建议能够给发包人带来效益的，应由监理人与承包人共同协商采取加快工程进度的措施和修订合同进度计划。发包人应承担承包人由此增加的费用，并向承包人支付专用合同条款约定的相应奖金。

行政审批迟延：合同约定范围内的工作需国家有关部门审批的，发包人和（或）承包人应按照合同约定的职责分工完成行政审批报送。因国家有关部门审批迟延造成费用增加和（或）工期延误的，由发包人承担。

5）暂停工作。由发包人暂停工作：由于发包人原因引起的暂停工作造成工期延误的，承包人有权要求发包人延长工期和（或）增加费用，并支付合理利润。由于承包人下列原因造成发包人暂停工作的，由此造成费用的增加和（或）工期延误由承包人承担：①承包人违约；②承包人擅自暂停工作；③合同约定由承包人承担责任的其他暂停工作。

由承包人暂停工作：合同履行过程中发生下列情形之一的，承包人可向发包人发出通知，要求发包人采取有效措施予以纠正。发包人收到承包人通知后的28天内仍不履行合同义务，承包人有权暂停施工，并通知监理人，发包人应承担由此增加的费用和（或）工期延误责任，并支付承包人合理利润：①发包人未能按合同约定支付价款，或拖延、拒绝批准付款申请和支付证书，导致付款延误的；②监理人无正当理由没有在约定期限内发出复工指示，导致承包人无法复工的；③发包人无法继续履行或明确表示不履行或实质上已停止履行合同的；④发包人不履行合同约定其他义务的。

6）工程质量。工程质量要求：因承包人原因造成工程质量不符合法律的规定和合同约定的，监理人有权要求承包人返工直至符合合同要求为止，由此造成的费用增加和（或）工期延误由承包人承担。因发包人原因造成工程质量达不到合同约定验收标准的，发包人应承担由于承包人返工造成的费用增加和（或）工期延误，并支付承包人合理利润。

监理人重新检查：承包人按合同约定覆盖工程隐蔽部位后，监理人对质量有疑问的，可要求承包人对已覆盖的部位进行钻孔探测或揭开重新检验，承包人应遵照执行，并在检验后重新覆盖恢复原状。经检验证明工程质量符合合同要求的，由发包人承担由此增加的费用和（或）工期延误，并支付承包人合理利润；经检验证明工程质量不符合合同要求的，由此增加的费用和（或）工期延误由承包人承担。

承包人私自覆盖：承包人未通知监理人到场检查，私自将工程隐蔽部位覆盖的，监理人有权指示承包人钻孔探测或揭开检查，由此增加的费用和（或）工期延误由承包人承担。

7）预付款。预付款的额度和支付在专用合同条款中约定。除专用合同条款另有约定外，承包人应在收到预付款的同时向发包人提交预付款保函，预付款保函的担保金额应与预付款金额相同。保函的担保金额可根据预付款扣回的金额相应递减。预付款在进度付款中扣回，扣回办法在专用合同条款中约定。在颁发工程接收证书前，由于不可抗力或其他原因解除合同时，预付款尚未扣清的，尚未扣清的预付款余额应作为承包人的到期应付款。

8）工程进度付款。除专用合同条款另有约定外，工程进度付款按月支付。工程进度付款时间如下：

监理人在收到承包人进度付款申请单以及相应的支持性证明文件后的14天内完成审核，提出发包人到期应支付给承包人的金额以及相应的支持性材料，经发包人审批同意后，由监理人向承包人出具经发包人签认的进度付款证书。监理人未能在前述时间完成审核的，视为监理人同意承包人进度付款申请。监理人有权核减承包人未能按照合同要求履行任何工作或义务的相应金额。

发包人最迟应在监理人收到进度付款申请单后的28天内，将进度应付款支付给承包人。发包人未能在前述时间内完成审批或不予答复的，视为发包人同意进度付款申请。发包人不按期支付的，按专用合同条款的约定支付逾期付款违约金。

监理人出具进度付款证书，不应视为监理人已同意、批准或接受了承包人完成的该部分工作。

进度付款涉及政府投资资金的，按照国库集中支付等国家相关规定和专用合同条款的约定执行。

9）竣工结算。竣工付款申请单：工程接收证书颁发后，承包人应按专用合同条款约定的份数和期限向监理人提交竣工付款申请单，并提供相关证明材料。除专用合同条款另有约定外，竣工付款申请单应包括下列内容：竣工结算合同总价、发包人已支付承包人的工程价款、应扣留的质量保证金、应支付的竣工付款金额。监理人对竣工付款申请单有异议的，有权要求承包人进行修正和提供补充资料。经监理人和承包人协商后，由承包人向监理人提交修正后的竣工付款申请单。

竣工付款证书及支付时间：监理人在收到承包人提交的竣工付款申请单后的14天内完成核查，提出发包人到期应支付给承包人的价款送发包人审核并抄送承包人。发包人应在收到后14天内审核完毕，由监理人向承包人出具经发包人签认的竣工付款证书。监理人未在约定时间内核查，又未提出具体意见的，视为承包人提交的竣工付款申请单已经监理人核查同意；发包人未在约定时间内审核又未提出具体意见的，监理人提出发包人到期应支付给承包人的价款视为已经发包人同意。

发包人应在监理人出具竣工付款证书后的14天内，将应支付款支付给承包人。

10）最终结清。最终结清申请单：缺陷责任期终止证书签发后，承包人可按专用合同条款约定的份数和期限向监理人提交最终结清申请单，并提供相关证明材料。发包人对最终结清申请单内容有异议的，有权要求承包人进行修正和提供补充资料，由承包人向监理人提交修正后的最终结清申请单。

最终结清证书和支付时间：监理人收到承包人提交的最终结清申请单后的14天内，提出发包人应支付给承包人的价款送发包人审核并抄送承包人。发包人应在收到后14天内审核完毕，由监理人向承包人出具经发包人签认的最终结清证书。监理人未在约定时间内核查，又未提出具体意见的，视为承包人提交的最终结清申请已经监理人核查同意；发包人未在约定时间内审核又未提出具体意见的，监理人提出应支付给承包人的价款视为已经发包人同意。发包人应在监理人出具最终结清证书后的14天内，将应支付款支付给承包人。

（二）国际工程施工合同示范文本

1. FIDIC《施工合同条件》的组成及解释顺序

FIDIC《施工合同条件》适用于土木工程施工的单价合同形式，由通用条件和专用条件两部分组成，并附有合同协议书、投标函和争端仲裁协议书格式。

合同文件解释顺序：构成FIDIC《施工合同文件》的各个组成部分应能互相说明、互相补充，合同文件解释的优先顺序如下：合同协议书→中标函→投标书→专用条件→通用条件→规范→图纸→资料表和构成合同组成部分的其他文件。

2. FIDIC《施工合同条件》中的各方主体

FIDIC《施工合同条件》中，涉及的主体包括：业主、（咨询）工程师、承包商、指定分包商。

3. FIDIC《施工合同条件》中的争端解决

在FIDIC《施工合同条件》实施过程中，争端的解决方式有裁决、友好协商、仲裁等。

（1）裁决。FIDIC《施工合同条件》规定，争端避免/裁决委员会（Dispute Avoidance/Adjudication Board，DAAB）是一个常设机构，在项目开工后要尽快成立DAAB。DAAB要定期与各方会面并进行现场考察。合同争端应提交DAAB裁决。

1）DAAB的委任。DAAB是根据投标书附录中的规定由合同双方共同设立的。DAAB由1人或3人组成，如果投标书附录中没有注明成员的数目，且合同双方没有其他协议，则DAAB应包含3名成员。若DAAB成员为3人，则由合同双方各提名一位成员供对方认可，双方共同确定第三位成员作为主席。如果合同中有DAAB成员的意向性名单，则必须从该名单中进行选择，除非被选择的成员不能或不愿接受DAAB的委任。合同双方应当共同商定对DAAB成员的支付条件，并由双方各支付酬金的一半。

任何成员的委任只有在合同双方同意的情况下才能终止，业主或承包商各自的行动将不能终止此类委任。

2）DAAB对争端的裁决。DAAB可应合同双方的共同要求，非正式地参与或尝试进行合同双方潜在问题或分歧的处理。如果在合同双方之间产生起因于合同或实施过程或与之相关的任何争端（任何种类），包括对（咨询）工程师的任何证书的签发、决定、指示、意见或估价的任何争端，任何一方可以将此类争端事宜以书面形式提交DAAB，供其裁定，并将副本送交另一方和（咨询）工程师。

DAAB在收到书面报告后84天内对争端作出裁决，并说明理由。如果合同一方对DAAB的裁决不满，则应在收到裁决后的28天内向合同对方发出表示不满的通知，并说明理由，表明准备提请仲裁。如果DAAB未在84天内对争端作出裁决，则双方中的任何一方均有权在84天期满后的28天内向对方发出要求仲裁的通知。如果双方接受DAAB的裁决，或者没有按规定发出表示不满的通知，则该裁决将成为最终的决定并对合同双方均具有约束力。

DAAB的裁决作出后，在未通过友好解决或仲裁改变该裁决之前，双方应当执行该裁决。

（2）友好解决。在合同发生争端时，如果双方能通过协商达成一致，要比通过仲裁、诉讼程序解决争端好得多。这样，既能节省时间和费用，也不会伤害双方的感情，使双方的良好合作关系能够得以保持。事实上，在国际工程承包合同中产生的争端大都可通过友好协商得到解决。

合同当事人一方或双方发出表示对裁决不满的通知后，合同双方在仲裁开始前应尽力以友好的方式解决争端。除非合同双方另有协议，否则，仲裁将在表示不满的通知发出后第56天或此后开始，即使双方未曾做过友好解决的努力。

（3）仲裁。仲裁不仅在于寻找一条解决争端的途径和方法，更重要的是仲裁条款的出现使当事人双方失去了通过诉讼程序解决合同争端的权利。因为当事人在仲裁与诉讼中只能选择一种解决方法，因此，该规定实际决定了合同当事人只能将提交仲裁作为解决争端的最后办法。

除非通过友好解决，否则，如果DAAB有关争端的决定未能成为最终决定并具有约束力时，此类争端应由国际仲裁机构最终裁决。

仲裁人应有全权公开、审查和修改（咨询）工程师的任何证书的签发、决定、指示、意见或估价，以及任何DAAB有关争端事宜的裁决。（咨询）工程师有权作为证人向仲裁人提供任何与争端有关的证据。

合同双方的任一方在上述仲裁人的仲裁过程中均不受以前为取得争端裁决委员会的决定而提供的证据或论据或其不满意通知中提出的不满理由的限制。在仲裁过程中，可将DAAB的决定作为一项证据。

工程竣工之前或之后均可开始仲裁。但在工程进行过程中，合同双方、（咨询）工程师以及DAAB的各自义务不得因任何仲裁正在进行而改变。

仲裁裁决具有法律效力。但仲裁机构无权强制执行，如一方当事人不履行裁决，另一方当事人可向法院申请强制执行。

四、施工投标报价策略

（一）基本策略

投标报价的基本策略主要是指投标单位应根据招标项目的不同特点，并考虑自身的优势和劣势，选择不同的报价。

1. 可选择报高价的情形

投标单位遇下列情形时，其报价可高一些：施工条件差的工程（如条件艰苦、场地狭小或地处交通要道等）；专业要求高的技术密集型工程且投标单位在这方面有专长，声望也较高；总价低的小工程，以及投标单位不愿做而被邀请投标，又不便不投标的工程；特殊工程，如港口码头、地下开挖工程等；投标对手少的工程；工期要求紧的工程；支付条件不理想的工程。

2. 可选择报低价的情形

投标单位遇下列情形时，其报价可低一些：施工条件好的工程，工作简单、工程量大而其他投标人都可以做的工程（如大量土方工程、一般房屋建筑工程等）；投标单位急于打入某一市场、某一地区，或虽已在某一地区经营多年，但即将面临没有工程的情况，机械设备无工地转移时；附近有工程而本项目可利用该工程的机械设备、劳务或有条件短期内突击完成的工程；投标对手多，竞争激烈的工程；非急需工程；支付条件好的工程。

（二）报价技巧

报价技巧是指投标中具体采用的对策和方法，常用的报价技巧有不平衡报价法、多方案报价法、保本竞标法和突然降价法等。此外，对于计日工、暂定金额、可供选择的项目等也有相应的报价技巧。重点掌握不平衡报价法。

不平衡报价法适用于以下几种情况：

（1）能够早日结算的项目（如前期措施费、基础工程、土石方工程等）可以适当提高报价，以利资金周转，提高资金时间价值。后期工程项目（如设备安装、装饰工程等）的报价可适当降低。

（2）经过工程量核算，预计今后工程量会增加的项目，适当提高单价，这样在最终结算时可多盈利；而对于将来工程量有可能减少的项目，适当降低单价，这样在工程结算时不会有太大损失。

（3）设计图纸不明确、估计修改后工程量要增加的，可以提高单价；而工程内容说明不清楚的，则可降低一些单价，在工程实施阶段通过索赔再寻求提高单价的机会。

（4）对暂定项目要做具体分析。因这一类项目要在开工后由建设单位研究决定是否实施，以及由哪一家承包单位实施。如果工程不分标，不会另由一家承包单位施工，则其中肯定要施工的单价可报高些，不一定要施工的则应报低些。如果工程分标，该暂定项目也可能由其他承包单位施工时，则不宜报高价，以免抬高总报价。

（5）单价与包干混合制合同中，招标人要求有些项目采用包干报价时，宜报高价。一则这类项目多半有风险，二则这类项目在完成后可全部按报价结算。对于其余单价项目，则可适当降低报价。

（6）有时招标文件要求投标人对工程量大的项目报“综合单价分析表”，投标时可将单价分析表中的人工费及机械使用费报得高一些，而材料费报得低一些。这主要是为了在今后补充项目报价时，可以参考选用“综合单价分析表”中较高的人工费和机械使用费，而材料则往往采用市场价，因而可获得较高收益。

五、施工评标与授标

这部分内容很少考核，不建议作为复习的重点。

第四节 施工阶段造价管理

真题解析

一、2023 年考题

1. 某分项工程工程量及该分项工程所包含的甲材料消耗量与单价的计划值和实际值见下表。用因素分析法进行施工成本分析时，甲材料消耗量变动对该分项工程施工成本的影响是（　　）万元。

甲材料总成本影响因素	计划值	实际值
分项工程工程量 /m^3	1 000	1 200
甲材料消耗量 /（kg/m^3）	300	310
甲材料单价 /（元 /kg）	30	35

A. 30　B. 35　C. 36　D. 42

【答案】C

【解析】1 200×（310−300）×30=36（万元），注意此处要求的是消耗量引起的成本影响。

【考点】施工成本管理——施工成本分析与管理绩效考核——施工成本分析。

2. 根据《标准施工招标文件》，对于建设单位提出但需要与施工承包单位协商后再确定是否实施的工程变更，变更建议书应由（　　）编制。

A. 施工承包单位　B. 项目监理机构

C. 建设单位　D. 设计单位

【答案】A

【解析】施工承包单位收到监理人的变更意向书后，如果同意实施变更，则向监理人提出书面变更建议。建议书的内容包括提交包括拟实施变更工作的计划、措施、竣工时间等内容的实施方案以及费用要求。

【考点】工程变更与索赔管理——工程变更管理——工程变更程序。

3. 已完计划费用 2 000 万元，已完实际费用 1 800 万元，拟完计划费用 1 700 万元，则费用偏差和进度偏差分别是（　　）。

A. −200 万元和 −300 万元　B. −200 万元和 −100 万元

C. 200 万元和 100 万元　D. 200 万元和 300 万元

【答案】D

【解析】费用偏差（*CV*）= 已完工程计划费用（*BCWP*）- 已完工程实际费用（*ACWP*）= 2 000-1 800=200（万元）。

进度偏差（*SV*）= 已完工程计划费用（*BCWP*）- 拟完工程计划费用（*BCWS*）= 2 000-1 700=300（万元）。

【考点】工程费用动态监控——费用偏差及其表示方法。

4. 编制工程项目施工成本计划时，下列费用中，属于施工责任成本的是（　　）。

A. 企业管理费　　B. 材料费

C. 机械设备费　　D. 临时设施费

E. 现场经费

【答案】BCDE

【解析】施工责任成本构成：劳务费用、材料费用、机械设备费用、临时设施费、专项费用、现场经费。

【考点】施工成本管理——施工成本计划——施工责任成本构成及计算方法。

二、2022 年考题

1. 在工程资金使用的“香蕉图”分络线中，实际投资支出线越靠近下方曲线的，则越有利于（　　）。

A. 风险防控能力　　B. 降低工程造价　　C. 保证按期竣工　　D. 降低贷款利息

【答案】D

【解析】如下图所示，所有工作都按最迟开始时间开始（实际投资支出线靠近下方曲线），对节约建设单位的建设资金贷款利息是有利的，但同时也降低了工程按期竣工的保证率。

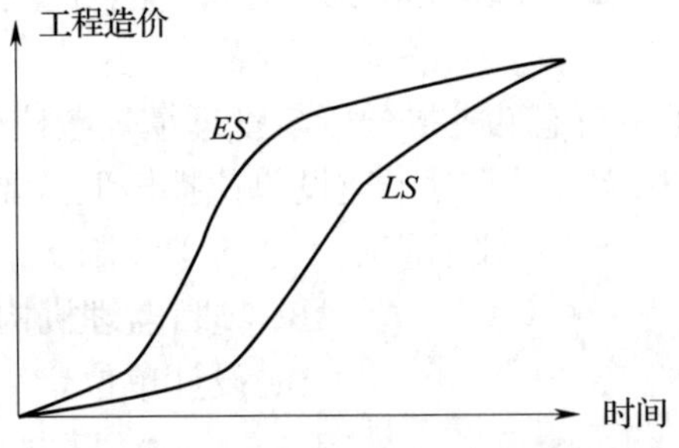

【考点】资金使用计划的编制——按工程进度编制资金使用计划。

2. 某拟建项目预算费用为 2 000 万元，已完工程预算费用为 2 100 万元，已完工程实际费用为 2 050 万元，以下说法正确的是（　　）。

A. 费用超支，进度滞后　　B. 费用超支，进度提前

C. 费用节支，进度超前　　D. 费用节支，进度滞后

【答案】C

【解析】费用偏差（*CV*）= 已完工程计划费用（*BCWP*）- 已完工程实际费用（*ACWP*）=2 100-2 050=50（万元）；*CV*>0，费用节约。

进度偏差（*SV*）= 已完工程计划费用（*BCWP*）- 拟完工程计划费用（*BCWS*）=

2 100–2 000=100（万元）；$SV>0$，进度超前。

【考点】工程费用动态监控——费用偏差及其表示方法——偏差表示方法。

3. 成本控制中用作分析项目虚盈或虚亏的方法是（　　）。

A. 成本分析法　　B. 工期 – 成本同步分析法

C. 挣值分析法　　D. 价值工程法

【答案】B

【解析】工期 – 成本同步分析法。成本控制与进度控制之间有着必然的同步关系。因为成本是伴随工程进展而发生的。如果成本与进度不对应，说明工程项目进展中出现虚盈或虚亏的不正常现象。

【考点】施工成本管理——施工成本控制——施工成本控制方法。

4. 建设单位索赔的方式有（　　）。

A. 冲账　　B. 缩短工期

C. 扣工程款　　D. 提升保证金额度

E. 扣质量保证金

【答案】ACE

【解析】索赔是双向的，既包括施工承包单位向建设单位的索赔，也包括建设单位向施工承包单位的索赔。但在工程实践中，建设单位索赔数量较小，而且可通过冲账、扣工程款、扣质量保证金等实现对施工承包单位的索赔。

【考点】工程变更与索赔管理——工程索赔管理。

三、2021 年考题

1. 施工承包单位采用目标利润法编制成本计划时，项目实施中所能支出的最大限额为合同标价扣除（　　）后的余额。

A. 预期利润、税金　　B. 税金、应上缴的管理费

C. 预期利润、税金、全部管理费　　D. 预期利润、税金、应上缴的管理费

【答案】D

【解析】目标利润法是指根据工程项目的合同价格扣除目标利润后得到目标成本的方法。在采用正确的投标策略和方法以最理想的合同价中标后，从标价中扣除预期利润、税金、应上缴的管理费等之后的余额即为工程项目实施中所能支出的最大限额。

【考点】施工成本管理——施工成本计划——施工成本计划编制。

2. 根据《标准施工招标文件》，施工承包单位认为有权得到追加付款和延长工期的，应在规定时间内首先向监理人递交的文件是（　　）。

A. 索赔意向通知书　　B. 索赔工作联系单

C. 索赔通知书　　D. 索赔报告

【答案】A

【解析】施工承包单位应在知道或应当知道索赔事件发生后 28 天内，向监理人递交索赔意向通知书，并说明发生索赔事件的事由。

【考点】工程变更与索赔管理——工程索赔管理——工程索赔处理程序。

3. 某工程建设至 2020 年 10 月底，经统计可得，已完工程计划费用为 2 000 万元，

已完工程实际费用为 2 300 万元，拟完工程计划费用为 1 800 万元，则该工程此刻的费用绩效指数为（　　）。

A. 0.87　　B. 0.90　　C. 1.11　　D. 1.15

【答案】A

【解析】费用绩效指数 =2 000/2 300=0.87。

【考点】工程费用动态监控——费用偏差及其表示方法——偏差参数——费用绩效指数。

4. 下列引起工程费用偏差的情形中，属于施工单位原因的是（　　）。

A. 设计标准变更　　B. 增加工程内容

C. 施工进度安排不当　　D. 建设手续不健全

【答案】C

【解析】属于施工单位的原因有施工组织设计不合理、质量事故、进度安排不当、施工技术措施不当、与外单位关系协调不当等。

【考点】工程费用动态监控——偏差产生原因及控制措施——偏差产生原因。

5. 下列引起工程费用偏差的情形中，属于建设单位的原因有（　　）。

A. 材料涨价　　B. 投资规划不当

C. 施工组织不合理　　D. 增加工程内容

E. 施工质量事故

【答案】BD

【解析】属于建设单位的原因包括增加工程内容、投资规划不当、组织不落实、建设手续不健全、未按时付款、协调出现问题等。选项 A 属于客观原因，选项 C、E 属于施工单位原因。

【考点】工程费用动态监控——偏差产生原因及控制措施——偏差产生原因。

四、2020 年考题

1. 采用挣值分析法动态监控工程进度和费用时，若在某一时点计算得到费用绩效指数 >1，进度绩效指数 <1，则表明该工程目前的实际状况（　　）。

A. 费用节约进度超前　　B. 费用超支进度拖后

C. 费用节约进度拖后　　D. 费用超支进度超前

【答案】C

【解析】费用绩效指数 CPI>1，表示实际费用节约；CPI<1，表示实际费用超支。进度绩效指数 SPI>1，表示实际进度超前 SPI<1，表示实际进度拖后。

【考点】工程费用动态监控——费用偏差及其表示方法——偏差参数——费用绩效指数。

2. 按索赔目的不同，工程索赔可分为（　　）。

A. 合同中明示的索赔　　B. 合同中默示的索赔

C. 工期索赔　　D. 费用索赔

E. 工程变更索赔

【答案】CD

【解析】按索赔的目的分类，工程索赔可分为工期索赔和费用索赔。

【考点】工程变更和索赔管理——工程索赔管理——工程索赔的分类。

3. 进行工程费用动态监控时，可采用的偏差分析方法有（ ）。

A. 横道图法　　B. 时标网络图法

C. 表格法　　D. 曲线法

E. 分层法

【答案】ABCD

【解析】常用偏差分析方法有横道图法、时标网络图法、表格法和曲线法。

【考点】工程费用动态监控——常用偏差分析方法。

五、2019 年考题

1. 按工程进度编制施工阶段资金使用计划，首先要进行的工作是（ ）。

A. 计算单位时间的资金支出目标

B. 编制工程施工进度计划

C. 编制资金使用时间进度计划的 S 曲线

D. 计算规定时间内的累计资金支出额

【答案】B

【解析】按工程进度编制施工阶段资金使用计划：①编制工程施工进度计划；②计算单位时间的资金支出目标；③计算规定时间内的累计资金支出额；④绘制资金使用时间进度计划的 S 曲线。

【考点】资金使用计划的编制——按工程进度编制资金使用计划。

2. 工程施工过程中，对于施工承包单位要求的工程变更，施工承包单位提出的程序是（ ）。

A. 向建设单位提出书面变更请求，阐明变更理由

B. 向设计单位提出书面变更建议，并附变更图纸

C. 向监理人提出书面变更通知，并附变更详情

D. 向监理人提出书面变更建议，阐明变更依据

【答案】D

【解析】施工承包单位要求的变更。施工承包单位收到监理人按合同约定发出的图纸和文件，经检查认为其中存在属于变更范围的情形，如提高工程质量标准、增加工作内容、改变工程的位置或尺寸等，可向监理人提出书面变更建议。变更建议应阐明要求变更的依据，并附必要的图纸和说明。

【考点】工程变更与索赔管理——工程变更管理——工程变更程序。

3. 施工成本分析的基本方法有（ ）。

A. 经验判断法　　B. 专家意见法

C. 对比分析法　　D. 因素分析法

E. 比率法

【答案】CDE

【解析】成本分析的基本方法包括：对比分析法、因素分析法、差额计算法、

比率法等。

【考点】施工成本管理——施工成本分析与管理绩效考核——施工成本分析。

4. 已完工程计划费用 1 200 万元，已完工程实际费用 1 500 万元，拟完工程计划费用 1 300 万元，关于偏差，正确的是（　　）。

A. 进度提前 300 万元　　B. 进度拖后 100 万元

C. 费用节约 100 万元　　D. 工程盈利 300 万元

E. 费用超支 300 万元

【答案】BE

【解析】费用偏差（CV）= 已完工程计划费用（$BCWP$）- 已完工程实际费用（$ACWP$）。当 $CV>0$ 时，说明工程费用节约；当 $CV<0$ 时，说明工程费用超支。

费用偏差 =1 200–1 500=–300（万元），说明工程费用超支。

进度偏差（SV）= 已完工程计划费用（$BCWP$）- 拟完工程计划费用（$BCWS$）。当 $SV>0$ 时，说明工程进度超前；当 $SV<0$ 时，说明工程进度拖后。

进度偏差 =1 200–1 300=–100（万元），说明工程进度拖后。

【考点】工程费用动态监测——费用偏差及其表示方法。

考点统计

本节主要考查对施工阶段资金使用计划的编制、施工成本管理、工程变更与索赔管理和工程费用动态监控的理解和掌握情况。2019—2023 年共考核 20 道题目，见表 6.4.1。

表 6.4.1　第六章第四节考点考核频次表

序号	知识点	考点	考核频次
1	资金使用计划的编制	按工程进度编制资金使用计划	2
2	施工成本管理	施工成本分析	2
		施工成本计划	2
		施工成本控制	1
3	工程变更与索赔管理	工程变更管理	2
		工程索赔管理	3
4	工程费用动态监控	费用偏差及其表示方法	5
		常用偏差分析方法	1
		偏差产生原因及控制措施	2

说明：2023 年版新教材对“施工成本管理”部分有较大改动，2019—2022 年中真题涉及删除内容的题目，已在本书删掉，因此会有真题数量与实际数目不符情况。

知识点凝练

一、资金使用计划的编制

（一）按工程造价构成编制资金使用计划

工程造价主要分为建筑安装工程费、设备工器具费和工程建设其他费三部分，按工程造价构成编制的资金使用计划也分为建筑安装工程费使用计划、设备工器具费使用计划和工程建设其他费使用计划。

（二）按工程项目组成编制资金使用计划

（1）按工程项目构成恰当分解资金使用计划总额。建筑安装工程费用中的人工费、材料费、施工机具使用费等直接费，可直接分解到各工程分项。而企业管理费、利润、规费、税金则不宜直接进行分解。措施项目费应分析具体情况，将其中与各工程分项有关的费用（如二次搬运费、检验试验费等）分离出来，按一定比例分解到相应的工程分项；其他与单位工程、分部工程有关的费用（如临时设施费、保险费等），则不能分解到各工程分项。

（2）编制各工程分项的资金支出计划。

（3）编制详细的资金使用计划表。

（三）按工程进度编制资金使用计划

（1）编制工程施工进度计划。

（2）计算单位时间的资金支出目标。

（3）计算规定时间内的累计资金支出额。

（4）绘制资金使用时间进度计划的S曲线。

二、施工成本管理

（一）施工成本分类及影响因素

1. 施工成本分类

（1）按成本核算科目划分，施工成本可分为直接成本和间接成本。

（2）按成本计算依据划分，施工成本可分为计划成本和实际成本。

（3）按成本性态差异划分。根据施工成本与工程量的关系（即成本性态）不同，施工成本可分为固定成本和变动成本。

（4）按成本是否可控划分，施工成本可分为可控成本和不可控成本。

（5）按成本要素划分，从建设工程全要素成本视角考虑，传统意义的施工成本可称为建造成本，而不同工期、质量、安全、环保水平对应的成本可称为工期成本、质量成本、安全成本和环保成本。

2. 施工成本影响因素

施工成本影响因素包括：工程范围、资源消耗、施工进度、工程质量、施工管理水平。

（二）施工成本管理流程

施工成本管理是指施工单位以责任成本为主线，对施工成本进行计划、控制分析，并进行施工成本管理绩效考核的过程。

施工成本管理各环节是一个有机联系与相互制约的系统过程。其中，成本计划是开展成本控制和分析的基础，也是成本控制的主要依据；成本控制能对成本计划的实施进行监督，保证成本计划的实现；成本分析是对成本计划是否实现进行的检查，并为成本管理绩效考核提供依据；成本管理绩效考核是实现责任成本目标的保证和手段。

（三）施工成本计划

1. 施工责任成本构成及计算方法

（1）劳务费用，包括人工费、小型机械费、辅助材料飞机劳务队伍的管理费、利润等。

（2）材料费用，指施工过程中耗用得原材料、辅助材料、构配件周转材料的费用，不包含劳务费用中已包含的辅助材料费。

（3）机械设备费用，指在施工过程中发生的未包含在劳务费用中的大型机械使用费，包括机械折旧费、检修费、维护费、安装拆卸费、人工费、燃料动力费、其他费等。

（4）临时设施费，指根据施工组织设计确定的所需临时建筑物修建及拆除所发生的费用，包括小型构件预制场、混凝土拌合站、便道、便桥、电力线、给水管道、钢筋加工厂、试验室、驻地建设等费用。

（5）专项费用，指施工过程中必须支出且由施工项目承担的各项费用，包括安全生产费、检测测量费、工程保险费、冬季施工增加费、委外监控量测费、外部单位配合费、临时占地费、复垦及青苗补偿费、不可预见费等。

（6）现场经费，只为组织施工生产和经营管理所需的费用，包括施工项目经理部人员的工资、“五险一金”、工会经费、职工教育经费、办公设备及生活用品购置费、财务费用、水电费等。

2. 施工成本计划编制

施工成本计划是以施工组织设计、施工责任成本和有关施工成本资料为基础，对施工项目在计划期（年、季、月等）内的生产费用、成本水平、成本降低率，以及为降低成本采取的主要措施进行的筹划。

（1）施工成本计划的内容。施工成本计划一般由直接成本计划和间接成本计划组成。

1）直接成本计划。主要反映工程项目直接成本的预算值、计划降低额及计划降低率。主要包括工程项目的成本目标及核算原则、降低成本计划表或总控制方案、对施工成本估算过程的说明及对降低成本途径的分析等。

2）间接成本计划。主要反映施工项目间接成本的计划数值降低额，在编制计划时，成本项目应与会计核算中间接成本项目的内容一致。

此外，施工成本计划还应包括项目经理对可控责任成本进行分解后形成的各个实施性计划成本。责任成本计划又包括年度、季度和月度责任成本计划。

（2）成本计划的编制方法。

1）目标利润法。是指根据工程项目的合同价格扣除目标利润后得到目标成本的方法。在采用正确的投标策略和方法以最理想的合同价中标后，从标价中扣除预期利润、税金、应上缴的管理费等之后的余额即为工程项目实施中所能支出的最大限额。

2）技术进步法。是以工程项目计划采取的技术组织措施和节约措施所能取得的经济效果为项目成本降低额，求得项目目标成本的方法，即：

项目目标成本 = 项目成本估算值 – 技术节约措施计划节约额（或降低成本额）

3）按实计算法。是以工程项目的实际资源消耗测算为基础，根据所需资源的实际价格，详细计算各项活动或各项成本组成的目标成本，即：

$$人工费 = \sum 各类人员计划用工量 \times 实际工资标准$$

$$材料费 = \sum 各类材料的计划用量 \times 实际材料基价$$

$$施工机械使用费 = \sum 各类机具的计划台班量 \times 实际台班单价$$

4）定率估算法（历史资料法）。当工程项目非常庞大和复杂而需要分为几个部分时采用的方法。首先将工程项目分为若干子项目，参照同类工程项目的历史数据，采用算术平均法计算子项目目标成本降低率和降低额，然后汇总整个工程项目的目标成本降低率、降低额。在确定子项目成本降低率时，可采用加权平均法或三点估算法。

（四）施工成本控制

施工成本控制是指在工程项目实施过程中，对影响施工成本的各项要素，即施工生产所耗费的人力、物力和各项费用开支，采取一定措施进行监督、分析和调节，及时预防、发现和纠正偏差，保证施工成本目标实现的过程。

（1）施工成本控制和过程。施工成本控制包括计划预控、过程控制和纠偏控制三个重要环节。

（2）施工成本控制方法。

1）成本分析表法。是指利用各种表格进行成本分析和控制的方法。应用成本分析表法可以清晰地进行成本比较研究。常见的成本分析表有月成本分析表、成本日报或周报表、月成本计算及最终预测报告表。

2）工期 – 成本同步分析法。成本控制与进度控制之间有着必然的同步关系。因为成本是伴随着工程进展而发生的。如果成本与进度不对应，说明工程项目进展中出现虚盈或虚亏的不正常现象。

施工成本的实际开支与计划不相符，往往是由两个因素引起的：一是在某道工序上的成本开支超出计划；二是某道工序的施工进度与计划不符。因此，要想找出成本变化的真正原因，实施良好有效的成本控制措施，必须与进度计划的适时更新相结合。

3）挣值分析法。挣值分析法是对工程项目成本 / 进度进行综合控制的一种分析方法。通过比较已完工程预算成本（Budget Cost of the Work Performed，*BCWP*）与已完工程实际成本（Actual Cost of the Work Performed，*ACWP*）之间的差值，可以分析由于实际价格的变化而引起的累计成本偏差；通过比较已完工程预算成本（*BCWP*）与拟完工程预算成本（Budget Cost of the Work Scheduled，*BCWS*）之间的差值，可以分析由于进度偏差而引起的累计成本偏差，并通过计算后续未完工程的计划成本余额，预测其尚需的成本数额，从而为后续工程施工的成本、进度控制及寻求降低成本挖潜途径指明方向。

4）价值工程方法。价值工程方法是对工程项目进行事前成本控制的重要方法，在工程项目设计阶段，研究工程设计的技术合理性，探索有无改进的可能性，在提高功能的条件下，降低成本。在工程项目施工阶段，也可以通过价值工程活动，进行施工方案的技术经济分析，确定最佳施工方案，降低施工成本。

（五）施工成本分析与管理绩效考核

1. 施工成本分析

成本分析是揭示工程项目成本变化情况及其变化原因的过程。

（1）施工成本分析内容：

1）随着施工进展而进行的成本分析，包括分部、分项工程施工成本、月（季）度施工成本、年度施工成本、竣工成本等。

2）按成本项目进行的成本分析，包括人工费、材料费、施工机具使用费、其他直接费、间接费等。

3）针对特定问题和有关事项进行的成本分析，如分包工程成本、工期成本、质量成本、安全成本、环保成本、资金成本、技术组织措施节约效果等。

（2）施工成本分析的基本方法包括：对比分析法、因素分析法、差额计算法、比率法等。

1）对比分析法。又称指标对比分析法，是通过施工成本指标对比，检查施工成本目标的完成情况，分析产生差异的原因，进而提出改进措施的方法。其特点是通俗易懂、简单易行、便于掌握，因而得到广泛应用。通常有下列形式：①将本期实际施工成本与目标成本对比。以此检查目标完成情况，分析影响目标完成的积极因素和消极因素，以便及时采取措施，保证成本目标的实现。②本期实际施工成本与上期实际施工成本对比。通过这种对比，可以看出施工成本的变动情况，反映施工成本管理水平的变化。③本期实际施工成本与同类施工成本平均水平、先进水平对比。通过这种对比，可以反映本项目的施工成本管理水平与同类工程施工成本管理的平均和先进水平的差距，进而采取措施赶超先进水平。

在采用对比分析法时，可采取绝对数对比、增减差额对比或相对数对比等多种形式。

2）因素分析法。又称连环置换法。这种方法可用来分析各种因素对成本的影响程度。在进行分析时，首先要假定众多因素中的一个因素发生了变化，而其他因素则不变，在前一个因素变动的基础上分析第二个因素的变动，然后逐个替换，分别比较其计算结果，以确定各个因素的变化对成本的影响程度。并据此对企业的成本计划执行情况进行评价，并提出进一步的改进措施。因素分析法的计算步骤如下：①以各个因素的计划数为基础，计算出一个总数；②逐项以各个因素的实际数替换计划数；③每次替换后，实际数就保留下来，直到所有计划数都被替换成实际数为止；④每次替换后，都应求出新的计算结果；⑤最后将每次替换所得结果，与其相邻的前一个计算结果比较，其差额即为替换的那个因素对总差异的影响程度。

3）差额计算法。差额计算法是因素分析法的一种简化形式，它利用各个因素的目标值与实际值的差额来计算其对成本的影响程度。

4）比率法。比率法是指用两个以上的指标的比例进行分析的方法。其基本特点是：

先把对比分析的数值变成相对数，再观察其相互之间的关系。常用的比率法有以下几种：①相关比率法。通过将两个性质不同而相关的指标加以对比，求出比率，并以此来考查经营成果的好坏。例如：将成本指标与反映生产、销售等经营成果的产值、销售收入、利润指标相比较，就可以反映项目经济效益的好坏。②构成比率法。又称比重分析法或结构对比分析法。是通过计算某技术经济指标中各组成部分占总体比重进行数量分析的方法。通过构成比率，可以考查项目成本的构成情况，将不同时期的成本构成比率相比较，可以观察成本构成的变动情况，同时也可看出量、本、利的比例关系（即目标成本、实际成本和降低成本的比例关系），从而为寻求降低成本的途径指明方向。③动态比率法。是将同类指标不同时期的数值进行对比，求出比率，以分析该项指标的发展方向和发展速度的方法。动态比率的计算通常采用定基指数和环比指数两种方法。

（3）综合成本分析。所谓综合成本，是指涉及多种生产要素，并受多种因素影响的成本费用，如分部分项工程成本，月（季）度成本、年度成本等。由于这些成本都是随着工程项目施工的进展而逐步形成的，与生产经营有着密切的关系。因此，做好上述成本的分析工作，无疑将促进工程项目的生产经营管理，提高工程项目的经济效益。

1）分部分项工程成本分析。分部分项工程成本分析是施工项目成本分析的基础。分部分项工程成本分析的对象为主要的已完分部分项工程。分析的方法是：进行预算成本、目标成本和实际成本的“三算”对比，分别计算实际成本与预算成本、实际成本与目标成本的偏差，分析偏差产生的原因，为今后的分部分项工程成本寻求节约途径。

分部分项工程成本分析的资料来源是：预算成本是以施工图和定额为依据编制的施工图预算成本，目标成本为分解到该分部分项工程上的计划成本，实际成本来自施工任务单的实际工程量、实耗人工和限额领料单的实耗材料。

2）月（季）度成本分析。月（季）度成本分析，是项目定期的、经常性的中间成本分析。通过月（季）度成本分析，可以及时发现问题，以便按照成本目标指定的方向进行监督和控制，保证工程项目成本目标的实现。

月（季）度成本分析的依据是当月（季）的成本报表。分析的方法通常包括：①通过实际成本与预算成本的对比，分析当月（季）的成本降低水平；通过累计实际成本与累计预算成本的对比，分析累计的成本降低水平，预测实现工程项目成本目标的前景。②通过实际成本与目标成本的对比，分析目标成本的落实情况，以及目标管理中的问题和不足，进而采取措施，加强成本管理，保证工程成本目标的落实。③通过对各成本项目的成本分析，可以了解成本总量的构成比例和成本管理的薄弱环节。对超支幅度大的成本项目，应深入分析超支原因，并采取对应的增收节支措施，防止今后再超支。④通过主要技术经济指标的实际与目标对比，分析产量、工期、质量、“三材”节约率、机械利用率等对成本的影响。⑤通过对技术组织措施执行效果的分析，寻求更加有效的节约途径。⑥分析其他有利条件和不利条件对成本的影响。

3）年度成本分析。年度成本分析的依据是年度成本报表。年度成本分析的内容，除月（季）度成本分析的6个方面外，重点是针对下一年度的施工进展情况规划切实可行的成本管理措施，以保证工程项目施工成本目标的实现。

4）竣工成本的综合分析。单位工程竣工成本分析，应包括：竣工成本分析；主要资源节超对比分析；主要技术节约措施及经济效果分析。

通过以上分析，可以全面了解单位工程的成本构成和降低成本的来源，对今后同类工程施工成本管理很有参考价值。

2. 施工成本管理绩效考核

施工成本管理绩效考核是在施工项目完成后，按企业施工成本目标责任制有关规定，对施工成本管理绩效进行总结、评价并给予相应奖惩的过程。

施工成本管理绩效考核可分为三个层次：企业对项目施工成本的考核；企业对项目经理部可控责任成本的考核；项目经理对所属各部门、各施工队施工成本的考核。

（1）企业对项目施工成本的考核，包括项目施工成本目标完成情况和施工成本管理工作绩效的考核，主要考核指标包括项目施工成本降低额、项目施工成本降低率。

$$项目施工成本降低额 = 项目施工合同成本 - 项目实际施工成本$$

$$项目施工成本降低率 = 项目施工成本降低额 / 项目施工合同成本 \times 100\%$$

（2）企业对项目经理部可控责任成本的考核，包括项目成本目标和阶段成本目标完成情况；以项目经理为核心的成本管理责任制落实情况；成本计划编制和落实情况；成本管理中责权利相结合原则的贯彻执行情况，主要考核指标有：

1）项目经理责任目标总成本降低额和降低率：

$$目标总成本降低额 = 项目经理责任目标总成本 - 项目竣工结算总成本$$

$$目标总成本降低率 = 目标总成本降低额 / 项目经理责任目标总成本 \times 100\%$$

2）施工责任目标成本实际降低额和降低率：

$$施工责任目标成本实际降低额 = 施工责任目标总成本 - 工程竣工结算总成本$$

$$施工责任目标成本实际降低率 = 施工责任目标成本实际降低额 / 施工责任目标总成本 \times 100\%$$

3）施工计划成本实际降低额和降低率：

$$施工计划成本实际降低额 = 施工计划总成本 - 工程竣工结算总成本$$

$$施工计划成本实际降低率 = 施工计划成本实际降低额 / 施工计划总成本 \times 100\%$$

（3）项目经理对所属各部门、各施工队施工成本的考核。

三、工程变更与索赔管理

（一）工程变更管理

1. 工程变更的范围和内容

工程变更包括以下五个方面：

（1）取消合同中任何一项工作，但被取消的工作不能转由建设单位或其他单位实施。

（2）改变合同中任何一项工作的质量或其他特性。

（3）改变合同工程的基线、标高、位置或尺寸。

（4）改变合同中任何一项工作的施工时间或改变已批准的施工工艺或顺序。

（5）为完成工程需要追加的额外工作。

2. 工程变更程序

工程施工过程中出现的工程变更可分为监理人指示的工程变更和施工承包单位申请的工程变更两类。

（1）监理人指示的工程变更。监理人根据工程施工的实际需要或建设单位要求实施的工程变更，可以进一步划分为直接指示的工程变更和通过与施工承包单位协商后确定的工程变更两种情况。

（2）施工承包单位提出的工程变更。施工承包单位提出的工程变更可能涉及建议变更和要求变更两类。

（二）工程索赔管理

1. 工程索赔产生的原因

（1）业主方（包括建设单位和监理人）违约。

（2）合同缺陷。

（3）合同变更。

（4）工程环境的变化。

（5）不可抗力或不利的物质条件。

2. 工程索赔的分类

工程索赔按不同的划分标准，可分为不同类型。

（1）按索赔的合同依据分类。工程索赔可分为合同中明示的索赔和合同中默示的索赔。

（2）按索赔的目的分类。工程索赔可分为工期索赔和费用索赔。

（3）按索赔事件的性质分类。工程索赔可分为工程延期索赔、工程变更索赔、合同被迫终止索赔、工程加速索赔、意外风险和不可预见因素索赔和其他索赔。

3. 工程索赔处理程序

（1）施工承包单位的索赔程序。

1）施工承包单位应在知道或应当知道索赔事件发生后 28 天内，向监理人递交索赔意向通知书，并说明发生索赔事件的事由。施工承包单位未在前述 28 天内发出索赔意向通知书的，丧失要求追加付款和（或）延长工期的权利。

2）施工承包单位应在发出索赔意向通知书后 28 天内，向监理人正式递交索赔通知书。索赔通知书应详细说明索赔理由以及要求追加的付款金额和（或）延长的工期，并附必要的记录和证明材料。

3）索赔事件具有连续影响的，施工承包单位应按合理时间间隔继续递交延续索赔通知，说明连续影响的实际情况和记录，列出累计的追加付款金额和（或）工期延长天数。在索赔事件影响结束后的 28 天内，施工承包单位应向监理人递交最终索赔通知书，说明最终要求索赔的追加付款金额和延长的工期，并附必要的记录和证明材料。

（2）监理人处理索赔的程序。监理人收到施工承包单位提交的索赔通知书后，应按以下程序进行处理：

1）监理人收到施工承包单位提交的索赔通知书后，应及时审查索赔通知书的内容、查验施工承包单位的记录和证明材料，必要时监理人可要求施工承包单位提交全部原始记录副本。

2）监理人应商定或确定追加的付款和（或）延长的工期，并在收到上述索赔通知书或有关索赔的进一步证明材料后的 42 天内，将索赔处理结果答复施工承包单位。

3）施工承包单位接受索赔处理结果的，建设单位应在作出索赔处理结果答复后

28天内完成赔付。施工承包单位不接受索赔处理结果的，按合同中争议解决条款的约定处理。

（3）施工承包单位提出索赔的期限。施工承包单位接受竣工付款证书后，应被认为已无权再提出在合同工程接收证书颁发前所发生的任何索赔。施工承包单位提交的最终结清申请单中，只限于提出工程接收证书颁发后发生的索赔。提出索赔的期限自接受最终结清证书时终止。

四、工程费用动态监控

（一）费用偏差及其表示方法

（1）费用偏差（CV）。

费用偏差（CV）= 已完工程计划费用（$BCWP$）− 已完工程实际费用（$ACWP$）

其中：

已完工程计划费用（$BCWP$）= $\sum$已完工程量（实际工程量）× 计划单价

已完工程实际费用（$ACWP$）= $\sum$已完工程量（实际工程量）× 实际单价

当 $CV>0$ 时，说明工程费用节约；当 $CV<0$ 时，说明工程费用超支。

（2）进度偏差（SV）。

进度偏差（SV）= 已完工程计划费用（$BCWP$）− 拟完工程计划费用（$BCWS$）

其中：

拟完工程计划费用（$BCWS$）= $\sum$拟完工程量（计划工程量）× 计划单价

当 $SV>0$ 时，说明工程进度超前；当 $SV<0$ 时，说明工程进度拖后。

（3）绩效指数。

1）费用绩效指数（CPI）。

$$费用绩效指数（CPI）= \frac{已完工程计划费用（BCWP）}{已完工程实际费用（ACWP）}$$

$CPI>1$，表示实际费用节约；$CPI<1$，表示实际费用超支。

2）进度绩效指数（SPI）。

$$进度绩效指数（SPI）= \frac{已完工程计划费用（BCWP）}{拟完工程计划费用（BCWS）}$$

$SPI>1$，表示实际进度超前；$SPI<1$，表示实际进度拖后。

这里的绩效指数是相对值，既可用于工程项目内部的偏差分析，也可用于不同工程项目之间的偏差比较。而前述的偏差（费用偏差和进度偏差）主要适用于工程项目内部的偏差分析。

（二）常用偏差分析方法

常用偏差分析方法有横道图法、时标网络图法、表格法和曲线法。

（三）偏差控制措施

偏差控制措施包括组织措施、经济措施、技术措施、合同措施。

第五节　竣工阶段造价管理

真题解析

一、2023 年考题

按标准使用要求规定，合同价为 5 000 万元，结算价为 4 500 万元，该项目的质量保证金应该是（　　）万元。

A. 135　　B. 150　　C. 250　　D. 225

【答案】A

【解析】根据住房城乡建设部、财政部发布的《建设工程质量保证金管理办法》（建质〔2017〕138 号），发包人应按合同约定方式预留保证金，保证金总预留比例不得高于工程价款结算总额的 3%。本题目质量保证金应该是 4 500 × 3%=135（万元）。

【考点】工程质量保证金预留与返还——工程质量保证金预留。

二、2022 年考题

在计算质量保证金预留时应考虑的因素有（　　）。

A. 预付款支付与扣回　　B. 保修期限

C. 缺陷责任期　　D. 合同约定的保证金和比例

【答案】D

【解析】根据住房城乡建设部、财政部发布的《建设工程质量保证金管理办法》（建质〔2017〕138 号），发包人应当在招标文件中明确保证金预留、返还等内容，并与承包人在合同条款中对涉及保证金的下列事项进行约定：

（1）保证金预留、返还方式。

（2）保证金预留比例、期限。

（3）保证金是否计付利息，如计付利息，利息的计算方式。

（4）缺陷责任期的期限及计算方式。

（5）保证金预留、返还及工程维修质量、费用等争议的处理程序。

（6）缺陷责任期内出现缺陷的索赔方式。

（7）逾期返还保证金的违约金支付办法及违约责任。

选项 A，预付款不是质量保证金；选项 B，保修期不是合同约定的内容，是法律规范规定的内容；选项 C，按照《建设工程质量保证金管理办法》，确实应该考虑缺陷责任期的具体内容［如上述（4）和（6）］，显然，考题中该选项不够具体。

【考点】工程质量保证金预留与返还——工程质量保证金预留。

三、2021 年考题

根据《建设工程质量保证金管理办法》，保证金总预留比例不得高于工程价款结算总额的（　　）。

A. 2%　　B. 3%　　C. 4%　　D. 5%

【答案】B

【解析】发包人应按合同约定方式预留保证金，保证金总预留比例不得高于工程价款结算总额的 3%。

【考点】工程质量保证金预留与返还——工程质量保证金预留。

四、2020 年考题

根据《建设工程质量保证金管理办法》，由于发包人原因导致工程无法按规定期限进行竣工验收的，在承包人提交竣工验收报告（　　）天后，工程自动进入缺陷责任期。

A. 30　　B. 45　　C. 60　　D. 90

【答案】D

【解析】由于发包人原因导致工程无法按规定期限进行竣工验收的，在承包人提交竣工验收报告 90 天后，工程自动进入缺陷责任期。

【考点】工程质量保证金预留与返还——缺陷责任期起算时间及延长。

五、2019 年考题

1. 工程竣工结算审查时，对变更签证凭据审查的主要内容是其真实性、合法性和（　　）。

A. 严密性　　B. 包容性　　C. 可行性　　D. 有效性

【答案】D

【解析】审查变更签证凭据的真实性、合法性、有效性，核准变更工程费用。

【考点】工程结算及审查——工程竣工结算审查

2. 某工程合同约定以银行保函替代预留工程质量保证金，签约合同价为 800 万元。工程价款结算总额为 780 万元，依据《建设工程质量保证金管理办法》，该保函金额最大为（　　）万元。

A. 15.6　　B. 16.0　　C. 23.4　　D. 24.0

【答案】C

【解析】根据《建设工程质量保证金管理办法》，发包人应按合同约定方式预留保证金，保证金总预留比例不得高于工程价款结算总额的 3%。合同约定由承包人以银行保函替代预留保证金的，保函金额不得高于工程价款结算总额的 3%。$780\times3\%=23.4$（万元）。

【考点】工程质量保证金预留与返还——工程质量保证金预留。

考点统计

本节主要考查对竣工阶段工程结算及审查、工程质量保证金预留与返还的理解和掌握情况。2019—2023 年共考核 6 道题，见表 6.5.1。

表 6.5.1　第六章第五节考点考核频次表

序号	知识点	具体考点	考核频次
1	工程结算及审查	工程竣工结算审查	1
2	工程质量保证金预留与返还	缺陷责任期起算时间与延长	1
		工程质量保证金预留	4

知识点凝练

一、工程结算及其审查

（一）工程结算的主要方式和内容

1. 工程结算方式

工程结算方式主要有按月结算和分段结算。除上述两种主要方式外，发承包双方还可约定其他结算方式。

2. 工程结算主要内容

工程结算主要包括竣工结算、分阶段结算、专业分包结算和合同中止结算。

（二）工程竣工结算审查

工程竣工结算是指施工承包单位按施工合同并经验收合格后，与建设单位进行的最终工程结算。工程竣工结算分为单位工程竣工结算、单项工程竣工结算和工程项目竣工总结算，其中，单位工程竣工结算和单项工程竣工结算可看作是分阶段结算。单位工程竣工结算由施工承包单位编制，建设单位审查；实行总承包的工程，由具体承包单位编制单位工程竣工结算，在总承包单位审查的基础上，由建设单位审查。单项工程竣工结算、工程项目竣工总结算由总承包单位编制，建设单位可直接进行审查，也可委托具有相应资质的工程造价咨询机构进行审查。政府投资项目，由同级财政部门进行审查。

工程竣工结算的审查应依据施工合同约定的结算方法进行，根据不同的施工合同类型，应采用不同的审查方法。对于采用工程量清单计价方式签订的单价合同，应审查施工图以内的各个分部分项工程量，依据合同约定的方式审查分部分项工程价格，并对设计变更、工程洽商、工程索赔等调整内容进行审查。

1. 施工承包单位内部审查

施工承包单位内部审查工程竣工结算的主要内容包括：

（1）审查结算的项目范围、内容与合同约定的项目范围、内容的一致性。

（2）审查工程量计算的准确性、工程量计算规则与计价规范或定额的一致性。

（3）审查执行合同约定或现行的计价原则、方法的严格性。对于工程量清单或定额缺项以及采用新材料、新工艺的，应根据施工过程中的合理消耗和市场价格审核结算单价。

（4）审查变更签证凭据的真实性、合法性、有效性，核准变更工程费用。

（5）审查索赔是否依据合同约定的索赔处理原则、程序和计算方法以及索赔费用的真实性、合法性、准确性。

（6）审查取费标准执行的严格性，并审查取费依据的时效性、相符性。

2. 建设单位审查

建设单位审查工程竣工结算的内容包括：

（1）审查工程竣工结算的递交程序和资料的完备性：

1）审查结算资料递交手续、程序的合法性，以及结算资料具有的法律效力。

2）审查结算资料的完整性、真实性和相符性。

（2）审查与工程竣工结算有关的各项内容：

1）工程施工合同的合法性和有效性。

2）工程施工合同范围以外调整的工程价款。

3）分部分项工程、措施项目、其他项目的工程量及单价。

4）建设单位单独分包工程项目的界面划分和总承包单位的配合费用。

5）工程变更、索赔、奖励及违约费用。

6）取费、税金、政策性调整以及材料价差计算。

7）实际施工工期与合同工期产生差异的原因和责任，以及对工程造价的影响程度。

8）其他涉及工程造价的内容。

3. 工程竣工结算审查时限

根据《建设工程价款结算暂行办法》（财建〔2004〕369号），单项工程竣工后，施工承包单位应按规定程序向建设单位递交竣工结算报告及完整的结算资料，建设单位应按表6.5.2规定的时限进行核对、审查，并提出审查意见。

表6.5.2 工程竣工结算审查时限

工程竣工结算报告金额	审查时限/天 （从接到竣工结算报告和完整的竣工结算资料之日起）
500万元以下	20
500万元～2 000万元	30
2 000万元～5 000万元	45
5 000万元以上	60

工程竣工总结算在最后一个单项工程竣工结算审查确认后15天内汇总，送建设单位后30天内审查完成。

二、工程质量保证金预留与返还

工程质量保证金（有时也称工程质量保修金）是指建设单位与施工承包单位在工程承包合同中约定，从应付工程款中预留、用以保证施工承包单位在缺陷责任期内对建设工程出现的缺陷进行维修的资金。这里的缺陷是指建设工程质量不符合工程建设强制性标准、设计文件及工程承包合同的约定。

（一）缺陷责任期起算时间及延长

缺陷责任期是指施工承包单位对已交付使用的工程承担合同约定的缺陷修复责任

的期限。缺陷责任期一般为1年，最长不超过2年，具体可由发承包双方在合同中约定。

1. 缺陷责任期起算时间

根据《建设工程质量保证金管理办法》，缺陷责任期从工程通过竣工验收之日起计。由于承包人原因导致工程无法按规定期限进行竣工验收的，缺陷责任期从实际通过竣工验收之日起计。由于发包人原因导致工程无法按规定期限进行竣工验收的，在承包人提交竣工验收报告90天后，工程自动进入缺陷责任期。

2. 缺陷责任期延长

根据《标准施工招标文件》(2007年版)中的通用合同条件，由于施工承包单位原因造成某项缺陷或损坏使某项工程或工程设备不能按原定目标使用而需要再次检查、检验和修复的，建设单位有权要求施工承包单位相应延长缺陷责任期，但缺陷责任期最长不超过2年。

(二)工程质量保证金预留

根据《建设工程质量保证金管理办法》，发包人应当在招标文件中明确保证金预留、返还等内容，并与承包人在合同条款中对涉及保证金的下列事项进行约定：

(1)保证金预留、返还方式。

(2)保证金预留比例、期限。

(3)保证金是否计付利息，如计付利息，利息的计算方式。

(4)缺陷责任期的期限及计算方式。

(5)保证金预留、返还及工程维修质量、费用等争议的处理程序。

(6)缺陷责任期内出现缺陷的索赔方式。

(7)逾期返还保证金的违约金支付办法及违约责任。

发包人应按合同约定方式预留保证金，保证金总预留比例不得高于工程价款结算总额的3%。合同约定由承包人以银行保函替代预留保证金的，保函金额不得高于工程价款结算总额的3%。

在工程项目竣工前，已经缴纳履约保证金的，发包人不得同时预留工程质量保证金。采用工程质量保证担保、工程质量保险等其他保证方式的，发包人不得再预留保证金。

根据《标准施工招标文件》(2007年版)中的通用合同条件，项目监理机构应从第一个付款周期开始，在工程进度付款中，按工程承包合同约定预留工程质量保证金，直至预留的工程质量保证金总额达到工程承包合同约定的金额或比例为止。工程质量保证金的计算额度不包括预付款的支付、扣回及价格调整的金额。

(三)工程质量保证金的使用和返还

缺陷责任期满时，施工承包单位向建设单位申请返还工程质量保证金。发包人在接到承包人返还保证金申请后，应于14天内会同承包人按照合同约定的内容进行核实。如无异议，发包人应当按照约定将保证金返还给承包人。对返还期限没有约定或约定不明确的，发包人应当在核实后14天内将保证金返还给承包人，逾期未返还的，依法承担违约责任。发包人在接到承包人返还保证金申请后14天内不予答复，经催告后14天内仍不予答复，视同认可承包人的返还保证金申请。

缺陷责任期满时，承包人没有完成缺陷责任的，发包人有权扣留与未履行责任剩余工作所需金额相应的工程质量保证金，并有权根据合同约定要求延长缺陷责任期，直至完成剩余工作为止。

本章考分统计

本章考分统计表

节	年份				
	2023	2022	2021	2020	2019
第一节	5	6	7	5	4
第二节	4	3	2	4	2
第三节	5	4	7	4	5
第四节	5	6	6	6	7
第五节	1	1	1	1	2

本章考点点评

第一节：工程项目策划的主要内容始终是重点考核的知识点，近两年在多方案比选出题，工程项目经济评价的教材内容比较多，具体考核的内容经常调整，考生可以根据近几年的考题熟悉相应的知识点与考核方式，工程项目经济评价报表的编制内容多，但考分常常比较少，建议考生参考近几年考题解析，了解具体考核的知识内容。

第二节：本节是本门课程考点最难把握的一节，一是考分浮动比例相对大一些，二是考点内容经常调整，三是大部分考生不熟悉本节的内容，四是需要记住的内容太多；建议考生参考近几年考题解析，了解具体考核的知识内容，同时，也建议本着以通过考试为目标，做减法，将主要精力放在容易得分的内容上。

第三节：施工招标策划是历年都考核的内容，考试内容与考核方式都比较确定；施工合同示范文本的考点相对变化较大，但集中在发承包人的“责任”考核；施工投标报价策略，考核的频数不高，多集中在不平衡报价考核；施工评标与授标只在2020年考核了一次。

第四节：资金使用计划的编制常常考核1题；施工成本管理的考核重点针对成本管理程序不同环节的方法进行（包括折旧）；工程变更与索赔管理的考核频数不高，建议考生参考近几年考题解析，了解具体考核的知识内容；工程费用动态监控的考核频数很高，内容相对确定，考核方式几乎没有变化。

第五节：多集中在工程竣工结算审查考核，考核的内容都需要“死记硬背”；工程质量保证金预留与返还，这是2019年版教材新加入的内容，分析近两年考题，集中在《建设工程质量保证金管理办法》上出题。